A.-W. Scheer   Industrie

Projektsteue

RW IX
359

Betriebswirtschaftliche Forschungsergebnisse

Herausgeber: Professor Dr. Herbert Jacob, Universität Hamburg

Band 9

Titel der Reihe bis Band 8: Schriftenreihe des Instituts für Unternehmensforschung und des Industrieseminars der Universität Hamburg

Dr. August-Wilhelm Scheer

o. Professor für Betriebswirtschaftslehre, insbesondere
Wirtschaftsinformatik an der Universität des Saarlandes,
Saarbrücken

Projektsteuerung

ISBN-13:978-3-409-30542-6   e-ISBN-13:978-3-322-83992-3
DOI: 10.1007/978-3-322-83992-3

Vorwort

Die Planung und Durchführung von Projekten gewinnt in Industrieunternehmungen sowie der öffentlichen Verwaltung ständig an Bedeutung[1]. Typische Beispiele für industrielle Projekte sind: Großinvestitionen, Einzelfertigung von Anlagen, Werbefeldzüge, Entwicklung neuer Produkte und Produktionsverfahren. Typische Beispiele für den Bereich der öffentlichen Verwaltung sind: Bau von Bildungseinrichtungen (Universitäten, Fachhochschulen), Straßenbau, Stadtsanierung, Forschungsvorhaben.

Derartige Projekte sind gekennzeichnet durch

— ihre definierte Aufgabenstellung, mit deren Hilfe sich Start- und Zielzustand des Vorhabens definieren lassen,

— ihre hohe Komplexität, ausgedrückt durch die Anzahl der in ihnen enthaltenen Vorgänge sowie deren logische Verknüpfung,

— ihren Charakter der Einmaligkeit,

— ihre besondere organisatorische Einbettung in die Aufbau- und Ablauforganisation.

Der letzte Punkt wird insbesondere durch die Beteiligung vieler Funktionsbereiche an dem Projekt bewirkt. Wegen des großen Gewichts von Projekten wird für sie im allgemeinen eine eigene — projektorientierte — Linienorganisation aufgestellt, die quer zur bestehenden funktionsorientierten Linienorganisation des Unternehmens verläuft (Matrixorganisation). Ihr obliegt die Koordination, Überwachung und Kontrolle der einzelnen Vorgänge hinsichtlich des Projektablaufs, der Zeit-, Kosten- und Kapazitätsbeanspruchung.

Grundlage dieser Projektsteuerung sind Sollwerte für den Vorgangsbeginn und für die Art der Durchführung der Vorgänge.

Es ist ein Charakteristikum jeglicher Planung, daß sie auf die Zukunft bezogen ist und daher auf Größen beruht, die nur mit mehr oder weniger großer Genauigkeit geschätzt werden können. Aus diesem Grund ist es nötig, daß während des Projektablaufs die Planwerte für noch nicht abgeschlossene Vorgänge ständig den geänderten Datenkonstellationen angepaßt werden müssen.

---

1) Vgl. H. Jacob (Hrsg.), Anwendung der Netzplantechnik im Betrieb, SzU, Bd. 9, Wiesbaden 1969.

Die Ermittlung und Anpassung der Planwerte für den Start der Vorgänge unter Beachtung ihrer vielfältigen Einflußgrößen ist Gegenstand dieser Arbeit. Da die Problemstrukturen in der Regel zu kompliziert sind, um sie mit exakten analytischen Verfahren behandeln zu können, werden vor allem Simulationsstudien und auf ihnen aufbauende heuristische Optimierungsverfahren eingesetzt.

Dem Buch liegt die 1974 vom Fachbereich Wirtschaftswissenschaften der Universität Hamburg angenommene Habilitationsschrift des Verfassers zugrunde. Für die Veröffentlichung wurde sie in den Kapiteln II, III und IV gestrafft, um die Überschneidungen mit anderen, inszwischen erschienenen Büchern zur Netzplantechnik zu vermeiden. Die Kapitel IV bis VIII wurden überarbeitet und erweitert. Dank schulde ich neben meinem verehrten Lehrer Herrn Prof. Dr. H. Jacob Herrn Dr. R. Karrenberg für die anregenden Diskussionen. Meinen Mitarbeitern, den Herren Dipl.-Kfm. L. Bolmerg, Dipl.-Kfm. H. Demmer und Dipl.-Kfm. C. Helber, danke ich für die sorgfältige Durchsicht des Manuskripts.

A.-W. Scheer

Inhaltsverzeichnis

                                             Seite

Abkürzungsverzeichnis ... 13

Verzeichnis wichtiger Symbole ... 15

Erster Teil

Möglichkeiten und Probleme der Bestimmung von Planwerten bei Projekten

Kapitel I: Einflußgrößen der Projektsteuerung ... 21

A. Elemente des Projektplans ... 21

  I. Strukturdarstellungen ... 22

    a) Anordnungsbeziehungen bei bekannter Projektstruktur ... 22

    b) GERT-stochastische Projektstrukturen ... 23

  II. Schätzwerte für die Zeitrechnung ... 24

    a) Zeitschätzwerte ... 24

      1. Vorgangsdauern ... 25

      2. Abstände ... 25

    b) Realisationswahrscheinlichkeiten bei GERT ... 26

  III. Ergebnisse der Zeitrechnung ... 26

    a) Termine und Pufferzeiten des Projektnetzplanes für deterministische Netzpläne ... 26

    b) Ergebnisse von GERT-Projektnetzplänen ... 28

B. Zeit-, Kosten- und Kapazitätscinflußgrößen der Planwertbestimmung ... 28

  I. Einflußgrößen bei deterministischen Vorgangsdauern ... 28

    a) Feste Termine aufgrund von Meilensteinen ... 29

    b) Kalenderzeitpräferenzen ... 30

    c) Kapitalbindungskosten, Zinsvorteile und Finanzierungsgrenzen ... 30

    d) Kapazitätseinflußgrößen ... 33

Seite

II. Zusätzliche Einflußgrößen bei stochastischen Vorgangsdauern . . 34

    a) Modifizierung der bereits behandelten Einflußgrößen 35

    b) Wartekosten bei Planüberschreitungen 36

    c) Kosten der Planrevision 37

C. Gang der weiteren Untersuchung 37

Kapitel II: Verfahren zur Behandlung stochastischer
Vorgangsdauern in Projektnetzplänen 41

A. Das PERT-Verfahren 41

    I. Der klassische PERT-Ansatz 41

        a) Darstellung des PERT-Verfahrens 41

        b) Die Wahrscheinlichkeitsaussagen von PERT 43

        c) Die von PERT unterstellten Starttermine der Vorgänge . . . 44

    II. Kritik am klassischen PERT-Ansatz 45

        a) Annahmen über die Vorgangsdauerverteilungen 45

        b) Kritik an der Berechnung der Wahrscheinlichkeiten 48

        c) Kritik am PERT-Konzept des kritischen Weges 49

B. Weiterentwicklungen 51

    I. Analytische Ansätze 51

        a) Kontinuierliche Vorgangsdauerverteilungen 51

        b) Diskrete Vorgangsdauerverteilungen 55

    II. Möglichkeiten und Grenzen analytischer Verfahren
       zur Planwertbestimmung 57

        a) Rückführung auf quasi-deterministische Netzpläne 58

        b) Vernachlässigung der zeitlichen Wirkung von Planwerten . . 59

        c) Erweiterung der Reduktionsoperatoren 60

    III. Simulationsansätze 62

        a) Straight-Forward-Simulation 63

        b) Ansatz antithetischer Zufallszahlen zur Reduktion
           des Simulationsaufwands 64

        c) Parallele Doppelsimulation 68

        d) Conditional Monte Carlo 69

Seite

Kapitel III: Simulationsstudien zu Projektabläufen 71

A. Die Projektbeispiele 71

B. Simulationsergebnisse 75

Zweiter Teil

Optimale Plantermine bei starrer Projektplanung

Kapitel IV: Zeitbezogene Regeln zur Planwertbestimmung 83

A. Erfahrungsgrundsätze zur Planwertbestimmung 83

B. Vorgangsbezogene Plantermine 84

C. Ereignisorientierte Planwerte 85

    I. Regel von Waschek und Weckerle 86

    II. Das Verfahren der General Electric und der AEG 89

D. Gegenüberstellung der Verfahren 92

    I. Bewertungskriterien 92

    II. Simulationsergebnisse 94

        a) Ausgangslösung PERT-klassisch 95

        b) Ausgangslösung PERT-Simulation 97

        c) Zusammenfassung und Kritik 98

Kapitel V: Gewinnoptimale Plantermine 99

A. Einfluß von Planwerten auf Kosten- und Erlöskomponenten 99

    I. Einfluß auf Wartekosten 100

    II. Einfluß auf Kapitalbindungskosten 102

    III. Einfluß auf den Nettoerlös des Projektes 104

B. Optimierung der Planwerte 106

    I. Das Modell 106

        a) Der Kapitalwert eines Projektes E[C($\mathbf{PA}$)] 106

        b) Verdichtung des Projektplans 108

Seite

II. Optimierungsverfahren 110

   a) Mögliche Verfahren 111

      1. Random Search 111

      2. Methode der partiellen Maximierung 111

      3. Methode des steilsten Anstiegs 111

   b) Auswahl des Verfahrens 112

   c) Das Gradientenverfahren 115

      1. Bestimmung der Schrittweite H 115

      2. Ablaufdiagramm zum Algorithmus 117

III. Berechnung der Funktionswerte 120

   a) Verfahren 1 (Simulation) 120

      1. Berechnung des Projektkapitalwertes 120

      2. Unterstützung des Rechenablaufs 123

   b) Verfahren 2 (analytisches Näherungsverfahren) 126

   c) Zusammenfassende Gegenüberstellung 131

IV. Zur Effizienz des Algorithmus 132

   a) Die Projektdaten 132

   b) Numerische Ergebnisse 134

      1. Ansatz Verfahren 1 134

      2. Ansatz Verfahren 2 139

      3. Weitere Kosten- und Erlösdaten 143

Dritter Teil

Flexible Projektsteuerung

Kapitel VI: Ein exaktes Optimierungsmodell zur flexiblen
Projektsteuerung 149

A. Konzepte zur Projektsteuerung 149

B. Das Modell 151

  I. Kostenabhängigkeiten des Kontrollprozesses 151

  II. Modellformulierung 152

Kapitel VII: Ein operationales Verfahren zur flexiblen Projektsteuerung 157

A. Das Verfahren 157

    I. Vereinfachung 1: Einführung einer starren Entscheidungsregel
    in den Kontrollzeitpunkten 159

    II. Vereinfachung 2: Unvollständige Enumeration durch Simulation . 161

    III. Der Algorithmus 163

B. In den Kontrollprozeß implementierte Modelle 166

    I. Dispositionskosten 166

    II. Modelle zur Informationsgewinnung und -verarbeitung 168

        a) Lernmodelle zur Vorgangsdauerschätzung 168

            1. Empirische Untersuchungen 170

            2. Modell von Abernathy und Demski 172

            3. Entwicklung eines Schätzmodells 173

        b) Systeme zur Informationserhebung 176

            1. Autonomes Meldesystem 176

            2. Abfragesysteme 177
               (a) Bestimmung der Kontrollzeitpunkte 177
               (b) Festlegung des Informationshorizontes 179

        c) Probleme der Informationsverarbeitung 180

    III. Ablaufdiagramm zur Simulation des Kontrollprozesses 181

C. Ausweitung des Verfahrens 185

    I. Korrelierte Vorgangsdauern 185

    II. Stochastische Projektstruktur 187

    III. Kapazitätsprobleme 189

Seite

Kapitel VIII: Wirkung der flexiblen Projektsteuerung 191

A. Flexible Ausgangslösung und Kontrollprozeß 191

   I. Einflußfaktoren für die flexible Ausgangslösung 191

   II. Störungen des Kontrollprozesses 198

B. Numerische Beispiele 199

   I. Kontrollprozeß 199

      a) Ein einzelner Kontrollzeitpunkt 202

      b) Periodische Kontrollzeitpunkte 205

      c) Der durchschnittliche Kontrollerfolg 208

   II. Flexibel bestimmte Ausgangslösung 211

      a) Datensituation 1 212

      b) Datensituationen 2 und 3 212

Anhang 223

Literaturverzeichnis 239

Stichwortverzeichnis 245

Abkürzungsverzeichnis

CPM	Critical Path Method
GERT	Graphical Evaluation and Review Technique
NPT	Netzplantechnik
PERT	Project Evaluation and Review Technique
PPS	Projektplanungs- und Steuerungssystem

Zeitschriftenabkürzungen

APF	Ablauf- und Planungsforschung
MS	Management Science
NRLQ	Naval Research Logistics Quarterly
OR	Operations Research
SzU	Schriften zur Unternehmensführung
ZfB	Zeitschrift für Betriebswirtschaft
ZfbF	Zeitschrift für betriebswirtschaftliche Forschung
ZOR	Zeitschrift für Operations Research

Verzeichnis wichtiger Symbole

Einige Größen werden in der Arbeit sowohl bei Vorgangspfeilnetzplänen als auch bei Vorgangsknotennetzen verwendet. Entsprechend ändern sich die Indizes innerhalb der Klammern. Bei Vorgangspfeilnetzen wird ein Vorgang durch Angabe von Vor- und Nachereignisnummer gekennzeichnet; bei Vorgangsknotennetzen lediglich durch seine Nummer.

Beispiele: V(i,j) bzw. V(i), FA(i,j) bzw. FA(i).

$b(i, IT)$	= Steigung des Projektgewinns bei einer isolierten Änderung des Planwertes von V(i) in der Iteration IT des Gradientenverfahrens
$b^*(i, IT)$	= Schätzwert für $b(i, IT)$
$\overline{C}(\mathbf{PA})$	= Durchschnittlicher Projektkapitalwert[1]
$C_K(\mathbf{PA})$	= Kapitalwert des Projektgewinns für den Planwertvektor **PA** der k-ten Projektsimulation[1]
$D(\ )$	= Vorgangsdauer; bei stochastischer Betrachtung Zufallsvariable der Vorgangsdauer
$d(\ )$	= Realisation der Zufallsvariablen $D(\ )$
$d^*(i, T)$	= Zum Zeitpunkt T von d(i) bereits realisierte Dauer
$E(\ )$	= Erwartungswert
ER	= Starre Entscheidungsregel innerhalb des simulierten Kontrollprozesses
$ES(i)$	= Menge der Vorgänger des Vorgangs V(i)
$\overline{ES}(i)$	= Menge der Nachfolger des Vorgangs V(i)
$f_{D(i)}, \mathbf{F}_{D(i)}$	= Dichte- bzw. Verteilungsfunktion der Vorgangsdauer des Vorgangs V(i)
f_{PE}	= Dichtefunktion der Projektdauer
$f_{U(i)}, \mathbf{F}_{U(i}$	= Dichte- bzw. Verteilungsfunktion des frühesten Abschlusses aller direkten Vorgänger von V(i)
$FA(\ )$	= Frühester Anfangszeitpunkt
$FE(\ )$	= Frühester Endzeitpunkt

---

1) Aus technischen Gründen sind in einigen Abbildungen die Vektoren nicht fett gesetzt, sondern unterstrichen.

FZ(i)	= Frühester Zeitpunkt des Ereignisses i
GR	= Größe zur Beeinflussung der Schrittweite des Gradientenverfahrens
H	= Schrittweite des Gradientenverfahrens
HD( )	= Häufigster Wert der Vorgangsdauer
i	= Vorgangsnummer; i = 1, 2, ..., VN
IKR( )	= Index der Kritizität
KB( )	= Kapitalbindung
KBK( )	= Kapitalbindungskosten
KF( )	= Zum Plananfangszeitpunkt anfallende, von der Vorgangsdauer unabhängige Ausgaben
KN(i)	= Knoten i
MAXD( )	= Maximale Vorgangsdauer
MAXD(i, T)	= Schätzwert der maximalen Dauer des noch nicht begonnenen Vorgangs V(i) zum Kontrollzeitpunkt T
MAXD*(i, T, d*(i, T))	= Schätzwert der maximalen Dauer des begonnenen Vorgangs V(i) im Zeitpunkt T
MD( )	= Mittlere Vorgangsdauer
MIND( )	= Minimale Vorgangsdauer
MIND(i, T)	= Schätzwert der minimalen Dauer des noch nicht begonnenen Vorgangs V(i) zum Kontrollzeitpunkt T
MIND(i, T, d*(i, T))	= Schätzwert der minimalen Dauer des begonnenen Vorgangs V(i) im Zeitpunkt T
N	= Anzahl auszuführender Simulationsexperimente zur Bestimmung eines durchschnittlichen Projektkapitalwertes
NE( )	= Nettoerlösfunktion
PA(i, T)	= In T neu bestimmter Plananfangszeitpunkt für den Vorgang V(i)
OD( )	= Optimistische Vorgangsdauerschätzung
PA	= Vektor[1]) der Planwerte PA(i), (i = 1, 2, ..., VN)
PA(Z)$_j$	= j-te Entscheidungsalternative (Planwertvektor) im Projektzustand Z[1])
PA$_{IT}$	= Innerhalb des Gradientenverfahrens in der Iteration IT bestimmter Vektor[1]) der Ausgangsplanwerte **PA**(0)[1])

---

1) Aus technischen Gründen sind in einigen Abbildungen die Vektoren nicht fett gesetzt, sondern unterstrichen.

PA*(T)	=	Vektor[1]) der zum Zeitpunkt T bestehenden Planwerte PA*(i, T), (i = 1, 2, ..., VN)
PA(T)	=	Vektor[1]) der zum Kontrollzeitpunkt T neu bestimmten Planwerte PA(i, T), (i = 1, 2, ..., VN)
PB( )	=	Planwert für den Abschluß eines Vorgangs
PD( )	=	Pessimistische Vorgangsdauerschätzung
PE	=	Projektende; bei stochastischer Betrachtung Zufallsvariable der Projektdauer
Pr( )	=	Wahrscheinlichkeit
PWPZ( )	=	Planwertpufferzeit
PZ(i)	=	Planwert des Ereignisses i
R	=	Gleichverteilte Zufallszahl $0 \leq R \leq 1$
SA( )	=	Spätester Anfangszeitpunkt
SE( )	=	Spätester Endzeitpunkt
STAB( )	=	Standardabweichung
SZ(i)	=	Spätester Zeitpunkt des Ereignisses i
T	=	Zeitpunkt innerhalb des Planungszeitraums
U(i)	=	Zufallsvariable: frühester Abschluß aller direkten Vorgänger von V(i) $$U(i) = \max_{h \in ES(i)} \{FE(h)\}$$
u(i)	=	Realisation von U(i)
V( )	=	Vorgang
Va( )	=	Varianz
w( )	=	Wartekostensatz
WZT( )	=	Wartezeit
Z	=	Kalkulationszinsfuß
ϱ	=	Verzinsungsintensität $= \ln(1 + Z)$

---

1) Aus technischen Gründen sind in einigen Abbildungen die Vektoren nicht fett gesetzt, sondern unterstrichen.

2 Scheer

Erster Teil

Möglichkeiten und Probleme der Bestimmung von Planwerten bei Projekten

Kapitel I

Einflußgrößen der Projektsteuerung

Wichtigstes Steuerungsinstrument der Projektplanung ist die Netzplantechnik. Mit ihrer Hilfe kann die Struktur des Projektes übersichtlich abgebildet werden und der zeitliche Ablauf, Kostenanfall sowie Kapazitätsbedarf untersucht werden. Auf ihr basieren daher auch die in dieser Arbeit entwickelten Verfahren zur Planwertermittlung.

Im folgenden werden die Elemente eines Projektplans erörtert. Neben den Strukturbeziehungen sollen dazu die Zeitschätzwerte und die Ergebnisse der Zeitplanung der Netzplantechnik gehören. Die mit Hilfe der Zeitplanung errechneten Termine und Pufferzeiten bestimmen zusammen mit weiteren Zeit-, Kosten- und Kapazitätsgrößen die Plantermine zur optimalen Projektsteuerung.

A. Elemente des Projektplans

Die Struktur eines Projektes kann in einem Netzplan dargestellt werden. Der Netzplan ist ein gerichteter Graph G(X, A). Die Elemente x der Menge X werden als Knoten bezeichnet, die Elemente a der Menge A als gerichtete Kanten.

Bei Vorgangspfeilnetzen stellen die Kanten des Netzplans Vorgänge dar und die Knoten Ereignisse, d. h. bestimmte Projektzustände.

Bei Vorgangsknotennetzen stellen die Knoten Vorgänge dar, und die Pfeile bringen die logischen Vorgänger-Nachfolger-Beziehungen zwischen ihnen zum Ausdruck.

Beide Darstellungsarten werden — je nach Fragestellung — in dieser Arbeit verwendet[1]. Allerdings steht die Vorgangsknotendarstellung im Vordergrund, da sie sich in Anwendung und Literatur stärker durchzusetzen scheint und außerdem ein größeres Spektrum an Möglichkeiten besitzt, die logischen Beziehungen zwischen den Vorgängen darzustellen.

---

[1] Zu den elementaren Grundlagen und Definitionen der Netzplantechnik vgl. F. Rosenkranz, Netzwerktechnik und wirtschaftliche Anwendung, Meisenheim am Glan 1968; N. Thumb, Grundlagen und Praxis der Netzplantechnik, 2. Aufl., München 1969; G. Waschek, Vorgangsknoten-Netzpläne, AKOR-Schrift Nr. 1, Berlin - Köln - Frankfurt 1970; AKOR (Hrsg.), Netzplantechnik, AKOR-Schrift Nr. 2, Berlin - Köln - Frankfurt 1970; W. Küpper, K. Lüder und L. Streitferdt, Netzplantechnik, Würzburg - Wien 1975; W. Häger und G. Waschek, Einheitliche Bezeichnungen in der Netzplantechnik, in: ZOR, Bd. 16 (1972), S. 31. In dieser Arbeit werden weitgehend die vom AKOR/Deutscher Normen-Ausschuß vorgeschlagenen Begriffsbezeichnungen verwendet.

I. Strukturdarstellungen

a) Anordnungsbeziehungen bei bekannter Projektstruktur

Die klassischen Verfahren der Netzplantechnik setzen voraus, daß der Projektablauf in Art und Folge der benötigten Vorgänge zum Projektbeginn bekannt ist. Die Anordnungsbeziehungen werden in Vorgangsknotennetzen durch Pfeile dargestellt. Für jeden Vorgang werden für Start und Ende Ereignisse definiert, die graphisch durch Anfang und Ende des Vorgangsknotens bezeichnet werden.

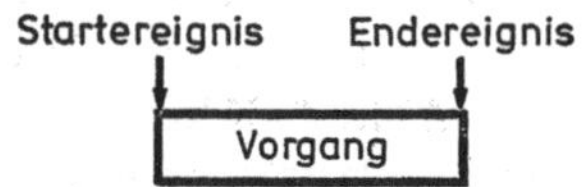

Grundsätzlich sind vier Arten der Anordnungsbeziehungen möglich:

(1) *Ende-Start-Beziehung* (Normalfolge)

Das Ende des Vorgangs V(i) ist Bedingung für den Start des Vorgangs V(j). V(j) kann erst beginnen, wenn V(i) abgeschlossen ist.

(2) *Start-Start-Beziehung* (Anfangsfolge)

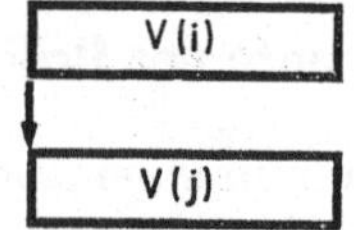

Der Start des Vorgangs V(i) ist Bedingung für den Start des Vorgangs V(j).

(3) *Ende-Ende-Beziehung* (Endfolge)

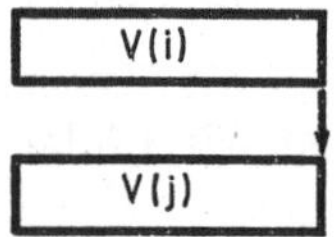

Das Ende des Vorgangs V(i) ist Bedingung für das Ende des Vorgangs (V(j)).

(4) *Start-Ende-Beziehung* (Sprungfolge)

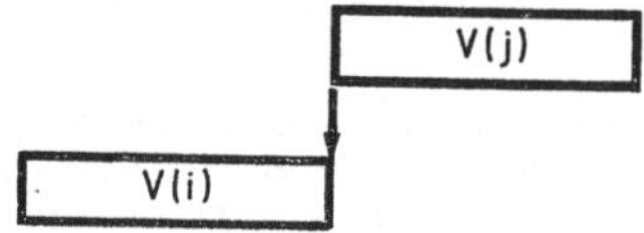

Der Start des Vorgangs V(i) ist Bedingung für das Ende des Vorgangs V(j).

Alle vier Anordnungsbeziehungen können zur korrekten Darstellung praktischer Projektstrukturen notwendig sein[2]). Am häufigsten tritt allerdings die Ende-Start-Beziehung auf[3]). Diese ist beim CPM-Verfahren als einzige Anordnungsbeziehung zugelassen.

Um die späteren Ausführungen zu konzentrieren und insbesondere die entwickelten Simulationsmodelle überschaubar zu halten, wird im weiteren lediglich die Ende-Start-Beziehung einbezogen. Die entwickelten Verfahren lassen sich aber grundsätzlich immer auf die anderen drei Anordnungsbeziehungen ausweiten.

Bei Vorgangspfeilnetzen bezeichnen Pfeile die Vorgänge, wobei die Richtung der Pfeile die Normalfolge ausdrückt:

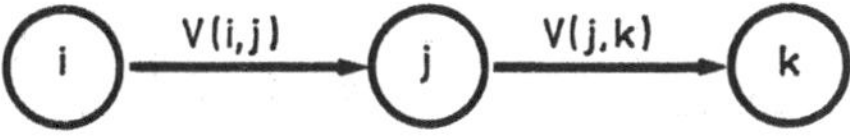

Der Start des Vorgangs V(j, k) setzt das Ende des Vorgangs V(i, j) voraus. Die Knoten i, j, k stellen Ereignisse, d. h. bestimmte Zeitpunkte, des Projekts dar.

Die Vorgänge und Anordnungsbeziehungen eines Projekts werden von der Projektleitung in Zusammenarbeit mit den ausführenden Stellen erarbeitet und im sogenannten Strukturplan aufgelistet.

b) GERT-stochastische Projektstrukturen

Bei vielen Projekten ist der Ablauf eines Projekts zu Beginn noch mehr oder weniger ungewiß. Insbesondere ist es möglich, daß die Ausführung einzelner Vorgänge von Entscheidungen oder Ereignissen während des Projektablaufs oder von externen Umwelteinflüssen abhängt. Auch können kompliziertere Verknüpfungen zwischen den Vorgängern eines Vorgangs möglich sein, als sie oben dargestellt wurden.

Im Rahmen des GERT-Verfahrens werden deshalb weitere Strukturelemente eingeführt[4]). Ihm liegt ein ereignisorientiertes Vorgangspfeilnetz zugrunde.

---

2) Vgl. D. B. Pressmar, Anwendung der Netzplantechnik beim Umbau eines Schiffes, in: SzU, Bd. 9, Wiesbaden 1969, S. 93—100, hier S. 97.

3) Der Bundesminister für Verteidigung (Hrsg.), Netzplantechnik — PPS-System — Ein Mittel zur Planung, Steuerung und Überwachung von Projekten, überarbeitete Fassung, Köln - Frankfurt 1972, im folgenden zitiert mit „PPS", S. 1—51.

4) Das umfassendste Verfahren zur Behandlung probabilistischer Projektstrukturen sind die von A. A. B. Pritsker und S. E. Elmaghraby entwickelten GERT- bzw. GAN-Verfahren. Vgl. dazu A. A. B. Pritsker, GERT: Graphical Evaluation and Review Technique, RAND-Memorandum RM-4973-NASA 1966; S. E. Elmaghraby, On Generalized Activity Networks, in: The Journal of Industrial Engineering, Vol. 17 (1966), S. 621 ff. Die Autoren haben durch eine Vielzahl von Veröffentlichungen das Verfahren weiterentwickelt. Zusammenstellungen auch der neueren Literatur geben: H. Völzgen, Stochastische Netzwerkverfahren und deren Anwendungen, Berlin - New York 1971; G. E. Whitehouse, Systems Analysis and Design Using Network Techniques, Englewood Cliffs, N. J. 1973. Erfahrungen mit der Simulation von GERT-Netzplänen schildert: C. Helber, Einführung neuer Produkte mit GERT, Veröffentlichungen des Lehrstuhls für Betriebswirtschaftslehre, insbesondere Wirtschaftsinformatik, Universität des Saarlandes, Heft 4, Juni 1976.

Für die in ein Ereignis eingehenden Vorgänge gibt es die Verknüpfungsbedingungen „und", „einschließendes oder" sowie „ausschließendes oder". Die von dem Ereignis abgehenden Vorgänge können bereits mit Sicherheit bekannt sein (deterministische Projektstruktur), oder aber ihre Realisation wird alternativ mit gewissen Wahrscheinlichkeiten erwartet (probabilistische Projektstruktur). Die dadurch möglichen Ereignisknoten sind in Tabelle (1.01) dargestellt.

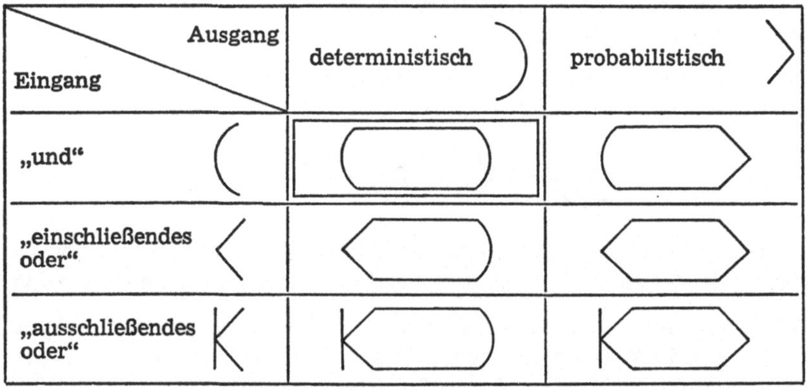

Eingang \ Ausgang	deterministisch	probabilistisch
„und"		
„einschließendes oder"		
„ausschließendes oder"		

Tabelle (1.01)

Nur Netzpläne, die auf der Eingangsseite lediglich „und"-Verknüpfungen enthalten und deren ausgehende Vorgänge festliegen, besitzen eine deterministische Projektstruktur. Der betreffende Knotentyp ist in Tabelle (1.01) umrahmt.

Treten in einem Netzplan auch die anderen Knotentypen auf, so wird er als GERT-stochastischer Netzplan bezeichnet[5]).

Obwohl eine probabilistische Struktur den allgemeineren Fall darstellt, sollen in der weiteren Arbeit vor allem deterministische Projektstrukturen behandelt werden. Die entwickelten Verfahren zur Planwertbestimmung können aber wiederum ohne prinzipielle Schwierigkeiten auf probabilistische Projektstrukturen übertragen werden.

II. Schätzwerte für die Zeitrechnung

a) Zeitschätzwerte

Für die Zeitrechnung der Netzplantechnik werden neben den Strukturelementen Werte für die Vorgangsdauern sowie Zeitwerte für den minimalen und maximalen Abstand der Anordnungsbeziehungen benötigt.

---

5) Damit soll angedeutet werden, daß noch weitere Unsicherheiten über den Projektablauf vorstellbar sind, als sie vom GERT-Verfahren berücksichtigt werden. Beispielsweise können während des Projektablaufs zusätzliche Vorgänge notwendig werden, die zum Projektbeginn nicht beachtet worden waren, oder es müssen aufgrund zufälliger Ereignisse zusätzliche Anordnungsbeziehungen eingeführt werden.

1. Vorgangsdauern

Als Vorgang wird ein zeitverbrauchendes Geschehen mit definiertem Anfang und Ende bezeichnet. Die benötigte Zeit muß von der Projektleitung und den ausführenden Stellen ermittelt werden. Da die Vorgänge vom Projektplanungsbeginn aus gesehen in der Zukunft ausgeführt werden, kann die Vorgangsdauer nur geschätzt werden. Wird den Vorgangsdauern lediglich *ein* Zeitwert zugenordnet, wie es bei den deterministischen Verfahren CPM, MPM, PDM der Fall ist, wird dies als Punktschätzung bezeichnet. Wie später noch ausführlich dargelegt wird, ist aber gerade die Vorgangsdauerschätzung mit erheblichen Unsicherheiten behaftet, denen eine Intervallschätzung besser Rechnung trägt. Sie führt aber im Rahmen der Netzplantechnik zu erheblichen methodischen Schwierigkeiten. Die Auswirkung solcher Intervallschätzungen auf die Planwertbestimmung bildet deshalb die Hauptproblematik dieser Arbeit. Zunächst soll noch von Punktschätzungen ausgegangen werden[6]). Kann die Bearbeitung eines Vorgangs unterbrochen werden, so muß zwischen der Zeitspanne zwischen dem Start- und Endzeitpunkt eines Vorgangs sowie seiner reinen Bearbeitungszeit unterschieden werden. In dieser Arbeit wird eine Vorgangsunterbrechung nicht zugelassen, so daß beide Zeitspannen gleich groß sind.

2. Abstände

Kann (bei einer Vorgangsknotendarstellung) ein Vorgang V(j) erst beginnen, wenn der Vorgang V(i) bereits eine bestimmte Mindestzeit beendet ist, so kann der Ende-Start-Anordnungsbeziehung zwischen V(i) und V(j) eine minimale Wartezeit WMIN(i, j) zugeordnet werden. Darf zwischen dem Ende von V(i) und dem Start von V(j) nur eine bestimmte maximale Zeitspanne liegen, so wird der Anordnungsbeziehung die maximale Wartezeit WMAX(i, j) zugeordnet. Eine maximale Vorziehzeit VMAX(i, j) wird für die Ende-Start-Anordnungsbeziehung definiert, wenn der Vorgang V(j) bereits begonnen werden kann, sobald zur Fertigstellung des Vorgangs V(i) noch maximal VMAX(i, j) Zeiteinheiten (ZE) benötigt werden. Die minimale Vorziehzeit VMIN(i, j) besagt, daß der Vorgang V(j) mindestens VMIN(i, j) ZE *vor* Beendigung des Vorgangs V(i) beginnen muß. Derartige Warte- und Vorziehzeiten können auch für die anderen drei Typen der Anordnungsbeziehungen definiert werden.

Diese Zeitwerte sind ebenfalls Schätzwerte — für sie gilt die gleiche Problematik wie für die Vorgangsdauerschätzung. In dieser Arbeit werden für die Ermittlung von Planterminen aus Gründen der Überschaubarkeit weder Warte- noch Vorziehzeiten explizit angesetzt. Aber auch hier ist die Ausweitung der entwickelten Verfahren leicht möglich.

---

6) Das PERT-Verfahren, das von Intervallschätzungen ausgeht, wird unten ausführlich dargestellt und diskutiert. Es wird hier deshalb zunächst aus der Betrachtung ausgenommen.

b) Realisationswahrscheinlichkeiten bei GERT

Für das GERT-Verfahren müssen neben den Schätzwerten der Vorgangsdauern für die Knoten mit stochastischem Ausgang bestimmte Wahrscheinlichkeiten vorgegeben werden. Diese geben für die von dem Knoten abgehenden Vorgänge die bedingten Realisationswahrscheinlichkeiten an. Auch diese
Größen sind Schätzwerte und müssen vor Beginn der Projektplanung ermittelt werden.

III. Ergebnisse der Zeitrechnung

a) Termine und Pufferzeiten des Projektnetzplanes für deterministische Netzpläne

Bei der Hinrechnung werden frühestmögliche[7]) Zeitpunkte für Start und
Ende von Vorgängen errechnet.

Der *früheste Anfangszeitpunkt*[8]) FA(j) des Vorgangs V(j) errechnet sich nach
der Formel:

$$(1.01) \qquad FA(j) = \text{Max}_{i} \{FE(i)\}, \quad i \in ES(j)$$

$$ES(j) = \text{Menge der direkten Vorgänger von } V(j)$$

Diejenigen Vorgänge, die keinen Vorgänger haben, erhalten einen FA(i)-Wert
von 0.

Der *früheste Endzeitpunkt* FE(j) des Vorgangs V(j) mit der Dauer D(j) errechnet sich nach der Formel:

$$(1.02) \qquad FE(j) = FA(j) + D(j)$$

Der maximale FE(j)-Wert (j = 1, 2, ..., VN) wird als frühestmögliches
Projektende PE bezeichnet.

Bei der Rückrechnung werden spätestzulässige[9]) Zeitpunkte für Start und
Ende von Vorgängen errechnet.

Der *spätestzulässige Endzeitpunkt* SE(i) des Vorgangs V(i) ergibt sich nach
der Formel:

$$(1.03) \qquad SE(i) = \text{Min}_{j} \{SA(j)\}, \quad j \in \overline{ES}(i)$$

$$\overline{ES}(i) = \text{Menge der direkten Nachfolger von } V(i)$$

Diejenigen Vorgänge, die keinen Nachfolger haben, erhalten als SE(i)-Wert
die Projektdauer PE.

---

7) „Frühestmöglich" bezüglich der Anordnungsbeziehungen zu den Vorgängern.

8) In dieser Arbeit werden die Ausdrücke Zeitpunkt und Termin synonym verwendet.

9) „Spätestzulässig" bezüglich der Erreichung des Projektendes bei Beachtung der Anordnungsbeziehungen zu den nachfolgenden Vorgängen.

Der *spätestzulässige Anfangszeitpunkt* errechnet sich nach:

(1.04) $SA(i) = SE(i) - D(i)$.

Neben diesen Zeitpunkten für Beginn und Ende eines Vorgangs werden sogenannte Pufferzeiten errechnet.

Gesamte Pufferzeit:

(1.05) $GP(i) = SE(i) - FE(i) = SA(i) - FA(i)$

Die gesamte Pufferzeit gibt an, um wieviel ZE sich das Ende des Vorgangs gegenüber seinem frühesten Ende verzögern darf, ohne daß die spätesten Anfangszeitpunkte der direkten Nachfolger beeinflußt werden. Ist die gesamte Pufferzeit eines Vorgangs $= 0$, so wird er als „kritisch" bezeichnet; eine ununterbrochene Folge kritischer Vorgänge vom Projektstart zum Projektende wird als „kritischer Weg" bezeichnet.

Freie Pufferzeit FP(i):

Die freie Pufferzeit gibt an, um wieviel ZE sich das Ende des Vorgangs gegenüber seinem frühesten Endzeitpunkt verzögern darf, ohne daß die frühesten Anfangszeitpunkte der direkten Nachfolger beeinflußt werden. Dazu wird die Hilfsgröße HF(i) errechnet[10]):

(1.06) $HF(i) = \underset{j}{Min} \{FA(j)\}.$ $j \in \overline{ES}(i)$

Daraus ergibt sich die freie Pufferzeit:

(1.07) $FP(i) = HF(i) - FE(i)$

Unabhängige Pufferzeit UP(i):

Bezüglich des Vorgangsendes wird die gleiche Bedingung gestellt wie bei der freien Pufferzeit. Zusätzlich wird unterstellt, daß die direkten Vorgänger zu ihren spätesten Endterminen beendet werden. Negative Werte sind nicht zugelassen. Für den frühesten Anfangszeitpunkt unter dieser Bedingung gilt[11]):

(1.08) $HS(i) = \underset{h}{Max} \{SE(h)\},$ $h \in \overline{ES}(i)$

(1.09) $UP(i) = Max \{0, HF(i) - D(i) - HS(i)\}$

---

10) Bei Vorgangspfeilverfahren fällt der durch die Maximierungsvorschrift errechnete Wert als ereignisbezogener „frühester Zeitpunkt" des Nachereignisses automatisch an.

11) Dieser Anfangszeitpunkt fällt bei Vorgangspfeilverfahren bei der Rückrechnung als ereignisbezogener „spätester Zeitpunkt" des Vorereignisses von V(i) automatisch an.

b) Ergebnisse von GERT-Projektnetzplänen

Eine Besonderheit der GERT-Netzpläne ist es, daß für ein Projekt mehrere alternative Endergebnisse bestehen können. Mit Hilfe der für GERT-Netzpläne entwickelten Verfahren kann errechnet werden[12], mit welcher Wahrscheinlichkeit die alternativen Endereignisse realisiert werden. Das gleiche gilt für alle anderen Ereignisse des Netzplanes. Zusätzlich kann für jedes Ereignis (insbesondere auch für die Endereignisse) die Verteilung des Eintrittszeitpunktes errechnet werden[13]. Pufferzeiten und spätestzulässige Zeitpunkte werden im allgemeinen nicht errechnet.

B. Zeit-, Kosten- und Kapazitätseinflußgrößen der Planwertbestimmung

Im folgenden Abschnitt werden zunächst für deterministische und anschließend für stochastische Projektnetzpläne weitere Einflußgrößen ermittelt, die zusammen mit den vorgestellten Struktur- und Zeitgrößen der Netzplantechnik in die Berechnung der Planwerte zur Projektsteuerung eingehen.

I. Einflußgrößen bei deterministischen Vorgangsdauern

Die bei deterministischer Vorgangsdauer für einen Vorgang berechneten Zeitgrößen sind in Abb. (1.01) für einen Vorgang V(i) dargestellt. Die Bereiche für Beginn und Ende des Vorganges unter den Voraussetzungen, daß entweder die FA-Werte der Nachfolger oder deren SA-Werte nicht beeinflußt werden, sind besonders gekennzeichnet.

Obwohl im Rahmen der Netzplantechnik zahlreiche Zeitpunkte für den Start oder das Ende eines Vorgangs errechnet werden, wird nicht angegeben, zu welchem Zeitpunkt ein Vorgang definitiv beginnen oder beendet sein soll. Vielmehr bleibt dem Projektleiter ein Freiraum zur Festlegung solcher Planwerte. Ohne das errechnete Projektende zu gefährden, steht z. B. dem Projektleiter bei deterministischen Projekten zur Festlegung des Plananfangs PA(i) eines Vorgangs V(i) der Bereich zwischen dem FA(i) und dem SA(i) zur Verfügung[14].

Ebenso kann der Projektleiter dem Vorgang einen Planwert PB(i) für den Abschluß setzen. Dabei muß die Bedingung

$$PB(i) \geq PA(i) + D(i)$$

beachtet werden. Die geplante Pufferzeit ist dann:

$$PP(i) = PB(i) - PA(i) - D(i).$$

---

12) Zur Problematik der Berechnung von GERT-Netzplänen vgl. die oben in Fußnote 4 angegebene Literatur.

13) Auch beim PERT-Verfahren werden für Vorgänge und Ereignisse Verteilungen für bestimmte Zeitpunkte errechnet (vgl. unten S. 30 ff.).

14) Dabei muß beachtet werden, daß die gesamte Pufferzeit nur einmal auf einem Weg verteilt werden darf.

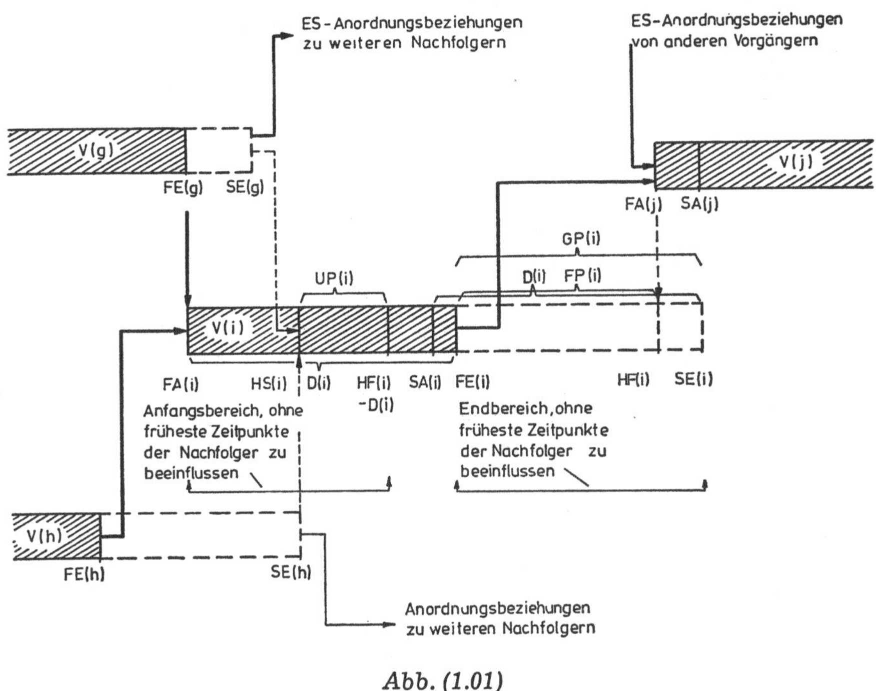

Abb. (1.01)

Damit entstehen die Fragen, welche Faktoren nun die Lage der Planwerte innerhalb der Bereiche {FA(i), SA(i)} bzw. {FE(i), SE(i)} bestimmen und wie groß die geplante Pufferzeit gesetzt werden soll.

Diese Einflußgrößen sind: feste Termine aufgrund von Meilensteinen, Kalenderzeitpräferenzen, Kosten der Kapitalbindung, Vorteile der Kapazitätsglättung und Beachtung von Kapazitätsengpässen.

a) Feste Termine aufgrund von Meilensteinen

Meilensteine sind herausragende Ereignisse (Zeitpunkte) in einem Projekt, deren Lage vor Beginn des Projekts bereits festliegt. Sie können sich auf Beginn und/oder Ende eines Vorgangs beziehen. Beispiele für Meilensteine sind:

— fest vereinbarte Liefertermine von Fremdteilen,

— langfristig festgelegte Termine für die Zusammenkunft von Entscheidungsgremien,

— von der Unternehmung nicht zu beeinflussende Fahrpläne von Transportmitteln,

— Verknüpfungspunkte des Projekts mit anderen Projekten.

Meilensteine werden im Rahmen der Zeitplanung berücksichtigt, indem für sie besondere Anordnungsbeziehungen eingeführt werden[15]). Diese führen dazu, daß Beginn und Ende eines Vorgangs fixiert werden. Diese Zeitpunkte sind damit vorgegebene Planwerte des Projekts.

b) Kalenderzeitpräferenzen

Häufig können Vorgänge in bestimmten Jahreszeiten besonders kostengünstig durchgeführt werden. Dies gilt z. B. für die Außenarbeiten bei Bauprojekten im Sommer. Falls für den Beginn eines Vorgangs aufgrund der Zeitplanung ein Bereich zulässig ist, wird der Projektleiter die Planwerte nach dieser Kalenderzeitpräferenz festlegen. Neben der Witterung können auch andere Faktoren wirksam werden, z. B. die Verlegung von Umbauarbeiten in saisonbedingte Absatztiefs, um den Betriebsablauf nicht zu stören; das gleiche gilt für die Ausführung von Tätigkeiten zu Nachtzeiten usw.

c) Kapitalbindungskosten, Zinsvorteile und Finanzierungsgrenzen

Die von dem Projektleiter gesetzten Plantermine haben nicht nur Einfluß auf den Ablauf der Bearbeitung des Projektes, sondern auch auf die Höhe des zu einem Zeitpunkt in dem Projekt gebundenen Kapitals. Das gilt einmal für fremdbezogene Teile, deren Bestell- und Zahlungstermin aus ihrem geplanten Liefertermin abgeleitet werden. Aber auch für vom Unternehmen selbst auszuführende Vorgänge hängt die Kapitalbindung vom geplanten Beginnzeitpunkt ab.

So kann als typisch für den Verlauf der Kapitalbindung das in Abb. (1.02) dargestellte Modell gelten: Zu dem geplanten Start PA*(i) werden die Materialien beschafft und führen zu der Ausgabe KF(i). Mit dem Fortschreiten des Vorgangs werden pro ZE weitere (variable) Ausgaben in Höhe von k für Lohn usw. getätigt, die diese Kapitalbindung erhöhen.

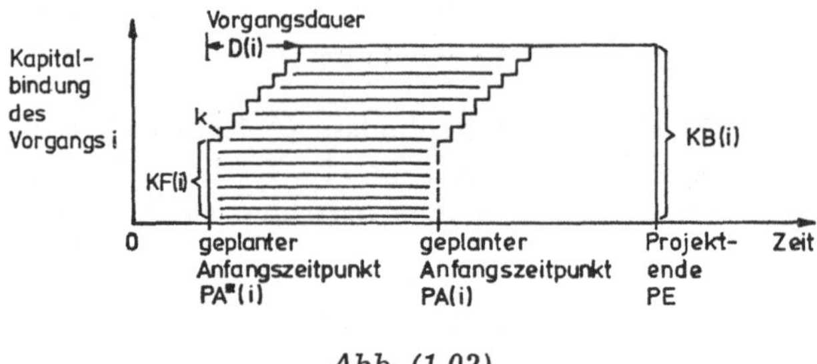

Abb. (1.02)

Der Kapitalbetrag KB(i) bleibt bis zum Projektende (genauer: bis zum Zahlungseingang für das Projekt) gebunden.

---

15) Vgl. N. Thumb, a. a. O., S. 130 ff.

In Abb. (1.02) ist weiter die Auswirkung einer Planwertänderung von PA*(i) nach PA(i) dargestellt. Dadurch werden alle Zahlungen um die Zeitspanne [PA(i) — PA*(i)] verschoben.

Die schraffierte Fläche zeigt das Ausmaß, um das sich die Kapitalbindung verringert hat. Um die eingesparten Kosten der Kapitalbindung abzuschätzen, muß diese Fläche mit dem Kalkulationszinsfuß[16] Z multipliziert werden.

Bei Ansatz des Planwertes PA*(i) sind bis zum Projektende bei Ansatz des Kalkulationszinsfußes Z folgende Zinsen und Zinseszinsen für den Vorgang V(i) aufgelaufen[17]:

Zunächst werden alle Zahlungen auf das Projektende aufgezinst, anschließend wird davon die Summe der Zahlungen subtrahiert. Diese Differenz ergibt die aufgelaufenen Zinsen und Zinseszinsen.

Die zum Zeitpunkt PE aufgelaufenen Zinsen und Zinseszinsen sind dann gleich:

$$(1.10) \qquad Z^* = KF(i) \cdot (1 + Z)^{(PE - PA^*(i))} + k \cdot \sum_{t=PA^*(i)}^{PA^*(i)+D(i)-1} (1 + Z)^{(PE - t)}$$

$$- KF(i) - k \cdot D(i)$$

$$= \frac{KF(i) \cdot (1 + Z)^{PE}}{(1 + Z)^{PA^*(i)}} + k \cdot (1 + Z)^{PE} \cdot \sum_{t=PA^*(i)}^{PA^*(i)+D(i)-1} \frac{1}{(1 + Z)^t}$$

$$- KF(i) - k \cdot D(i)$$

Soll dieser Betrag auf den Beginn des Projektes (t = 0) bezogen werden, so sind alle Glieder mit dem Abzinsungsfaktor $1/(1 + Z)^{PE}$ zu multiplizieren. Der Wert der Zinsen und Zinseszinsen zum Projektbeginn ist gleich:

$$(1.11) \qquad \overline{Z}^* = \underbrace{\frac{KF(i)}{(1 + Z)^{PA^*(i)}} + k \cdot \sum_{t=PA^*(i)}^{PA^*(i)+D(i)-1} \frac{1}{(1 + Z)^t}}_{\text{Kapitalwert des Vorgangs V(i)}}$$

$$- [KF(i) + k \cdot D(i)] \cdot \frac{1}{(1 + Z)^{PE}}$$

d. h. gleich dem Wert der auf den Projektstart abgezinsten Ausgaben des Vorgangs (Kapitalwert des Vorgangs) abzüglich der Summe der Ausgaben, abgezinst vom Projektende auf den Projektstart.

---

16) Der Kalkulationszinsfuß Z entspricht entweder dem zu zahlenden Fremdkapitalzinsfuß, falls das Projekt fremdfinanziert wird, oder dem Zinssatz für kurzfristige Finanzinvestitionen, der den Entgang an Zinserträgen bei der Finanzierung des Projekts mit Eigenmitteln ausdrückt. Die im Rahmen der Investitionstheorie geführte Diskussion um den Kalkulationszinsfuß soll in dieser Arbeit nicht aufgegriffen werden; vielmehr wird auf die einschlägige Literatur verwiesen.

17) Es wird eine diskrete Betrachtung vorgenommen: alle Zahlungen fallen zu Beginn einer Zeiteinheit an; der Zinssatz Z ist auf eine Zeiteinheit bezogen.

Durch eine Verschiebung des Plananfangstermins von PA*(i) nach PA(i) wird das letzte Glied des Ausdrucks nicht beeinflußt. Um deshalb die Auswirkungen auf die Kapitalbindungskosten (bezogen auf den Projektbeginn) zu erhalten, brauchen lediglich die Kapitalwerte beider Vorgänge voneinander abgezogen zu werden; eine positive Differenz gibt die Einsparung an Kapitalbindungskosten an.

Der Kapitalwert der Ausgaben eines Vorgangs ist um so kleiner, je später der Plananfangstermin gesetzt wird. Aus diesem Grund drängen die Kapitalbindungskosten darauf, die bei der Zeitplanung errechneten SA(i)-Werte als Planwerte zu setzen. Ein solches Vorgehen ist für alle Vorgänge eines Netzplanes zulässig, da es bei deterministischen Vorgangsdauern weder zu Zeitüberschreitungen noch zu einer Verzögerung des Projektendes führt[18]).

Falls von den Planterminen neben den oben behandelten Ausgaben auch Einnahmen abhängen, so sind auch diese in die Planwertbestimmung einzubeziehen. Häufig wird beispielsweise bei Projekten der Einzelfertigung vertraglich vereinbart, daß vom Abnehmer die Gesamtsumme in Teilbeträgen zu bestimmten Projektzuständen gezahlt wird. Falls für diese Projektzustände Pufferzeiten bestehen, so muß der Hersteller die Vorteile einer frühen Einzahlung und die dadurch bewirkten Nachteile einer erhöhten Kapitalbindung durch die dazu notwendige Vorverlegung der Vorgänger gegeneinander abwiegen.

Für den Fall, daß den Ereignisknoten eines CPM-Netzplanes *Ein- und Auszahlungen* zugeordnet werden können, hat Russel ein Modell zur optimalen Bestimmung der Planwerte dieser Ereignisse entwickelt[19]), das die Differenz der Kapitalwerte maximiert.

Das Problem lautet:

$$(1.12) \qquad C = \sum_{i=1}^{N} NE(i) \cdot e^{-\varrho \cdot PZ(i)} \qquad\qquad \longrightarrow \; Max$$

unter Beachtung der Nebenbedingungen

$$(1.13) \qquad PZ[j(k)] - PZ[i(k)] \geq D(k) \qquad\qquad \text{für } k = 1, 2, \ldots, M$$

$i(k) =$ Vorereignis von $V(k)$

$j(k) =$ Nachereignis von $V(k)$

---

18) Einen Eindruck von der Kapitalbindung gibt die Gegenüberstellung der Kapitalbindungen bei Ansatz der FA(i)-Werte und der Kapitalbindungen bei Ansatz der SA(i)-Werte als Planzeitpunkt. Derartige Berechnungen und graphische Darstellungen werden von EDV-Systemen zur Netzplantechnik angeboten. Vgl. z. B. PPS, a. a. O., S. 5-KO 21.

19) A. H. Russel, Cash Flows in Networks, in: MS, Vol. 16 (1970), S. 357—373. Das von Russel als nichtlineares Optimierungsmodell konzipierte Modell hat Grinold in ein äquivalentes Modell der linearen Optimierung transformiert; vgl. R. C. Grinold, The Payment Scheduling Problem, in: NRLQ, 1972, S. 123—136.

N = Zahl der Ereignisknoten

M = Zahl Vorgänge

PZ[i(k)], PZ[j(k)] = Planermin des Vorereignisses von V(k) bzw. des Nachereignisses von V(k); sie sind die Variablen des Problems

NE(i) = Nettoeinnahme des Vorgangs V(i), die zum Planzeitpunkt PZ(i) anfällt.

ϱ = Verzinsungsintensität

Die Plantermine der Vorgänge müssen aus den errechneten Planterminen der Ereignisse abgeleitet werden. Durch die Ausrichtung auf Ereignisse berücksichtigt Russel nicht, daß die von einem Ereignis abgehenden Vorgänge unterschiedliche Plananfangstermine haben können[20].

Neben den erörterten Zinskosten bzw. Zinserträgen kann auch die Berücksichtigung der Liquidität die Lage der Planwerte beeinflussen. Beispielsweise kann für die Auszahlungen ein gleichmäßiger Zahlungsstrom vorgeschrieben sein, oder aber Ausgaben und Einnahmen müssen so koordiniert sein, daß die Unternehmung zahlungsfähig bleibt. Derartige Fragestellungen sind für einfache Beispiele von Buttler[21] erörtert worden. Sie zeigen starke Ähnlichkeit mit den folgenden Kapazitätsproblemen.

d) Kapazitätseinflußgrößen

Im Rahmen der Kapazitätsplanung der Netzplantechnik stehen zwei Problemkreise im Vordergrund:

— *Kapazitätsnivellierung:* Innerhalb der verfügbaren Kapazität und bei unveränderlicher Projektdauer sollen die Vorgänge so geplant werden, daß größere Schwankungen des Bedarfs an Arbeitskräften oder Betriebsmitteln vermieden werden[22].

— *Berücksichtigung von Kapazitätsgrenzen:* Die Vorgänge sollen so geplant werden, daß keine Überschneidungen beim Maschinenbelegungsplan auftreten[23].

Bei der Behandlung beider Fragestellungen wird zunächst versucht, die Vorgänge innerhalb ihrer Pufferzeiten zu verschieben. Dadurch werden für die Vorgänge feste Plantermine für Start und Ende bestimmt bzw. die Pufferzeiten stark verringert.

---

20) Auf die Probleme, die sich aus einer ereignisbezogenen Planwertermittlung ergeben, wird weiter unten eingegangen. Vgl. S. 85 ff.

21) Vgl. G. Buttler, Finanzwirtschaftliche Anwendungsmöglichkeiten der Netzplantechnik, in: ZfB, 40. Jg. (1970), S. 183—202.

22) Vgl. z. B. A. T. Mason und C. L. Moodie, A Branch and Bound Algorithm for Minimizing Cost in Project Scheduling, in: MS, Vol. 18 (1971), S. B158—B173.

23) Vgl. z. B. J. D. Wiest, Some Properties of Schedules for Large Projects with Limited Resources, in: OR, Vol. 12 (1964), S. 395—418.

Die oben genannten Fragestellungen der Kapazitätsplanung wurden in den letzten Jahren intensiv weiterentwickelt auf[24]):

— Berücksichtigung mehrerer Kapazitätsarten des Projekts,

— Berücksichtigung mehrerer Kapazitätsarten pro Vorgang,

— simultane Berücksichtigung der Kapazitätsnivellierung und Berücksichtigung von Kapazitätsgrenzen,

— Zulassung von Anpassungsformen der Vorgangsbearbeitung.

Zum letzten Punkt gehört die Vorgangsunterbrechung (Splitting) und die (kostenoptimale) Verkürzung von Vorgängen unter Berücksichtigung der direkten und indirekten Projektkosten.

Zur exakten Lösung der Kapazitätsprobleme werden Verfahren der dynamischen Optimierung und der ganzzahligen Optimierung eingesetzt. Für komplexe Fragestellungen und größere Projekte sind bislang aber nur heuristische Verfahren geeignet.

II. Zusätzliche Einflußgrößen bei stochastischen Vorgangsdauern

Werden deterministische Vorgangsdauern bei einem Projekt unterstellt, so brauchen für die Vorgänge nur einmal — zu Projektbeginn — die Planwerte bestimmt zu werden. Das Projekt läuft dann in der so ermittelten Art und Weise ab.

Wenn dagegen die Schätzwerte der Vorgangsdauern unsicher sind, entstehen für den Plananfang eines Vorgangs neue Problemkreise:

— Es ist nicht mehr sichergestellt, daß der Vorgang zum geplanten Anfang tatsächlich beginnen kann, da die Vorgänger zu diesem Zeitpunkt aufgrund ihrer stochastischen Vorgangsdauer noch nicht beendet sein können.

— Falls die Vorgänger außergewöhnlich früh beendet sind, kann der Projektablauf stocken, da der Vorgang auf einen solch frühen Beginn nicht vorbereitet ist[25]).

---

24) Vgl. dazu: K. Gewald, K. Kasper und H. Schelle, Netzplantechnik, Bd. 2: Kapazitätsoptimierung, München - Wien 1972; W. F. Rüster und R. Schwinn, Projektplanungsmodelle, Würzburg - Wien 1970; H. Müller-Merbach, Die Behandlung von Kapazitätsrestriktionen in der Netzplantechnik, in: SzU, Bd. 9, Wiesbaden 1969, S. 41—52; L. Schrade, Solving Resource constrained Network Problems by implicit Enumeration — Nonpreemptive Case, in: OR, Vol. 18 (1970), S. 263—278; S. J. Suchowitzki und I. A. Radtschik, Mathematische Methoden der Netzplantechnik, 2. Aufl., Leipzig 1969; A. A. B. Pritsker, L. J. Watters und P. M. Wolfe, Multiproject Scheduling with Limited Resources: A zero-one Programming Approach, in: MS, Vol. 16 (1969), S. 93—108; R. Petrović, Optimization of Resource Allocation in Project Planning, in: OR, Vol. 16 (1968), S. 559—568; E. W. Davis und G. E. Heidorn, An Algorithm for Optimal Project Scheduling under Multiple Resources Constraints, in: MS, Vol. 17 (1971), S. B803—B816.

25) Es wird unterstellt, daß ein Vorgang n i c h t v o r seinem PA-Wert beginnen kann, da die Bereitstellungsplanung erst zu diesem Zeitpunkt die benötigten Betriebsmittel, Arbeitskräfte und Rohstoffe bereitstellt. Diese Prämisse wird im folgenden noch ausführlich diskutiert.

Diese Faktoren modifizieren einmal die bereits genannten Einflußfaktoren der Planwertbestimmung, zum anderen treten neue hinzu.

a) Modifizierung der bereits behandelten Einflußgrößen

Bei der Festlegung der *Meilensteine* muß beachtet werden, daß sie wegen der angeführten Möglichkeiten nicht eingehalten werden können. Die Vorgänger der Meilensteine müssen deshalb so früh eingeplant werden, daß eine hinreichend große Wahrscheinlichkeit für die Realisation erreicht wird.

Bezüglich der *Kapitalbindungskosten* muß beachtet werden, daß der Kapitalbetrag KF(i) zum Plananfangstermin anfällt. Dies ist unabhängig davon, ob der Vorgang auch zu diesem Zeitpunkt effektiv beginnt. Der variable Kapitalbedarf fällt dagegen erst mit der tatsächlichen Vorgangsbearbeitung an. In Abb. (1.03) ist der Verlauf der Kapitalbindung bei einer Überschreitung des Plananfangszeitpunktes dargestellt. Die schraffierte Fläche gibt die zusätzliche Kapitalbindung aufgrund des zu früh gesetzten Planwertes an.

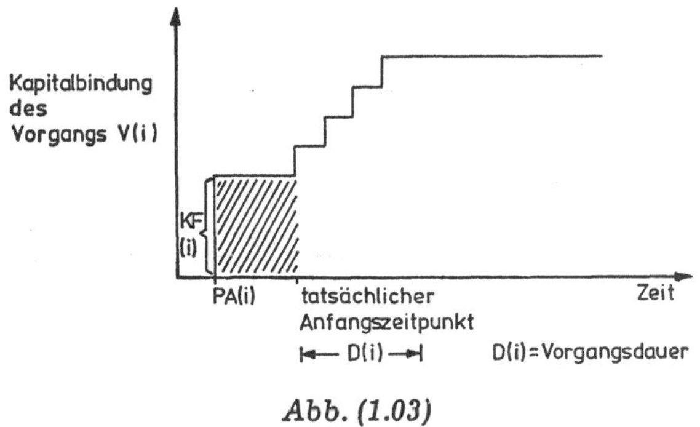

Abb. (1.03)

Die Planung der Anfangszeitpunkte sollte nun so vorgenommen werden, daß die zusätzliche Kapitalbindung möglichst gering ist. Andererseits muß beachtet werden, daß zu spät gesetzte Plantermine die Projektdauer verlängern können.

Bezüglich der *Kapazitätsplanung* bewirken stochastische Vorgangsdauern, daß die zum Projektanfang getroffene Kapazitätszuordnung zu Projektverzögerungen und Leerzeiten führen kann. Falls beispielsweise die Vorgänge V(i) und V(j) aufgrund der Anordnungsbeziehungen zwar parallel durchgeführt werden können, aufgrund der Kapazitätssituation aber die Reihenfolge V(i) vor V(j) festgelegt wurde, kann der Fall auftreten, daß zum geplanten Anfangszeitpunkt PA(i) zwar die Kapazität frei ist, der Vorgang V(i) aber noch nicht begonnen werden kann, weil sich seine Vorgänger verspätet haben. Falls nun V(j) beginnen könnte, führt die anfangs bestimmte Reihenfolge zu vermeidbaren Leerzeiten und evtl. zu einer Projektverlängerung. Beim Kapazitätsglättungsproblem kann die stochastische Vorgangsdauer zu plötzlichen Kapazitätsspitzen führen. Bei der kostenoptimalen Verkürzung von Netzplänen kann es vorkommen, daß Vorgänge verkürzt werden, die aufgrund der plötzlichen Verzögerung anderer Vorgänge nicht mehr kritisch sind.

Die hier skizzierten Probleme führen zu einer völlig neuen Situation bei der Optimierung der Plantermine. So können die deterministischen — bereits recht aufwendigen — Rechenverfahren nicht mehr eingesetzt werden. Trotzdem entspricht der hier genannte Fall eher den Erfordernissen der Realität als die Annahme deterministischer Vorgangsdauern. Bislang sind aber nur geringe Ansätze zur Einbeziehung dieser Faktoren in die Planwertbestimmung zu erkennen[26]).

Bislang völlig unberücksichtigt blieben aber Einflußgrößen, die bei stochastischen Vorgangsdauern *zusätzlich* auftreten.

b) Wartekosten bei Planüberschreitungen

Wenn von der Projektleitung für einen Vorgang ein Plananfangswert gesetzt ist, dann richtet sich die entsprechende Abteilung des Betriebes darauf ein, d. h., es wird die Materialbereitstellung usw. auf diesen Zeitpunkt abgestellt, und auch in die Ablaufplanung geht dieser Planwert ein. Wenn nun infolge einer Verzögerung der vorhergehenden Tätigkeiten dieser Anfangstermin nicht eingehalten werden kann, muß die Abteilung auf den Abschluß dieser Vorgänge warten. Für den Zeitraum zwischen geplantem und tatsächlichem Anfangszeitpunkt entstehen Wartekosten (vgl. Abb. (1.04)).

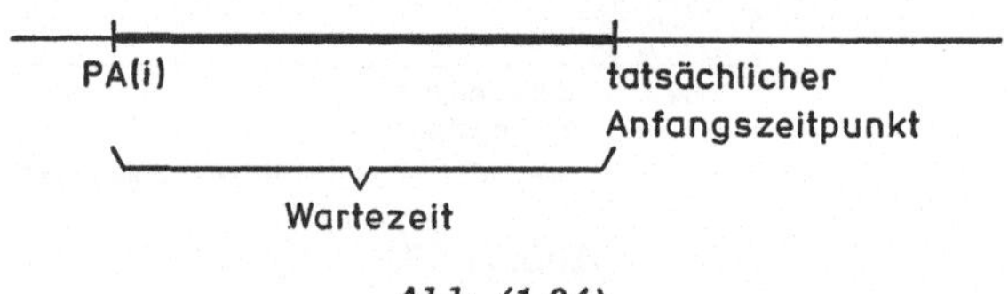

Abb. (1.04)

Sie ergeben sich aus der Multiplikation von Wartezeit und Wartekostensatz. Die Höhe des Wartekostensatzes hängt davon ab, welche Auswirkung der Wartezustand hat. Wird zunächst angenommen, daß der Planwert von der Projektleitung nicht verändert wird, so muß die Abteilung jederzeit mit dem Abschluß der Vorgänger rechnen; eine zwischenzeitlich andere Beschäftigung der Abteilung ist kaum möglich. Ist aber eine Beschäftigung nicht möglich, so sind die pro Zeiteinheit anfallenden Kosten für Lohn, Energie usw. als Wartekostensatz anzusehen. Hinzu kommt bei knapper Kapazität der Gewinnentgang pro ZE für aus Kapazitätsgründen abgelehnte Aufträge.

Wird in dem Betrieb eine kurzfristige Umorganisation vorgenommen, um die Zeit kurzfristig mit anderen Tätigkeiten auszufüllen[27]), so sind die da-

---

26) Vgl. z. B. W. F. Riester und R. Schwinn, a. a. O., S. 56 ff.; W. S. Jewell, Risk Taking in Critical Path Analysis, in: MS, Vol. 11 (1965), S. 440 ff.

27) Es darf sich dabei nur um Tätigkeiten handeln, die beim Abschluß der verspäteten Vorgänge sofort unterbrochen werden können.

durch hervorgerufenen Organisationskosten als Wartekosten anzusetzen. Führt die Tatsache, daß ein Vorgang zu seinem geplanten Startzeitpunkt nicht beginnen kann, dazu, daß von Zulieferunternehmen zu diesem Zeitpunkt fest vereinbarte Lieferungen nicht angenommen werden können, ist der Wartekostensatz gleich den vertraglich fixierten Verzugskosten. Unterliegen zum Plananfangstermin bereitgestellte Rohstoffe und Fremdteile Schwund oder verursachen sie Lagerkosten, dann ist der Lagerkostensatz der Wartekostensatz.

Falls abzusehen ist, daß die Planüberschreitung länger dauert, kann von der Projektleitung ein neuer Plantermin gesetzt werden, um so die Zeitspanne besser ausnutzen zu können. Aber auch damit können, wie im folgenden gezeigt wird, Kosten verbunden sein.

c) Kosten der Planrevision

Falls zu bestimmten Zeitpunkten des Projektablaufs die Möglichkeit besteht, Planwerte zu korrigieren, so sind dabei zwei Fälle zu unterscheiden:

(1) Der Plananfangstermin eines Vorgangs ist bereits überschritten, und es ist zu erwarten, daß noch eine gewisse Zeit vergeht, bis alle Vorgänger des Vorgangs beendet sind. In diesem Fall stellt sich die Frage, ob der Planwert hinausgeschoben werden soll, um dadurch Kapazität für andere Aufträge bereitzustellen.

(2) Der andere Fall betrifft die Planwerte von noch nicht begonnenen Vorgängen. Falls abzusehen ist, daß ein Planwert mit hoher Wahrscheinlichkeit überschritten wird, kann er hinausgeschoben werden. Falls abzusehen ist, daß die Vorgänger weit vor dem Planwert beendet sein werden, kann es sinnvoll sein, den Planwert vorzuziehen, um dadurch das Projekt zu beschleunigen.

Mit diesen Umdispositionen sind in der Regel Kosten verbunden. Beispielsweise kann es erforderlich sein, Produktionsanlagen erneut umzurüsten, bestimmte Produktionsfaktoren beschleunigt bereitzustellen bzw. ihre Bereitstellung zu verzögern.

Die Höhe dieser Dispositionskosten hängt damit von mehreren Einflußgrößen ab und kann nur durch entsprechend komplexe Ansätze beschrieben werden.

C. Gang der weiteren Untersuchung

Wie gezeigt wurde, führen die vielfältigen Einflußfaktoren bereits bei deterministischen Daten zu komplizierten Modellen der Bestimmung von Planterminen der Vorgänge eines Projektes. Sind die Planwerte aber einmal widerspruchsfrei festgelegt, läuft bei deterministischen Daten das Projekt wie geplant ab.

Realistischer ist aber die Annahme, daß die Vorgangsdauern stochastisch sind.

Hier treten für die Bestimmung der Planwerte zusätzliche Probleme auf. Zunächst besteht der Unterschied, daß Planabweichungen grundsätzlich nicht vermieden werden können. Dadurch ist es auch sinnvoll, während des Projektablaufs die anfangs gesetzten Planwerte zu korrigieren, d. h., den geänderten Informationen über den Projektzustand anzupassen.

Die Ermittlung optimaler Planwerte bei stochastischen Vorgangsdauern ist die Aufgabe der weiteren Untersuchung. Als Einflußgrößen werden dabei berücksichtigt: Kapitalbindungskosten, von der Projektdauer abhängige Erlöse (indirekte Projektkosten), Wartekosten bei Planüberschreitungen und Dispositionskosten bei Plankorrekturen.

Kapazitätsprobleme werden hingegen nur global über den Ansatz der Warte- und Dispositionskosten erfaßt. Ebenso werden GERT-stochastische Projektstrukturen nicht einbezogen. Diese Konzentration der Untersuchung dient dazu, die grundsätzliche Problematik der Planwertbestimmung bei stochastischen Vorgangsdauern durchsichtig zu halten. Die Fragestellung führt bereits zu erheblichen methodischen Schwierigkeiten, die bei entsprechender Ausweitung noch vervielfacht würden. Die entwickelten Modelle und Verfahren können z. T. auf die anderen Problemkreise erweitert werden. Dies wird in einem gesonderten Abschnitt gezeigt[28]).

Im anschließenden Kapitel II werden zunächst Verfahren zur Behandlung stochastischer Vorgangsdauern daraufhin untersucht, inwieweit sie als Grundlage zur Lösung der hier gestellten Probleme geeignet sind. Im Zentrum steht dabei das PERT-Verfahren mit seinen vielfältigen Erweiterungen. Hierbei zeigt sich, daß lediglich Simulationsverfahren der komplexen Problemstruktur genügen.

In Kapitel III werden daraufhin einige grundsätzliche Simulationsstudien zu anwendungsnahen Projektabläufen durchgeführt.

Die Kapitel IV und V bilden den zweiten Teil der Arbeit. In ihnen werden Verfahren zur Optimierung von Planwerten entwickelt. Dabei wird vorausgesetzt, daß die zum Projektbeginn ermittelten Planwerte bis zum Projektabschluß bestehenbleiben, also starr sind. Als Optimierungsalgorithmus wird ein Gradientenverfahren eingesetzt, wobei die benötigten Funktionswerte entweder anhand von Simulationsläufen oder anhand eines analytischen Näherungsverfahrens bestimmt werden.

Dieses Vorgehen bildet die Grundlage für das Modell zur flexiblen Projektsteuerung im dritten Teil der Arbeit. Hier werden alle Fragen der Projektsteuerung wie Planwertoptimierung, Festsetzung von Kontrollzeitpunkten, Gestaltung des Informationssystems und Verarbeitung der während des Projektablaufs anfallenden Informationen in ihrem Zusammenwirken betrachtet.

---

28) Vgl. S. 183 ff.

In Kapitel VI wird ein exaktes Modell zur flexiblen Projektsteuerung aufgestellt, das die genannten Problemkreise simultan behandelt. Das Modell ist aber nicht operabel.

Deshalb wird, von dem exakten Modell ausgehend, in Kapitel VII ein operationales Verfahren entwickelt. Bei den simulierten Projektabläufen werden zu Kontrollzeitpunkten Plankorrekturen zugelassen. Da die Simulationen Grundlage des Gradientenverfahrens sind, werden die Ausgangsplanwerte unter Beachtung der späteren Korrekturmöglichkeiten errechnet, also flexibel bestimmt.

In Kapitel VIII wird abschließend die Wirkung der flexiblen Projektplanung an Beispielen demonstriert. Dieses Konzept der flexiblen Planung ist nicht auf die hier behandelte Problemstellung beschränkt, sondern kann auch auf andere Entscheidungsbereiche angewendet werden.

Kapitel II

Verfahren zur Behandlung
stochastischer Vorgangsdauern in Projektnetzplänen

Um die Unsicherheiten der Vorgangsdauerschätzung bei der Planung zu berücksichtigen, wurde 1958 das PERT-Verfahren entwickelt[1]). Im folgenden soll untersucht werden, inwieweit dieses Verfahren und seine Weiterentwicklungen geeignet sind, Grundlage zur Bestimmung von Planterminen zu sein. Dabei gilt es zu erörtern, ob das PERT-Verfahren die benötigten Zeitgrößen liefert und ob mit ihm die indirekten Projektkosten, Kapitalbindungs-, Warte- und Dispositionskosten berechnet werden können.

A. Das PERT-Verfahren

I. Der klassische PERT-Ansatz

a) Darstellung des PERT-Verfahrens

Das PERT-Verfahren geht von einem ereignisorientierten Vorgangspfeilnetzplan aus[2]). Der Unterschied zu einem vorgangsorientierten Verfahren (z. B. CPM) liegt aber weniger in einem strukturellen Unterschied der Darstellung als in dem unterschiedlichen Gewicht, das die Verfahren den Elementen Ereignis und Vorgang beimessen. Bei PERT, das vor allem der Kontrolle von Projekten dienen sollte, beziehen sich die errechneten Zeitgrößen, z. B. früheste und späteste Zeitpunkte, auf Ereignisse. Da diese Größen aber von CPM ebenfalls errechnet werden, soll im weiteren von einer vorgangsorientierten Betrachtung ausgegangen werden. Wesentlicher ist die Einbeziehung stochastischer Vorgangsdauern. Für jeden Vorgang V(i, j) werden von der ausführenden Abteilung drei Schätzwerte der Vorgangsdauer erhoben: die

---

1) PERT (Project Evaluation and Review Technique) wurde 1958 vom Special Projects Office der amerikanischen Marine veröffentlicht. Es wurde in Zusammenarbeit mit Fachleuten der Lockheed Missile Systems Division und der Beratungsfirma Booz, Allen und Hamilton für Planung und Überwachung des Polaris-Raketen-Programms entwickelt. Vgl. D. G. Malcolm, H. J. Roseboom, C. E. Clark und W. Fazar, Application of a Technique for Research and Development Program Evaluation, in: OR, Vol. 7 (1959), S. 646—669.

2) Zu den folgenden Ausführungen vgl. D. G. Malcolm et al., a. a. O. Da Vorgangspfeilnetzpläne betrachtet werden, werden Vorgänge durch Angabe ihrer Vor- und Nachereignisse i und j gekennzeichnet.

optimistische Dauer OD(i, j), die pessimistische Dauer PD(i, j) und die häufigste Dauer HD(i, j). Mit Hilfe dieser Werte werden für jeden Vorgang die Parameter der Wahrscheinlichkeitsverteilung der Dauer errechnet, insbesondere deren Erwartungswert und Standardabweichung. An den Verteilungstyp werden die Anforderungen gestellt, daß er unimodal ist, HD(i, j) als dichtesten Wert besitzt und die Dichte an den Extrema PD(i, j) und OD(i, j) sehr klein ist. Dagegen soll keine Aussage über die Lage von HD(i, j) in bezug auf PD(i, j) und OD(i, j) gemacht werden. Die Standardabweichung STAB(i, j) soll $^1/_6$ der Spannweite {PD(i, j) — OD(i, j)} betragen. Die Autoren wählten die Beta-Verteilung als Verteilungstyp, weil sie die genannten Forderungen erfüllt. Aus ihr leiteten sie die Formel zur Berechnung der erwarteten Vorgangsdauer MD(i, j) ab:

$$MD(i, j) = [OD(i, j) + 4 \cdot HD(i, j) + PD(i, j)]/6$$

Abb. (2.01) zeigt einen möglichen Verlauf der Beta-Verteilung.

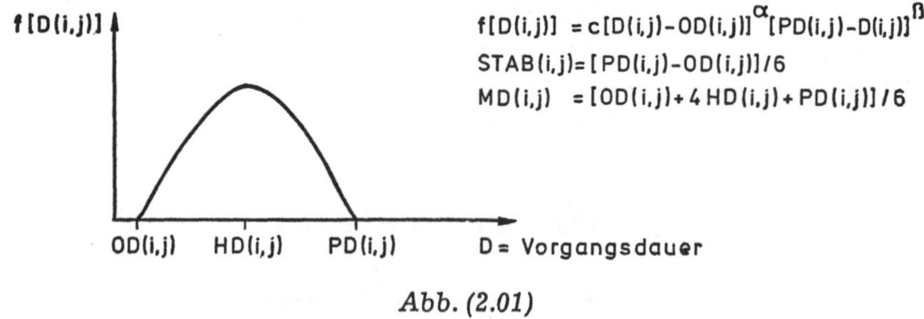

Abb. (2.01)

Die Annahme der Beta-Verteilung dient lediglich dazu, die Formeln für STAB(i, j) und MD(i, j) zu bestimmen, denn nur diese Größen werden von dem Verfahren weiter verwendet. Unter Ansatz der mittleren Vorgangsdauern MD(i, j) wird nämlich die übliche Hin- und Rückrechnung nach CPM vollzogen.

Zusätzlich werden bei der Hinrechnung die Varianzen derjenigen Vorgangsdauern addiert, die jeweils auf dem längsten Weg zu einem Ereignis liegen. Dadurch werden bei der Hinrechnung für den frühesten Eintrittszeitpunkt FZ(i) jedes Ereignisses Erwartungswert E[FZ(i)] und Varianz Va[FZ(i)] errechnet[3]. Entsprechend wird bei der Rückrechnung für die spätesten Eintrittszeitpunkte SZ(i) verfahren. Dabei ist zu beachten, daß sich alle spätesten

---

[3] Die Berechtigung zur Addition der Erwartungswerte und Varianzen beruht auf den Sätzen der Statistik für eine Summenvariable $X = X_1 + X_2 + \ldots + X_u$:

(1) $E(X) = E(X_1) + E(X_2) + \ldots + E(X_u)$

(2) $Va(X) = Va(X_1) + Va(X_2) + \ldots + Va(X_u)$

Für Satz (1) ist nicht erforderlich, daß die Zufallsvariablen X_i voneinander stochastisch unabhängig sind. Für Satz (2) ist dagegen notwendig, daß die Zufallsvariablen X_i voneinander stochastisch unabhängig sind. Vgl. z. B. J. E. Freund, Mathematical Statistics, New York 1962, S. 173 ff.

Zeitpunkte darauf beziehen, ob das erwartete Projektende bei Ansatz der erwarteten Vorgangsdauern noch erreicht werden kann.

Zur Ermittlung der Varianz Va[SZ(i)] werden die Varianzen des längsten vom Ereignis i zum Endereignis führenden Weges addiert. Die Erwartungswerte der gesamten Pufferzeiten für die Ereignisse und die entsprechenden Varianzen errechnen sich dann nach:

$$(2.01) \qquad E[GP(i)] \; = \; E[SZ(i)] \; - \; E[FZ(i)]$$
$$Va[GP(i)] \; = \; Va[SZ(i)] \; + \; Va[FZ(i)]$$

Dabei wird unterstellt, daß die Zufallsvariablen SZ(i) und FZ(i) voneinander stochastisch unabhängig sind. Auf die Berechtigung dieser Annahme wird weiter unten eingegangen.

b) Die Wahrscheinlichkeitsaussagen von PERT

Die errechneten Erwartungswerte und Varianzen der Größen FZ(i), SZ(i) sowie der Pufferzeit GP(i) dienen dazu, Verteilungen für diese aufzustellen und daraus Wahrscheinlichkeitsaussagen abzuleiten. Als Verteilungstyp wird dabei jeweils unter Anwendung des zentralen Grenzwertsatzes der Wahrscheinlichkeitsrechnung eine Normalverteilung unterstellt[4]), die durch die errechneten Parameter Erwartungswert und Varianz bzw. Standardabweichung bestimmt ist.

In Abb. (2.02) sind für ein Ereignis i die Verteilungen für FZ(i) und SZ(i) eingezeichnet.

In Abb. (2.03) ist die Verteilung des Ereignispuffers GP(i) eingezeichnet.

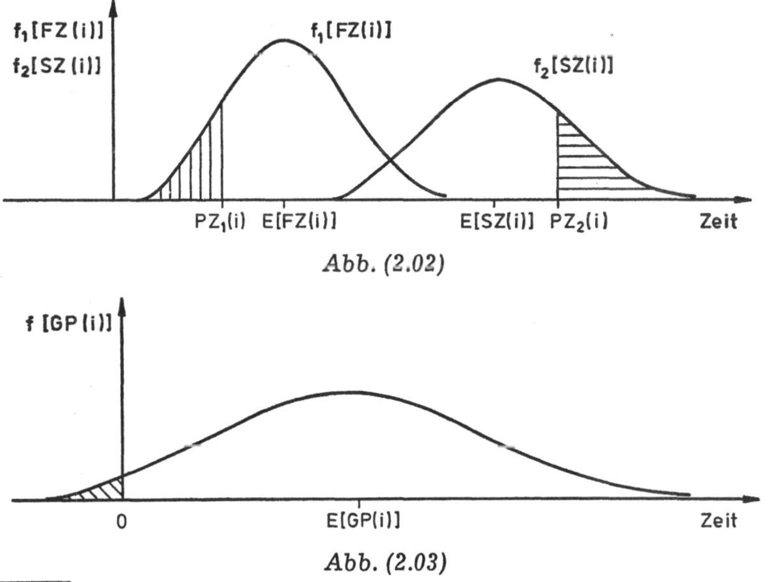

Abb. (2.02)

Abb. (2.03)

---

4) Vgl. D. G. Malcolm et al., a. a. O., S. 658.

Die senkrecht schraffierte Fläche in Abb. (2.02) gibt die Wahrscheinlichkeit an, daß der Eintritt des Ereignisses i nicht später als ein bestimmter Zeitpunkt $PZ_1(i)$ liegt. Entsprechend gibt die waagerecht schraffierte Fläche in Abb. (2.02) die Wahrscheinlichkeit an, mit der der Eintritt des Ereignisses zum Zeitpunkt $PZ_2(i)$ nicht zu einer Verlängerung der Projektdauer führt.

In Abb. (2.03) bezeichnet die schräg schraffierte Fläche die Wahrscheinlichkeit, mit der das Ereignis kritisch werden kann, d. h. die Ereignispufferzeit ≤ 0 ist. Für Ereignisse, die nach dem Kriterium $E[GP(i)] = 0$ auf dem kritischen Weg liegen, ist diese Wahrscheinlichkeit gleich 0,5[5]).

Zusammengefaßt können mit Hilfe der Verteilungen folgende Fragen beantwortet werden[6]):

(1) Wie hoch ist die Wahrscheinlichkeit, daß der Eintrittszeitpunkt $FZ(i)$ des Ereignisses i größer (kleiner) als ein vorgegebener Wert $PZ(i)$ ist?

(2) Wie hoch ist die Wahrscheinlichkeit, daß der spätestzulässige Eintrittszeitpunkt $SZ(i)$ größer (kleiner) als ein vorgegebener Wert $PZ(i)$ ist?

(3) Wie hoch ist die Wahrscheinlichkeit, daß ein Ereignis i auf dem kritischen Weg liegt, also $GP(i) \leq 0$ ist?

Alle drei Fragestellungen sind für die Projektleitung zur Überwachung des Projektablaufs von großer Bedeutung. In dieser Arbeit ist dabei wichtig, welche Annahmen das PERT-Verfahren über die Starttermine der Vorgänge macht.

c) Die von PERT unterstellten Starttermine der Vorgänge

Die Zufallsvariable Projektdauer PE ist bei PERT die Summe der Zufallsvariablen $D(i,j)$ der auf dem kritischen Weg liegenden Vorgänge. Damit wird gefordert, daß alle kritischen Vorgänge so früh wie möglich, d. h. zu ihrem frühesten Anfangszeitpunkt, beginnen. Sobald nämlich der Planwert für den Start eines Vorgangs bewirken kann, daß der Vorgang noch nicht beginnt, obwohl die Vorgänger bereits beendet sind, müßten auch die möglichen Stockungen des Projektablaufs in die Berechnung der erwarteten Projektdauer eingehen.

Falls also beim PERT-Verfahren Plananfangswerte für die kritischen Vorgänge gesetzt werden sollen, müssen sie so gesetzt werden, daß es selbst bei Realisierung der minimalen Vorgangsdauern zu keinen Stockungen kommen kann.

Dies bedeutet, daß die Planwerte höchstens gleich den frühesten Anfangszeitpunkten sind, errechnet bei Ansatz der minimalen Vorgangsdauern, oder

---

5) Dadurch wird nochmals deutlich, daß sich die Aussagen von PERT über Kritizität und Pufferzeit immer auf die Einhaltung des erwarteten Projektendes beziehen.

6) Dabei bleibt zu untersuchen, ob diese Fragen vom PERT-Verfahren tatsächlich korrekt beantwortet werden.

daß die Planwerte während des Projektablaufs vollkommen elastisch angepaßt werden können.

II. Kritik am klassischen PERT-Ansatz

Die Wahrscheinlichkeitsaussagen von PERT sind nur dann von der Projektleitung nutzbringend zur Planwertbestimmung auszuwerten, wenn die Informationen richtig ermittelt worden sind, d. h., wenn die errechneten Wahrscheinlichkeiten die tatsächlichen Unsicherheiten des Projektablaufs richtig wiedergeben. Dazu ist es z. B. erforderlich, daß die Voraussetzungen der von PERT angewendeten Sätze der Wahrscheinlichkeitsrechnung hinreichend erfüllt sind. Gerade hieran ist aber bereits sehr frühzeitig Kritik geübt worden[7]. Ob diese Kritik so stark ist, um das gesamte Grundkonzept von PERT in Frage zu stellen, oder ob Erweiterungen von PERT dieser Kritik entgegenwirken, wird im folgenden untersucht. Die Kritik bezieht sich auf die Annahmen über die Vorgangsdauerverteilungen, die Berechnung der Ereignisverteilungen und auf das Konzept des kritischen Weges. Die Fehlerquellen werden fortlaufend numeriert.

a) Annahmen über die Vorgangsdauerverteilungen

Für die Berechnung der Ereignisverteilungen werden die Erwartungswerte und Varianzen der Vorgangsdauern verwendet. Sie werden anhand der Formeln:

$$(2.02) \qquad MD = \frac{OD + 4 \cdot HD + PD}{6}$$

$$(2.03) \qquad Va(D) = \left[\frac{PD - OD}{6} \right]^2$$

berechnet. Diese Formeln werden aus der Beta-Verteilung abgeleitet — nur aus diesem Grund ist die Beta-Verteilung beim PERT-Konzept überhaupt von Bedeutung[8].

---

7) Vgl. K. R. Mac Crimmon und C. A. Ryavec, An Analytical Study of the PERT Assumptions, RAND Corporation Memorandum RM-3408-PR 1962; die wichtigsten Ergebnisse erschienen unter dem gleichen Titel in: OR, Vol. 12 (1964), S. 16 ff.; eine kurze Zusammenfassung der Ergebnisse gibt K. Neumann, Die Problematik der Verwendung der PERT-Methode in der Netzplantechnik, in: Operations Research Verfahren VII, Hrsg. R. Henn, Meisenheim a. Glan 1970, S. 150—160.

8) Die Beta-Verteilung ist von den PERT-Verfassern mehr oder weniger zufällig gewählt worden. Vgl. C. E. Clark, The PERT Model for the Distribution of an Activity Time, in: OR, Vol. 10 (1962), S. 405 ff., hier S. 406. H. Todt untersucht den Einfluß unterschiedlicher Verteilungstypen auf die Projektdauerverteilung. Bei den Ergebnissen ist allerdings die von Todt unkorrekt durchgeführte Berechnung der Projektdauer zu berücksichtigen (vgl. dazu unten S. 55 f.); H. Todt, The Effect of the Distribution-Type on the Statistical Calculation of Networks, in: Project Planning by Network Analysis, Proceedings of the Second International Congress, Amsterdam 1969, S. 191—196. Zu allgemeinen Ausführungen über die Eig-

1. Fehlerquelle:

Der wahre Verteilungstyp der Vorgangsdauer entspricht nicht der Beta-Verteilung.

Um den maximalen Fehler für Erwartungswert und Varianz abzuschätzen, vergleichen Mac Crimmon et al. die Ergebnisse von (2.02) und (2.03) mit denen für Quasi-Delta- und Gleichverteilungen, wobei für alle drei Verteilungstypen die gleichen Parameter PD = 1, OD = 0 und $0 \leq$ HD $\leq 0,5$ angesetzt werden.

Falls nun der wahre Verteilungstyp einer Gleichverteilung entspricht[9]), kann sich durch Ansatz der Formel (2.02) ein maximaler absoluter Fehler in Prozent der Spannweite von 33 % ergeben[10]).

Für die Standardabweichung ist der maximale absolute Fehler 16,67 % der Spannweite bei Ansatz von (2.03) anstatt der wahren Delta-Verteilung.

2. Fehlerquelle:

Ungenaue Schätzung der Größen PD, OD, HD.

Mac Crimmon et al. halten aufgrund empirischer Untersuchungen Schwankungsbreiten für die Parameterschätzungen von 10 %—20 % für realistisch[11]).

Daraus können Fehler für die Berechnung von Erwartungswert und Standardabweichung nach (2.02) und (2.03) in Höhe von 10 %—22 % resultieren.

3. Fehlerquelle:

Ansatz der PERT-Näherungsformeln für Erwartungswert und Varianz.

Die Dichtefunktion der nicht standardisierten Beta-Verteilung lautet:

$$(2.04) \qquad f(d; \alpha, \beta, a, b) = \frac{(d - a)^{\alpha} (b - d)^{\beta}}{B(\alpha + 1, \beta + 1) \cdot (b - a)^{\alpha + \beta + 1}}$$

$B(\alpha + 1, \beta + 1)$ ist die Betafunktion $(\alpha! \, \beta!)/(\alpha + \beta + 1)!$

---

nung der Beta-Verteilung als Verteilungstyp von Zufallsvariablen vgl. M. D. Jöhnk, P. Naeve und O. Nunner, Drei Arbeiten zur Beta- und Gammaverteilung, Logarithmischen Normalverteilung und Verteilung des Spearmanschen Rangkorrelationskoeffizienten, Würzburg 1968, S. 1 ff.; M. Fisz, Wahrscheinlichkeitsrechnung und mathematische Statistik, 5., erweiterte Aufl., Berlin 1970, S. 137 f.

9) Der Erwartungswert der Gleichverteilung ist $\approx$ (PD — OD)/2; also im obigen Beispiel gleich 0.5; die Varianz ist gleich 1/12. Für die Quasi-Deltaverteilung wird eine Varianz von 0 angesetzt und der Erwartungswert entspricht HD.

10) Die Formel für den Fehler zwischen (2.02) und der wahren Gleichverteilung beträgt (2 HD — 1)/3. Er ist für HD = 0 absolut am größten und negativ. Der Fehler für die Delta-Verteilung errechnet sich nach (1—2HD)/6 und kann maximal 16,6 % der Spannweite betragen.

11) Anhand von Experimenten haben Moders und Rodgers festgestellt, daß PERT-geschulte Sachbearbeiter bessere Schätzwerte liefern als Mitarbeiter ohne entsprechende Kenntnisse; vgl. J. J. Moders und E. G. Rodgers, Judgement Estimates of the Moments of PERT Type Distributions, in: MS, Vol. 15 (1968), S. B-76 bis B-83.

d ist die Ausprägung der Zufallsvariablen Vorgangsdauer D. a, b, α und β sind festzulegende Parameter. Die Funktion existiert in dem endlichen positiven Intervall [a, b], wenn gilt: $\alpha + 1 > 0$, $\beta + 1 > 0$, $b > a$ und $a \geq 0$. Für α, $\beta > 0$ ist die Verteilung unimodal. Die Funktion ist im Definitionsbereich stetig und stetig differenzierbar.

Aus (2.04) lassen sich folgende Bestimmungsgleichungen für den Modalwert m, den Erwartungswert E(D) und die Varianz Va(D) ableiten[12]):

$$(2.05) \qquad m = (\alpha \cdot b + \beta \cdot a)/(\alpha + \beta)$$

$$(2.06) \qquad E(D) = [a + m \cdot (\alpha + \beta) + b]/(\alpha + \beta + 2)$$

$$(2.07) \qquad Va(D) = (b - a)^2 \cdot (\alpha + 1) \cdot (\beta + 1)/[(\alpha + \beta + 3)(\alpha + \beta + 2)^2]$$

In den Formeln (2.05) bis (2.07) sind jeweils die Größen a, b, α, β vorzugebende Parameter.

Für die Parameter a und b werden bei PERT die Schätzwerte OD und PD angesetzt.

Die von PERT verwendeten Formeln (2.02) und (2.03) ergeben sich nur dann aus (2.06) und (2.07), wenn für α und β die Wertepaare

$$(2.08) \qquad \alpha = 2 + \sqrt{2}, \quad \beta = 2 - \sqrt{2}$$

$$(2.09) \qquad \alpha = 2 - \sqrt{2}, \quad \beta = 2 + \sqrt{2}$$

$$(2.10) \qquad \alpha = \beta = 3$$

angesetzt werden[13]).

Damit kann aber der Modalwert m nicht mehr frei gewählt werden, sondern er ist nach (2.05) bereits bestimmt. Bei PERT wird dieser Wert aber als dritter Schätzwert HD von den Abteilungen erhoben. Aus diesem Widerspruch ergeben sich zwangsläufig Fehler für die Berechnung von Erwartungswert und Varianz der Vorgangsdauern nach (2.02) und (2.03). Werden beispielsweise die Größen HD = $^1/_{12}$, OD = 0, PD = 1, $\alpha = 2 + \sqrt{2}$ vorgegeben und wird β dann aus (2.05) errechnet, dann weichen die entsprechend (2.06) bzw. (2.07) errechneten Werte für Erwartungswert und Varianz um 12 % bzw. 2,6 % der Spannweite von den nach (2.02) bzw. (2.03) errechneten PERT-Werten ab[14]). Um diese Fehler auszuschalten, schlägt H. H. Weber zwei Wege vor[15]):

---

12) Vgl. dazu z. B. H. H. Weber, Zur Berechnung von μ und σ^2 bei PERT, in: ZfB, Jg. 1971, S. 623—626; F. E. Grubbs, Attemps to Validate certain PERT Statistics or „Picking on PERT", in: OR, Vol. 10 (1962), S. 913 f.; D. Schreiter, D. Stempel und J. Frotscher, Kritischer Weg und PERT, Berlin 1967, S. 112 ff.

13) Eine andere Deutung der PERT-Formeln geben R. Henn und H. P. Künzi, Einführung in die Unternehmensforschung, Bd. II, Berlin - Heidelberg - New York 1968, S. 181. Vgl. auch die Bemerkungen dazu von H. H. Weber, a. a. O., S. 624.

14) Vgl. K. R. Mac Crimmon et al., a. a. O., S. 44 f.

15) H. H. Weber, a. a. O., S. 624; W. A. Donaldson schlägt vor, anstelle des Modalwertes HD den Erwartungswert E(D) von den Abteilungen schätzen zu lassen. Vgl. W. A. Donaldson, The Estimation of the Mean and Variance of a 'PERT' Activity Time, in: OR, Vol. 13 (1965), S. 382—385.

— Die Größen a = OD, b = PD, α und β werden a priori festgelegt. Dann werden die Größen E(D), Va(D) und HD nach (2.06), (2.07) und (2.05) bestimmt.

— Die Größen a = OD, b = PD, m = HD und eine der Größen α bzw. β werden a priori festgelegt, und β bzw. α sind Folgegrößen aus (2.05). Erwartungswert und Varianz werden dann nach (2.06) und (2.07) bestimmt.

Da die Größe m sinnvoll interpretierbar ist und daher leichter erhoben werden kann als α oder β, ist der zweite Vorschlag vorzuziehen; bei ihm bleibt aber als Problem, α oder β vorherzubestimmen.

Die bisher genannten drei Fehlerquellen von PERT sind nur schwer in ihrem Zusammenwirken zu beurteilen. Sie können sich in einem Netzplan gegenseitig verstärken oder abschwächen. Die ersten beiden Fehlerquellen sind dabei dem PERT-Verfahren nicht direkt anzulasten, da sie grundsätzlich auch bei Annahme jedes anderen Verteilungstyps als der Beta-Verteilung bestehen.

b) Kritik an der Berechnung der Wahrscheinlichkeiten

Auch die Berechnung der ereignisbezogenen Wahrscheinlichkeitsverteilungen für FZ(i), SZ(i) und GP(i) unterliegt Kritik.

4. Fehlerquelle:

Anwendung des zentralen Grenzwertsatzes der Wahrscheinlichkeitsrechnung.

Der zentrale Grenzwertsatz besagt, daß die Summe von n gegenseitig unabhängigen Zufallsvariablen $X_k(k = 1, 2, \ldots, n)$ mit den Verteilungsfunktionen $F_k(x_k)$, den existierenden Erwartungswerten $E(X_k)$ und Varianzen $Va(X_k) > 0$ asymptotisch normalverteilt ist nach $NV\left\{\sum_k E(X_k), \sqrt{\sum_k Va(X_k)}\right\}$.

Als notwendige und hinreichende Bedingung muß gelten, daß keine der Variablen X_k einen besonders ausgeprägten Einfluß auf $\sum_k Va(X_k)$ ausübt[16].

Häufig werden verschiedene Vorgänge von den gleichen Bearbeitern ausgeführt oder unterliegen den gleichen generellen Einflußgrößen wie Temperatur, Kapazitätssituation usw. Dies führt dazu, daß die Bedingung der gegenseitigen Unabhängigkeit nicht immer gegeben ist[17].

Vor allem wird aber die Bedingung nicht eingehalten, daß die Zahl der einbezogenen Zufallsvariablen, die aus dem asymptotischen Verhalten folgt,

---

16) Zur exakten mathematischen Formulierung dieser Bedingung vgl. F. Weinberg, Grundlagen der Wahrscheinlichkeitsrechnung und Statistik sowie Anwendungen im Operations Research. Berlin - Heidelberg - New York 1968, S. 160.

17) Vgl. z. B. L. J. Ringer, A Statistical Theory for PERT in which Completion Times of Activities are interdependent, in: MS, Vol. 17 (1971), S. 717 ff.

relativ groß sein soll. So werden die Verteilungen für FZ(i) bei den ersten Ereignissen und die Verteilungen der SZ(i) für nahe am Projektende liegende Ereignisse verzerrt. Hier bestimmen häufig einzelne Vorgangsdauerverteilungen die Form der Ereignisverteilung[18]).

5. *Fehlerquelle:*

Vernachlässigung paralleler Wege.

Die Dauer des zum Ereignis i führenden Weges r ist eine Zufallsvariable und wird mit $FZ_r(i)$ bezeichnet. Die Wahrscheinlichkeit Pr, daß das Ereignis i bis zum Zeitpunkt $\widetilde{FZ}(i)$ eintritt, also alle einmündenden Wege beendet sind, ist dann gleich:

$$(2.11) \qquad Pr(FZ(i) \leq \widetilde{FZ}(i)) = Pr \left\{ \max_r FZ_r(i) \leq \widetilde{FZ}(i) \right\}$$

Bei dem PERT-Ansatz bestimmt dagegen nur der bei Ansatz der Erwartungswerte für die Vorgangsdauern zeitlängste Weg die Verteilung und damit diese Wahrscheinlichkeit. Parallele Wege, die ebenfalls aufgrund des Zufallseinflusses das Ereignis bestimmen können, werden nicht berücksichtigt. Zahlreiche Beispielrechnungen haben erhebliche Abweichungen zwischen den Ereignisverteilungen nach PERT und nach Formel (2.11) ergeben[19]).

Allerdings wirft eine exakte Berechnung der Ereignisverteilung erhebliche methodische Schwierigkeiten auf, wie noch gezeigt wird.

c) Kritik am PERT-Konzept des kritischen Weges

Ein Ereignis i liegt nach PERT auf dem kritischen Weg, wenn der Erwartungswert der Ereignispufferzeit E[GP(i)] = E[SZ(i)] — E[FZ(i)] gleich 0 ist. Die Wahrscheinlichkeit, daß ein Ereignis kritisch ist, ist für die Ereignisse auf dem kritischen Weg gleich 0,5, und für die anderen Ereignisse errechnet sie sich nach Pr{GP(i) $\leq$ 0} und ist kleiner als 0,5. Die Begrenzung dieser Wahrscheinlichkeit auf einen maximalen Wert von 0,5 resultiert aus dem Ansatz der erwarteten Projektdauer bei der PERT-Rückrechnung[20]).

---

18) Vgl. dazu unten auf S. 66 das Beispiel der Wheatstone-Bridge, bei dem der Vorgang V(1) die Projektdauerverteilung dominiert.

19) Das PERT-Ergebnis ist nur dann richtig, wenn die Summe der optimistischen Vorgangsdauerschätzwerte des PERT-kritischen Weges größer ist als jeweils die Summe der pessimistischen Vorgangsdauern aller parallelen Wege. Im allgemeinen liefert PERT einen zu niedrigen Erwartungswert der FZ(i) Verteilung, da gilt:

$$E \left\{ \max_r FZ_r(i) \right\} \geq E \left\{ FZ(i) \right\}$$

Die Varianz kann dagegen sowohl größer als auch kleiner sein. Vgl. K. R. Mac Crimmon et al., a. a. O., S. 20. Außerdem wird die Verteilung der Projektdauer kaum die Eigenschaften der Normalverteilung wie Unimodalität und Symmetrie besitzen. Vgl. A. Charnes, W. W. Cooper und G. L. Thompson, Critical Path Analysis via Chance Constrained and Stochastic Programming, in: OR, Vol. 12 (1964), S. 460—470.

20) Eine Projektrealisation mit einer kürzeren Projektdauer als diesem Erwartungswert würde nach dem PERT-Konzept demnach keinen kritischen Weg besitzen.

Nun ist bei vielen Projekten aber nicht nur die Einhaltung des Erwartungswertes das Ziel, sondern es kommt häufig darauf an, das Projekt so schnell wie möglich fertigzustellen. Ein geeigneteres Maß für die Bedeutung eines Vorgangs ist daher der Index der Kritizität IKR(i, j) des Vorgangs V(i, j). Er gibt die Wahrscheinlichkeit an, daß der Vorgang V(i, j) auf dem kritischen Weg einer Projektrealisation liegt[21]. Der Wert für IKR(i, j) liegt zwischen 0 und 1. Er errechnet sich nach:

$$(2.12) \qquad IKR(i, j) = \frac{\text{Häufigkeit, mit der der Vorgang V(i, j) auf dem kritischen Weg aller möglichen Projektrealisationen liegt}}{\text{Zahl aller möglichen Projektrealisationen}}$$

Diese Größe soll an einem Beispiel weiter verdeutlicht werden.

Mac Crimmon[22] et al. haben für ein Beispiel mit 6 diskret-gleichverteilten Vorgangsdauern die Indizes der Kritizität errechnet (vgl. Abb. (2.04)).

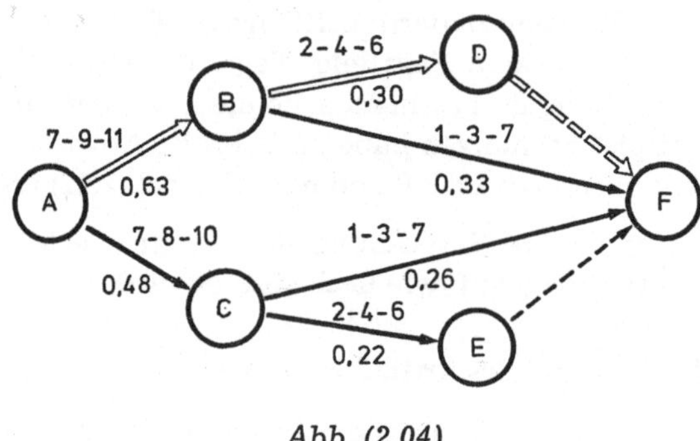

Abb. (2.04)

Die PERT-Zeitschätzwerte OD(i, j), HD(i, j) und PD(i, j) sind oberhalb der Vorgangspfeile eingetragen. Der PERT-kritische Weg ist durch doppelte Pfeile gekennzeichnet. Die Indizes der Kritizität sind unterhalb der Pfeile eingetragen[23]. Sie zeigen, daß der PERT-kritische Weg nicht die Vorgänge mit den höchsten IKR-Werten enthalten muß. Dieses ist vielmehr der Weg {A, B, F}. Der Vorgang V(A, B) ist mit einer Wahrscheinlichkeit von 0,63 kritisch, also höher als beim klassischen PERT-Ansatz.

Die Summe der IKR-Werte der Vorgänge V(A, B) und V(A, C) ist größer als 1, da beide Vorgänge bei bestimmten Projektrealisationen gleichzeitig auf kritischen Wegen liegen können.

---

21) Unter einer Projektrealisation wird eine Schar der Zufallsvariablen d(i, j) für alle V(i, j) verstanden. Der kritische Weg dieser Realisation wird anhand der üblichen deterministischen Zeitrechnung bestimmt (vgl. oben S. 26 ff.).

22) Vgl. K. R. Mac Crimmon et al., a. a. O., S. 48 ff.

23) Jeder Vorgang kann jeweils die Werte OD(i, j), HD(i, j) und PD(i, j) annehmen. Die Projektrealisationen ergeben sich, indem alle Vorgangsdauern miteinander kombiniert werden. Die Indizes der Kritizität werden nach Formel (2.12) durch vollständige Enumeration bestimmt.

Um das Projekt möglichst früh zu beenden, ist eine Projektüberwachung anhand der IKR-Werte besser geeignet als eine Überwachung anhand des klassischen PERT-Konzeptes.

Zusammenfassend kann gesagt werden, daß die von PERT entwickelten Fragestellungen wertvolle Hilfe bei der Projektsteuerung leisten können, das Verfahren aber erhebliche methodische Mängel enthält. Für die in dieser Arbeit zu untersuchenden Probleme der Planwertbestimmung enthält das Verfahren selbst keine Anhaltspunkte. Allerdings sind in den letzten Jahren erhebliche Anstrengungen unternommen worden, die methodischen Fehler und Mängel des PERT-Verfahrens auszuschalten. Diese Ansätze können damit auch besser geeignet sein, Grundlage zur Planwertbestimmung zu sein.

B. Weiterentwicklungen

Im Mittelpunkt der Versuche zur Weiterentwicklung des PERT-Konzepts steht die Ermittlung der exakten Wahrscheinlichkeitsverteilungen der frühesten Eintrittszeitpunkte FZ(i) der Ereignisse i, insbesondere die Verteilung des Projektendes FZ(n). Dabei wird nicht mehr ausschließlich von der Beta-Verteilung als Typ der Vorgangsdauerverteilung ausgegangen. Parallel zu analytischen Verfahren sind für komplizierte Projektstrukturen Simulationsstudien durchgeführt worden.

I. Analytische Ansätze

a) Kontinuierliche Vorgangsdauerverteilungen

Für kontinuierliche Vorgangsdauerverteilungen haben Hartley und Wortham[24] ein Konzept zur Errechnung der Verteilungen für die FZ(i) entwickelt. Grundgedanke ist, durch fortlaufende Anwendung bestimmter Integrationsoperatoren das Projektnetz auf die Ereignisverteilungen — insbesondere die Projektdauerverteilung — zu reduzieren. Sie konnten bereits auf früheren Arbeiten anderer Autoren aufbauen[25].

---

24) Vgl. H. O. Hartley und A. W. Wortham, A Statistical Theory for PERT Critical Path Analysis, in: MS, Vol. 12 (1966), S. B-469 bis B-481.

25) Siehe dazu: A. Charnes, W. W. Cooper und G. L. Thompson, a. a. O. J. J. Martin, Distribution of the Time through a Directed, Acyclic Network, in: OR, Vol. 13 (1965), S. 46—66. Martin approximiert die Vorgangsdauerverteilungen durch Polynome und errechnet dann die Koeffizienten des Polynoms der Projektdauerverteilung. Dabei wächst allerdings die Zahl der zu berechnenden Koeffizienten exponentiell mit der Zahl der Vorgänge des Netzplans. C. E. Clark, The Greatest of a Finite Set of Random Variables, in: OR, Vol. 9 (1961), S. 145—162. Clark berechnet für zwei Wege W_1 und W_2, die in den Knoten j einmünden und deren Dauern T_1 und T_2 normalverteilt sind nach NV $\{E(T_1), Va(T_1)\}$ bzw. NV $\{E(T_2, Va(T_2)\}$ mit $E(T_1) \geq E(T_2)$ die Parameter Erwartungswert und Varianz der Normalverteilung des frühesten Eintrittszeitpunkts des Ereignisses j. Dabei wird auch die Korrelation zwischen den T_1-Werten der beiden Wege einbezogen. Durch fortlaufende Anwendung des Verfahrens wird die Projektdauerverteilung errechnet. Die notwendigen Annahmen der Normalvertei-

(1) O p e r a t o r S : Reduktion von *unabhängigen* seriellen Vorgängen

Die Vorgangsdauern[26]) $D(1)$ und $D(2)$ der seriellen Vorgänge $V(1)$ und $V(2)$ gehorchen den Dichte- bzw. Verteilungsfunktionen $f_{D(1)}$ und $f_{D(2)}$ bzw. $F_{D(1)}$ und $F_{D(2)}$. Die Dauer zur Beendigung beider Vorgänge ist die Zufallsvariable $D(\widetilde{2}) = D(1) + D(2)$.

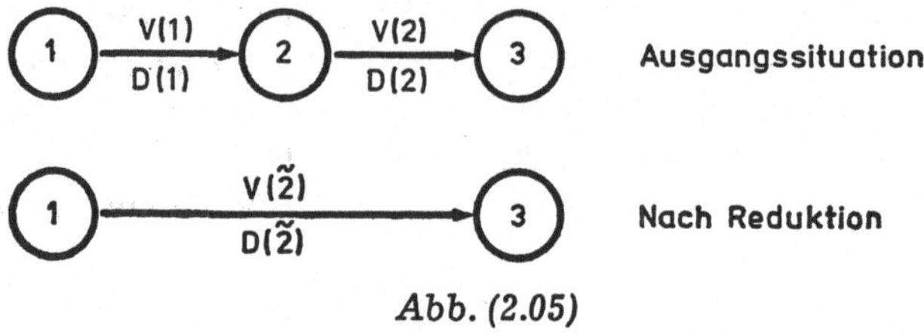

Abb. (2.05)

Die Zufallsvariablen $D(1)$ und $D(2)$ sollen voneinander unabhängig sein. Die Verteilungsfunktion $F_{D(\widetilde{2})}$ des zusammengefaßten Vorgangs $V(\widetilde{2})$ ergibt sich dann aus der Faltung[27]) der Verteilungsfunktionen $F_{D(1)}$ und $F_{D(2)}$:

$$(2.13) \qquad F_{D(\widetilde{2})}(d_{\widetilde{2}}) = \Pr\{D(1) + D(2) \le d_{\widetilde{2}}\}$$

$$= \int_0^{d_{\widetilde{2}}} \int_0^{d-d_1} f_{D(1)}(d_1) \cdot f_{D(2)}(d_2) dd_2 dd_1$$

$$= \int_0^{d_{\widetilde{2}}} \left[\int_0^{d-d_1} f_{D(2)}(d_2) dd_2 \right] \cdot f_{D(1)}(d_1) dd_1$$

$$= \int_0^{d_{\widetilde{2}}} F_{D(2)}[d_{\widetilde{2}} - d_1] \cdot f_{D(1)}(d_1) dd_1$$

$$= \int_0^{d_{\widetilde{2}}} F_{D(2)}[d_{\widetilde{2}} - d_1] \cdot dF_{D(1)}$$

Die Faltung von Wahrscheinlichkeitsverteilungen kann mit Hilfe der Z-Transformation für viele Verteilungstypen leicht vorgenommen werden[28]). Mit Hilfe der Operation S können somit mehrere seriell geschaltete Vorgänge zu

lung sind aber sehr problematisch, wie noch gezeigt wird. Zu dem Verfahren von Clark vgl. auch G. Buttler, Netzwerkplanung, Würzburg - Wien 1968, S. 122—130. Buttler gibt ein numerisches Beispiel, in dem auch die Indizes der Kritizität analytisch errechnet werden. Einen Überblick über einige analytische Verfahren gibt D. J. Golenko, Statistische Methoden der Netzplantechnik, Stuttgart 1972, S. 76 ff.

26) Zur Abkürzung der Schreibweise werden die Vorgänge durch Vorgangsnummern identifiziert und nicht durch Angabe der Nummern von Vor- und Nachereignis. Bei den Realisationen der Zufallsvariablen wird die Vorgangsnummer als Index und bei den Zufallsvariablen in Klammern gesetzt.

27) Vgl. A. Rènyi, Wahrscheinlichkeitsrechnung, 2. Aufl., Berlin 1966, S. 162.

28) Die Faltung ergibt sich dann aus der Multiplikation der Z-Transformierten der Verteilungen. Die Z-Transformierten sind für viele Verteilungstypen tabelliert. Siehe G. Doetsch, Anleitung zum praktischen Gebrauch der Laplace-Transformation und der Z-Transformation, 3. Aufl., München - Wien 1967.

einem einzigen Vorgang verdichtet (reduziert) werden. Es kann gezeigt werden, daß sich Mittelwert und Varianz de sreduzierten Vorgangs $V(\tilde{2})$ durch
Addition der Einzelwerte ergeben[29]).

(2) O p e r a t o r P : Reduktion von *unabhängigen* parallelen Vorgängen

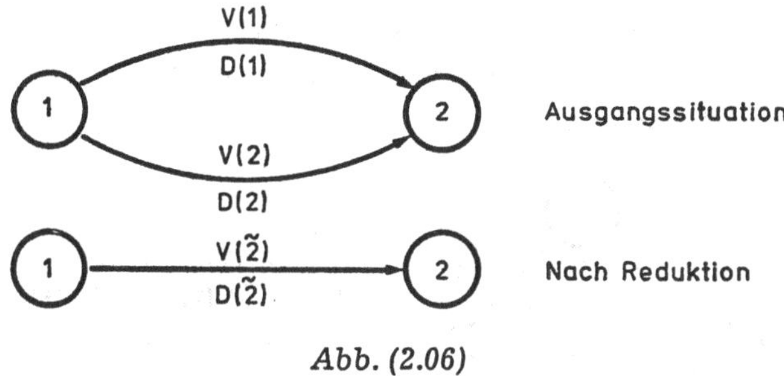

Abb. (2.06)

Die Verteilungsfunktion für den Abschluß der beiden parallelen Vorgänge
V(1) und V(2) ergibt sich nach:

(2.14) $F_{D(\tilde{2})}(d_{\tilde{2}}) = \Pr\{\max[D(1), D(2)] \leq d_{\tilde{2}}\}$

$= F_{D(1)}(d_{\tilde{2}}) \cdot F_{D(2)}(d_{\tilde{2}})$

bzw. für n parallele Vorgänge:

$$F_{D(\tilde{n})}(d_{\tilde{n}}) = \prod_{i=1}^{n} F_{D(i)}(d_{\tilde{n}})$$

Besteht ein Projektnetzplan z. B. lediglich aus mehreren parallelen Vorgangsketten, kann er durch fortlaufende Anwendung der Operatoren S und P
auf die Verteilung der Projektdauer reduziert werden. Die vollständige
Reduktion durch Anwendung dieser beiden Operatoren ist aber nur bei
relativ einfachen Strukturen möglich.

Werden die Operatoren beispielsweise auf die Wheatstone-Brücke der
Abb. (2.07) angewendet, so ergibt sich folgender Ablauf:

1. $S[V(2), V(4)] \to V(\tilde{2})$

2. $S[V(2), V(3)] \to V(\tilde{3})$

3. $P[V(1), V(\tilde{3})] \to V(\tilde{1})$

4. $S[V(\tilde{1}), V(5)] \to V(\tilde{5})$

5. $P[V(\tilde{5}), V(\tilde{2})] \to$ unzulässig

Bei jeder Operation ist das Ergebnis eine neue Verteilung; sie ist durch eine
Tilde über der Vorgangsnummer gekennzeichnet. Bei der 5. Operation sind

---

29) Vgl. M. Fisz, a. a. O., S. 99 ff.

die Verteilungen $V(\widetilde{5})$ und $V(\widetilde{2})$ aber nicht voneinander stochastisch unabhängig, da in beiden der Vorgang V(2) enthalten ist.

Aus diesem Grund wird für die Wheatstone-Brücke ein besonderer Operator eingeführt.

(3) O p e r a t o r   W B : Reduktion der Wheatstone-Brücke

Die drei Wege W(i) mit den Längen $D(\widetilde{i})$ der in Abb. (2.07) dargestellten Wheatstone-Brücke besitzen gemeinsame Vorgänge. Dadurch sind die Größen D(i) nicht mehr unabhängig voneinander[30].

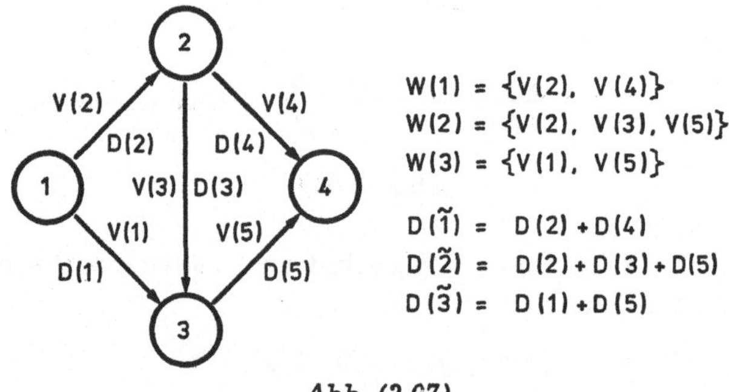

Abb. (2.07)

Für die Verteilungsfunktion der kürzesten Projektdauer PE gilt vielmehr[31]:

$$(2.15) \qquad F_{PE}(d) = Pr\{\max[D(\widetilde{i}) \leq d]\} \qquad\qquad \text{für } \widetilde{i} = 1, 2, 3$$

$$= Pr\{D(2) + D(4) \leq d; D(2) + D(3) + D(5) \leq d;$$

$$D(1) + D(5) \leq d\}$$

$$= \int_0^d \int_0^{d-d_2} [F_{D(4)}(d - d_2) \cdot F_{D(3)}(d - d_2 - d_5) \cdot$$

$$\cdot F_{D(1)}(d - d_5)] \, dF_{D(5)} \cdot dF_{D(2)}$$

Der Operator WB reduziert somit eine Wheatstone-Brücke auf einen Vorgang.

Die drei Operatoren S, P und WB[32] werden von Hartley und Wortham zu einem Algorithmus zusammengefügt, der es erlaubt, eine gewisse Klasse von **Netzwerken** mit bekannten stetigen Vorgangsdauerverteilungen zu reduzieren[33].

---

30) Die Verteilungen der Wegdauern erhält man durch Anwendung des Operators S.

31) Vgl. K. R. MacCrimmon, a. a. O., S. 53; H. O. Hartley und A. W. Wortham, a. a. O., S. B-476.

32) Die beim Operator WB erforderliche Integration kann selten in geschlossener Form durchgeführt werden — allerdings kann sie in der Regel numerisch gelöst werden.

33) Die Zahl der Operatoren wurde von anderen Autoren erweitert. Da diese im folgenden nicht verwendet werden, wird auf ihre Darstellung verzichtet. Vgl. aber L. J. Ringer, Numerical Operators for Statistical PERT Critical Path Analysis, in: MS, Vol. 16 (1969), S. B-136 bis B-146. In einem zweiten Aufsatz erweitert Ringer das Reduktionskonzept auf korrelierte Zufallsvariablen der Vorgangsdauern; L. J. Ringer, A Statistical Theory, a. a. O.

b) Diskrete Vorgangsdauerverteilungen

H. Todt[34]) schlägt ein Verfahren vor, das gestatten soll, die Wahrscheinlichkeitsverteilungen der Ereignisse eines Netzes „exakt zu berechnen"[35]). Für jeden Vorgang wird unterstellt, daß eine diskrete Häufigkeitsverteilung mit definierter minimaler und maximaler Dauer existiert. Als Zeiteinheit kann dabei die kleinste Planungszeiteinheit (z. B. Tag, Schicht, Woche) gewählt werden. Der Verteilungstyp ist beliebig, die Werte der Verteilung werden entweder direkt vorgegeben oder aus vorgegebenen Parametern und vorgegebenem Verteilungstyp vom Rechenprogramm bestimmt.

Zur Berechnung der diskreten Wahrscheinlichkeitsverteilung für jedes Ereignis werden nun folgende Operatoren verwendet[36]):

$$(2.16) \qquad f_{D\widetilde{(2)}}(d_2^{\vee}) = \sum_{d_2=0}^{d_2^{\sim}} f_{D(1)}(d_2^{\vee} - d_2) \cdot f_{D(2)}(d_2)$$

also die Faltung der zwei Häufigkeitsverteilungen $f_{D(1)}(d_1)$ und $f_{D(2)}(d_2)$ für serielle Vorgänge, und

$$(2.17) \qquad F(d_2^{\sim}) = F_{D(1)}(d_2^{\sim}) \cdot F_{D(2)}(d_2^{\sim})$$

für parallele Vorgänge.

Durch fortlaufende Anwendung dieser beiden Operatoren errechnet Todt, vom Startknoten ausgehend, schrittweise die Wahrscheinlichkeitsverteilungen der Ereignisse des Netzplanes.

Die beiden Operatoren entsprechen den Operatoren S und P für kontinuierliche Verteilungen[37]). Wie dort bereits ausgeführt wurde, setzen beide Operatoren voraus, daß die einbezogenen Zufallsvariablen voneinander stochastisch unabhängig sind. Dies ist aber für Formel (2.17) dann nicht der Fall, wenn die parallelen Vorgänge selbst bereits Ergebnisse aus Reduktionen sind *und* dabei gemeinsame Vorgänge enthalten[38]).

Todt übersieht offenbar diese Voraussetzung, so daß sein Verfahren nicht zu der gewünschten exakten Berechnung der Verteilungen führt.

---

34) H. Todt, Verfahren zur Berechnung von Wahrscheinlichkeiten in Netzplänen, in: Industrielle Organisation, 37. Jg. (1968), S. 56 ff.

35) Ebenda, S. 57. Im gleichen Sinn äußert sich Todt auch an anderer Stelle; vgl. H. Todt, The Effect of the Distribution, a. a. O., S. 192.

36) Aus Gründen einer einheitlichen Nomenklatur werden die Bezeichnungen gegenüber der von Todt geändert.

37) Vgl. oben, S. 52 f.

38) Wegen der Abhängigkeit der Verteilungen bei der Operation P können auch die von Bauknecht und Knödel angegebenen Operatoren der digitalen Simulation nicht angewendet werden. Vgl. K. Bauknecht und W. Nef, Digitale Simulation, Berlin - Heidelberg - New York 1971.

Todt demonstriert das Vorgehen an einem Beispiel, dessen erste 5 Vorgänge eine Wheatstone-Brücke bilden[39] (vgl. Abb. (2.08)).

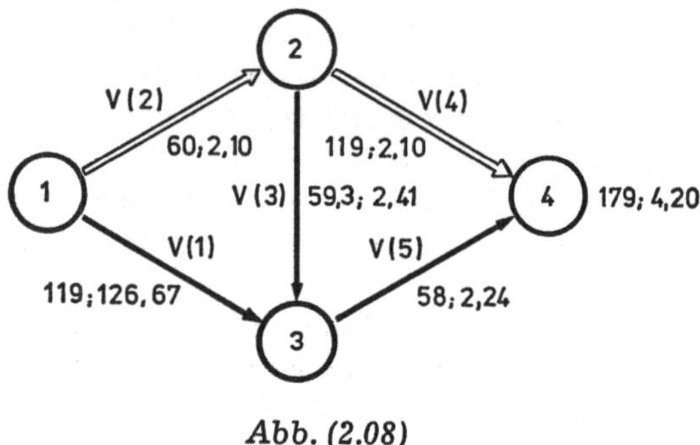

Abb. (2.08)

Unter die Vorgangspfeile sind die Erwartungswerte und Varianzen der Vorgangsdauerverteilungen eingetragen. Der nach dem klassischen PERT-Ansatz kritische Weg ist doppelt gezeichnet. Die dazugehörenden Größen Erwartungswert und Varianz für das Projektende sind an den Ereignisknoten 4 gezeichnet.

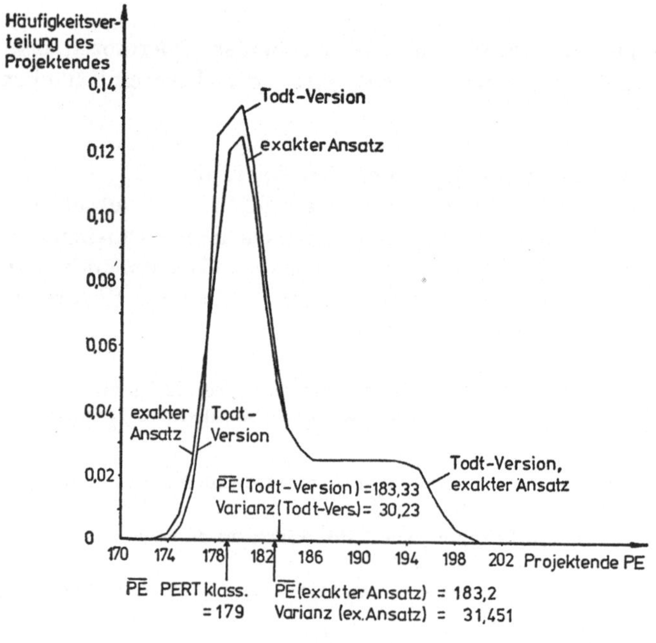

Abb. (2.09)

---

[39] Das Beispiel von Todt umfaßt insgesamt 11 Knoten und 18 Vorgänge. Vgl. H. Todt, Verfahren zur ..., a. a. O., S. 59 ff.

In Abb. (2.09) sind die relativen Häufigkeiten für das Projektende einmal bei fortlaufender Anwendung der Operatoren (2.16) und (2.17) eingezeichnet sowie nach exakter Ausrechnung[40]. Dazu werden die von Todt angegebenen Vorgangsdauerverteilungen angesetzt.

Es zeigt sich, daß in Abb. (2.09) im Bereich zwischen PE = 173 und PE = 184 die Verteilungen voneinander abweichen. Ein Projektende von 184 und größer resultiert lediglich aus der Varianz des Vorgangs V(1) auf dem Weg [V(1), V(5)], so daß keine Unterschiede zwischen beiden Ansätzen bestehen. Ein ähnlicher Ansatz wie der von Todt wurde bereits früher von D. R. Fulkerson[41] vorgeschlagen. Allerdings berechnet Fulkerson lediglich die Erwartungswerte der diskreten Ereignisverteilungen, nicht aber Varianz bzw. die gesamte Verteilung. Fulkerson beweist, daß sich die Erwartungswerte des klassischen PERT-Verfahrens [g(i)] und seines Approximationsverfahrens [f(i)] sowie die wahren Werte [e(i)] verhalten nach:

$$g(i) \leq f(i) \leq e(i).$$

Aus allen von Fulkerson durchgerechneten numerischen Beispielen ergibt sich, daß die von ihm berechneten Erwartungswerte relativ nahe bei den exakten Werten liegen[42].

II. Möglichkeiten und Grenzen analytischer Verfahren zur Planwertbestimmung

Die dargestellten Operatoren zur Reduktion von Netzen mit kontinuierlichen Vorgangsdauerverteilungen sowie die Reduktionsverfahren für diskrete Verfahren haben zum Ziel, ein Netz auf die Projektdauerverteilung zu reduzieren.

Die Fehler des klassischen PERT-Verfahrens werden weitgehend vermieden. Aber allen Verfahren ist gemeinsam, daß sie andere typische Größen der Netzplantechnik, wie späteste Termine und Pufferzeiten, nicht berechnen.

Es bleibt deshalb zu prüfen, inwieweit diese Verfahren geeignet sind, Grundlage zur optimalen Planwertbestimmung zu sein. Sie selbst gehen jeweils davon aus, daß alle Vorgänge zum frühestmöglichen Zeitpunkt beginnen

---

40) Entsprechend dem oben angeführten Operator WB lautet die exakte Berechnung für diskrete Verteilungen:

$$F_{PE}(d) = \sum_{d_2=0}^{d} [f_{D(2)}[d_2] \cdot F_{D(4)}[d-d_2] \cdot \sum_{d_5=0}^{d-d_2} [f_{D(5)}[d_5] \cdot F_{D(1)}[d-d_5] \cdot F_{D(3)}[d-d_2-d_5]]].$$

41) D. R. Fulkerson, Expected Critical Path Lengths in PERT Networks, in: OR, Vol. 10 (1962), S. 808—817.

42) Das Konzept von Fulkerson wurde von van Clingen erweitert. Dieser gibt für die numerische Berechnung einfachere Formeln an, die auch auf kontinuierliche Verteilungen anwendbar sind. Vgl. C. T. van Clingen, A Modification of Fulkerson's PERT Algorithm, in: OR, Vol. 12 (1964), S. 629—632. Eine weitere Annäherung der Erwartungswerte an die wahren Werte gibt S. E. Elmaghraby, On the expected Duration of PERT Type Networks, in: MS, Vol. 13 (1967), S. 299—306.

können, machen also die gleichen Annahmen wie der klassische PERT-Ansatz[43]).

a) Rückführung auf quasi-deterministische Netzpläne

W. S. Jewell[44]) hat ein Modell entwickelt, in dem durch bestimmte Anpassungsmöglichkeiten die stochastischen Vorgangsdauern auf quasi-deterministische Größen zurückgeführt werden. Jedem Vorgang V(i) wird zu seiner Realisierung ein Zeitraum h(i) zugewiesen. Da die tatsächliche Dauer die Zufallsvariable D(i) ist, ergeben sich die Fälle $D(i) \leq h(i)$ und $D(i) > h(i)$. Im ersten Fall reicht der zugewiesene Zeitraum aus, im zweiten Fall nicht. Jewell geht nun davon aus, daß eine mögliche Zeitüberschreitung $D(i) - h(i)$ mit $D(i) > h(i)$ so rechtzeitig erkannt wird, daß die Dauer D(i) durch Anpassungsmaßnahmen (Erhöhung der Intensität, Zuweisung zusätzlicher Produktionsfaktoren) auf den Zeitraum h(i) verkürzt werden kann. Dadurch wird erreicht, daß der jedem Vorgang zugewiesene Bereich eingehalten wird[45]).

Mit der Wahl der h(i)-Werte ist damit ein deterministischer Netzplan gegeben. Die Projektdauer PE ergibt sich aus dessen kritischem Weg.

Für ein gegebenes Projektende sollen die einzelnen h(i) so bestimmt werden, daß die erwarteten Verkürzungskosten $\overline{Y}$ minimiert werden. Die erwarteten Verkürzungskosten *eines* Vorgangs errechnen sich nach:

$$(2.18) \qquad \overline{Y}[h(i)] = \int_{h(i)}^{\infty} y(d(i) - h(i)) \cdot f_{D(i)}(d(i)) \cdot dd(i)$$

Die Kostenfunktion $y(d(i) - h(i))$ kann dabei linear oder auch nichtlinear sein. Für die in Abb. (2.07) dargestellte Wheatstone-Brücke würde sich dann folgender Ansatz ergeben:

$$\text{Zielfunktion: } C = \sum_{i=1}^{5} \overline{Y}(h(i)) \to \text{Min}$$

$$
\begin{aligned}
\text{Nebenbedingungen: } \quad h(1) \quad &\leq FZ(3) \\
h(2) \quad &\leq FZ(2) \\
FZ(2) + h(3) &\leq FZ(3) \\
FZ(2) + h(4) &\leq FZ(4) = PE \\
FZ(3) + h(5) &\leq FZ(4) = PE
\end{aligned}
$$

Die Zielfunktion ist im allgemeinen nichtlinear. Die Variablen h(i) geben die Bereiche der Vorgangsdauern an; die Variablen FZ(i) (mit FZ(4) = PE als

---

43) Vgl. oben, S. 44.

44) S. Jewell, a. a. O.

45) Im Fall $D(i) < h(i)$ entsteht eine Pufferzeit, die aber von vorhergehenden oder nachfolgenden Vorgängen nicht in Anspruch genommen werden darf.

vorgegebenem Projektende) die Ereignistermine. Diese sind jeweils identisch mit den Plananfangsterminen der von ihnen ausgehenden Vorgänge.

Wartekosten können bei dem Ansatz von Jewell nicht entstehen, da alle Planwerte stets realisiert werden. Kosten der Kapitalbindung werden nicht berücksichtigt.

Es ist aber zweifelhaft, ob die von Jewell unterstellte Anpassungsfähigkeit für alle Vorgänge eines Netzplans gegeben ist und ob mögliche Abweichungen jeweils rechtzeitig genug mit der entsprechenden Sicherheit entdeckt werden. Aus diesem Grund wird der Ansatz von Jewell nicht als geeignetes Verfahren der Projektplanung bei Unsicherheit angesehen[46]).

b) Vernachlässigung der zeitlichen Wirkung von Planwerten

Eine ähnliche Anpassungsfähigkeit wie bei Jewell wird auch von dem folgenden Ansatz vorausgesetzt.

Wenn unterstellt wird, daß Planwerte lediglich Kosteneinflüsse ausüben, den zeitlichen Ablauf des Projekts aber nicht verändern, können die oben dargestellten analytischen Reduktionsoperatoren direkt zur Planwertbestimmung herangezogen werden.

Es wird unterstellt, daß jeder Vorgang (unabhängig von der Lage seines Plananfangswertes) beginnt, sobald seine Vorgänger abgeschlossen sind. Dieses setzt voraus, daß der Planwert vorgezogen werden kann, wenn die Vorgänger früher als geplant beendet sind. Mit dieser Plananpassung sollen Dispositionskosten verbunden sein. Falls die Vorgänger sich verspäten und der Plananfang überschritten wird, fallen bis zum Vorgangsbeginn Wartekosten an.

Bei Annahme linearer Kostenverläufe für Dispositions- und Wartekosten ergibt sich für den Erwartungswert der Kostensumme eines Vorgangs V(i) in Abhängigkeit von seinem Plananfangszeitpunkt PA(i):

$$(2.19) \qquad K_i[PA(i)] \;=\; \underbrace{\int_0^{PA(i)} v(i) \cdot [PA(i) - u] \cdot f_{U(i)}\,(u)du}_{\text{Dispositionskosten bei } PA(i) \leq U(i)}$$

$$+ \; \underbrace{\int_{PA(i)}^{\infty} w(i)[u - PA(i)] \cdot f_{U(i)}\,(u)du}_{\text{Wartekosten bei } U(i) > PA(i)}$$

$v(i)$ = Dispositionskostensatz [GE/ZE]

$w(i)$ = Wartekostensatz [GE/ZE]

---

46) Weniger strenge Annahmen und dem später in dieser Arbeit entwickelten Konzept näherstehende Voraussetzungen machen in einem weiterentwickelten Ansatz W. J. Abernathy und J. S. Demski, Simplification Activities in a Network Scheduling Context, in: MS, Vol. 19 (1973), S. 1052—1062; vgl. auch D. J. Golenko, a. a. O., S. 145 ff.

$U(i)$ = Zufallsvariable für den Zeitpunkt, zu dem alle Vorgänger des Vorgangs $V(i)$ abgeschlossen sind[47]; $U(i) = \underset{h \in ES}{Max} \{FE(h)\}$

$f_{U(i)}$ = Dichtefunktion des Zeitpunktes, zu dem alle Vorgänger von $V(i)$ abgeschlossen sind

Mit Hilfe der Regeln der Differentialrechnung kann aus (2.19) folgende Bestimmungsgleichung für den kostenoptimalen Planwert ermittelt werden:

$$(2.20) \qquad F_{U(i)}[PA(i)] = \frac{w(i)}{v(i) + w(i)}$$

Sind für einen Netzplan die Verteilungen $F_{U(i)}$ bekannt und können die Planwerte unendlich schnell dem Projektablauf angepaßt werden, dann werden die Planwerte bezüglich Warte- und Dispositionskosten nach der Formel:

$$(2.21) \qquad PA(i) = F^{-1}_{U(i)} \left[\frac{w(i)}{w(i) + v(i)} \right]$$

kostenoptimal bestimmt. Allerdings sind in dem Ansatz weder Kosten der Kapitalbindung noch projektdauerabhängige Erlöse berücksichtigt.

c) Erweiterungen der Reduktionsoperatoren

In dem Modell von Jewell werden die Planwerte wegen ihres deterministischen Charakters stets realisiert. In dem unter Vernachlässigung der zeitlichen Wirkung der Planwerte entwickelten Modell bestimmen die Planwerte zwar Warte- und Dispositionskosten, sie beeinflussen aber nicht die Zeitrechnung. Aus diesem Grund sind die Planwerte kostenmäßig unverbunden. Wesentlich komplizierter wird die Situation, wenn ein Vorgang nicht vor dem festgesetzten Planwert beginnen kann[48]. In diesem Fall beeinflußt der Planwert über den effektiven Start auch den Endtermin des Vorgangs und damit die Verteilung des frühesten Starts der Nachfolger.

Damit können die Reduktionsoperatoren, wie sie oben dargestellt wurden, nicht mehr beibehalten werden, sondern sie müssen erweitert werden.

(4) O p e r a t o r S P : Reduktion von zwei unabhängigen seriellen Vorgängen unter Berücksichtigung von Plananfangsterminen.

Die Verteilung $F_{D(1)}$ des frühesten Endtermins des Vorgangs $V(1)$ ist bekannt[49] und ebenfalls die Verteilung $F_{D(2)}$. Die Vorgangsdauer $D(\tilde{2})$ des

---

47) Die Größe $U(i)$ ist auf den Vorgang $V(i)$ bezogen. Bei Vorgangspfeilnetzplänen entspricht sie dem FZ-Wert des Vorereignisses des betrachteten Vorgangs. Da im weiteren vor allem Vorgangsknotennetzpläne betrachtet werden, wird die Größe $U(i)$ eingeführt.

48) Vgl. dazu oben, S. 34 ff.

49) In $F_{D(1)}$ ist die Wirkung eines für $V(1)$ bestehenden Planwertes $PA(1)$ bereits enthalten. Weiter kann $V(1)$ bereits ein reduzierter Vorgang sein.

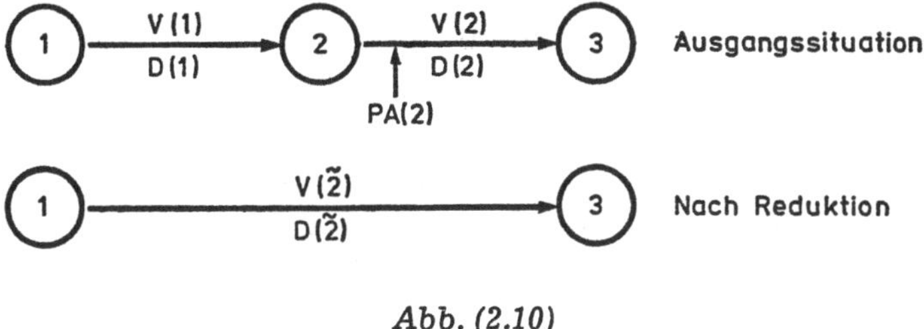

Abb. (2.10)

reduzierten Vorgangs errechnet sich nach:

$$D(\tilde{2}) = D(2) + \begin{cases} D(1), \text{ falls } D(1) > PA(2) \\ PA(2) \text{ sonst} \end{cases}$$

Die Verteilungsfunktion der Vorgangsdauer des reduzierten Vorgangs ist dann gleich:

$$(2.22) \qquad F_{D(2)}(d) = F_{D(1)}[PA(2)] \cdot F_{D(2)}[d - PA(2)]$$

$$+ \int_{PA(2)}^{d} F_{D(2)}[d - d(1)] \cdot dF_{D(1)}$$

(5) O p e r a t o r P P :　　Reduktion von zwei unabhängigen parallelen Vorgängen unter Berücksichtigung von Plananfangsterminen

Der Operator zur Reduktion paralleler Vorgänge bleibt gegenüber dem Operator P unverändert:

$$F_{D(\tilde{2})}(d) = F_{D(1)}(d) \cdot F_{D(2)}(d)$$

Es ist jedoch zu beachten, daß die Verteilungsfunktionen $F_{D(1)}(d)$ und $F_{D(2)}(d)$ der Vorgänge V(1) und V(2) bereits unter Berücksichtigung ihrer Planwerte ermittelt werden müssen.

Für die Anwendung der Operatoren gelten verstärkt die bereits für PERT-Netzpläne erörterten Schwierigkeiten: einmal erhebliche Probleme bei den fortlaufenden Integrationen; zum anderen müssen auch hier die Unabhängigkeitsbedingungen erfüllt sein.

Diese Schwierigkeiten werden bei der Berechnung der Warte- und Kapitalbindungskosten sowie des projektdauerabhängigen Erlöses verstärkt.

Es ist Ziel der Arbeit, nicht nur die Projektdauerverteilung bzw. Kostenverteilung für gegebene Planwerte zu *ermitteln*, sondern diese als Variablen zieladäquat zu optimieren. Die Anwendung von Optimierungsverfahren, z. B. der Marginalanalyse, auf die obigen Funktionen ist aber ebenfalls aus den genannten Gründen nicht praktikabel. Als Ergebnis bleibt deshalb festzuhalten, daß exakte analytische Verfahren nur in sehr einfachen Fällen zur Behandlung stochastischer Netzpläne geeignet sind.

Sie werden deshalb in der weiteren Arbeit auch nur vereinfacht als Näherungsverfahren eingesetzt.

III. Simulationsansätze

In der Literatur wurde bereits früh untersucht, ob Simulationsverfahren zur Ermittlung der Projektdauerverteilung besser geeignet sind als analytische Ansätze.

Zur Berechnung der Projektdauerverteilung wird dazu ein Netzplan wiederholt mit unterschiedlichen Werten der Vorgangsdauern berechnet. Die Vorgangsdauern werden dabei „zufällig" gemäß ihren Verteilungen bestimmt[50]. Werden N Netzplanrealisationen[51] berechnet und wird jeweils das Projektende ermittelt, dann können die N Werte der Projektdauer in m Klassen eingeteilt werden mit den Klassenhäufigkeiten n(i), (i = 1, 2, ..., m).

Die Größen der Schätzfunktion f(i) = n(i)/N sind dann erwartungstreue Schätzwerte der relativen Häufigkeiten der betrachteten Größe.

Häufig soll nicht die gesamte Verteilung der Größe geschätzt werden, sondern lediglich bestimmte Parameter wie Erwartungswert und Varianz.

Der Schätzwert $\overline{PE}$ für den Erwartungswert E[PE] errechnet sich dann aus den einzelnen Projektdauern PE_j, (j = 1, 2, ..., N):

$$(2.23) \qquad \overline{PE} = \frac{1}{N} \sum_{j=1}^{N} PE_j$$

Der Schätzwert $\overline{Va}[PE]$ der Varianz Va[PE] errechnet sich aus:

$$(2.24) \qquad \overline{Va}[PE] = \frac{1}{(N-1)} \sum_{j=1}^{N} (PE_j - \overline{PE})^2$$

Sind die Vorgangsdauern einer Netzplanrealisation jeweils unabhängig von allen anderen (N — 1) Netzplanrealisationen, so ist die Größe PE asymptotisch normalverteilt nach:

$$NV \{E[PE], \sqrt{Va[PE]/N}\}.$$

---

50) Zu Begriff und Verfahren der Simulation vgl. D. Köcher, G. Matt, C. Oertel und H. Schneeweiß, Einführung in die Simulationstechnik, DGOR-Schrift Nr. 5, Berlin - Köln - Frankfurt 1972.

51) Sind allen Vorgängen eines Netzplanes mit Hilfe des verwendeten Zufallszahlengenerators Vorgangsdauern zugewiesen, dann wird dies als Netzplanrealisation bezeichnet.

Analog dieser Ableitung können für alle interessierenden Zeit- und Kostengrößen eines Netzplanes durch Simulation Schätzwerte ermittelt werden. Da jede Netzplanrealisation ein deterministischer Netzplan ist, können für jede einzelne Netzplanrealisation die Größen mit Hilfe der deterministischen Zeit- bzw. Kostenrechnung errechnet werden. Somit bereitet die Ermittlung der in dieser Arbeit interessierenden Zeit- und Kostengrößen prinzipiell keine Schwierigkeiten. Deshalb werden später vor allem Simulationsverfahren zur Grundlage der Planwertbestimmung gemacht.

Die Genauigkeit der Schätzwerte hängt ab von N, der Zahl der berechneten Projektrealisationen, sowie von der angewendeten Simulationstechnik.

Werden lediglich die obigen Schätzfunktionen benutzt, so wird von einer „straight-forward-Simulation" gesprochen[52]). In neuerer Zeit sind mehrere Vorschläge gemacht worden, um den Simulationsaufwand bei gleicher Genauigkeit der Ergebnisse gegenüber der straight-forward-Simulation zu verringern.

a) Straight-Forward-Simulation

Eine der ersten größeren Simulationsstudien wurde bereits 1963 von R. M. van Slyke veröffentlicht[53]). In ihr sollten vor allem die Fehler des klassischen PERT-Verfahrens analysiert werden[54]). Van Slyke stellt bestimmte Anforderungen an die Genauigkeit der Simulationsergebnisse und errechnet daraus den erforderlichen Simulationsaufwand, d. h. die Zahl der zu berechnenden Netzplanrealisationen N.

Um einen Eindruck von der Größenordnung für N für unterschiedliche Fragestellungen zu bekommen, sollen einige Ergebnisse von van Slyke kurz referiert werden[55]):

Mit einer Sicherheitswahrscheinlichkeit von 0,95 soll ein Schätzwert[56]) $\overline{X}$ für $E(X)$ um nicht mehr als 2 % der Standardabweichung σ_x vom wahren Wert $E(X)$ abweichen. Es soll also gelten:

$$\Pr \{E(X) - \sigma_x \cdot 0{,}02 \le \overline{X} \le E(X) + \sigma_x \cdot 0{,}02\} = 0{,}95$$

---

52) Vgl. J. M. Burt, D. P. Gaver und M. Perlas, Simple Stochastic Networks: Some Problems and Procedures, in: NRLQ, Vol. 17 (1970), S. 439—459.

53) R. M. van Slyke, Monte-Carlo Methods and the PERT-Problem, in: OR, Vol. 11 (1963), S. 839 ff.

54) Diesem Zweck dienen auch einfachere Simulationsstudien, z. B. von: F. Rosenkranz, Netzwerktechnik und wirtschaftliche Anwendung, Meisenheim a. Glan 1968, S. 173 ff.; A. R. Klingel, Bias in PERT Project Completion Time Calculations for a Real Network, in: MS, Vol. 14 (1967), S. B-194 ff.

55) Vgl. auch G. Buttler, Netzwerkplanung, a. a. O., S. 130 ff.

56) Es kann sich z. B. um den Schätzwert für das erwartete Projektende handeln.

Durch einfache Umformungen ergibt sich:

$$\Pr\left\{-0{,}02 \cdot \sqrt{N} \leq \frac{\overline{X} - E(X)}{\sigma_x / \sqrt{N}} \leq 0{,}02 \cdot \sqrt{N}\right\} = 0{,}95.$$

Die Größe $[\overline{X} - E(X)]/[\sigma_x/\sqrt{N}]$ ist der standardisierte Schätzwert[57] und ist normalverteilt.

$\Phi(t)$ = Verteilungsfunktion der standardisierten Normalverteilung

t = Argument der Standard-Normalverteilung

Es ist damit das t gesucht, für das gilt:

$$\Phi(0{,}02 \cdot \sqrt{N}) - \Phi(-0{,}02 \cdot \sqrt{N}) = 0{,}95$$

bzw.

$$\Phi(t) - \Phi(-t) = 0{,}95$$

Aus den Tabellen der Standard-Normalverteilung ergibt sich für t ein Wert von 1,96, d. h. $0{,}02 \cdot \sqrt{N} = 1{,}96$, und daraus errechnet sich N zu 9604. Um also dem geforderten Sicherheitsniveau zu entsprechen, müssen rund 10 000 Netzplanrealisationen berechnet werden.

Wird dagegen für eine Sicherheitswahrscheinlichkeit von 0,95 gefordert, daß $\overline{X}$ um nicht mehr als 5 % (10 %) der Standardabweichung σ_x von E(X) abweicht, sind nur noch N = 1537 (N = 384) Netzplanrealisationen erforderlich.

Da in dem Beispiel das geforderte Sicherheitsniveau außerordentlich hoch ist, ist auch die Anzahl der geforderten Netzplanrealisationen sehr groß. Entsprechend hoch ist die für die Simulation benötigte Rechenzeit. Aus diesem Grund können sogenannte varianzreduzierende Verfahren, die den Rechenaufwand bei annähernd gleicher Aussage beträchtlich verringern, lohnend eingesetzt werden. Die in der weiteren Arbeit hauptsächlich angewendeten Verfahren werden im folgenden dargestellt.

b) Ansatz antithetischer Zufallszahlen zur Reduktion des Simulationsaufwands

Es wird ein Netzplan betrachtet, der aus zwei seriellen Vorgängen V(1) und V(2) besteht[58] (Abb. (2.11)).

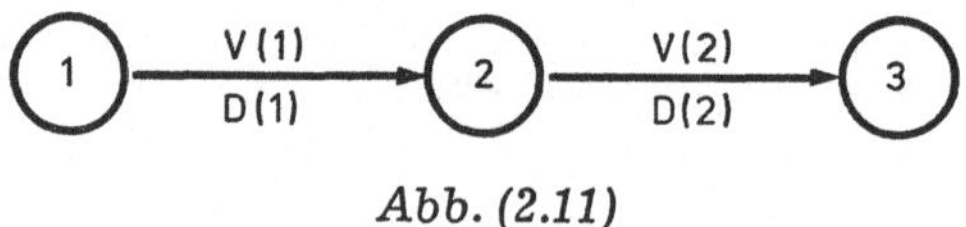

Abb. (2.11)

---

57) Von $\overline{X}$ wird zunächst der Erwartungswert E(X) abgezogen, und anschließend wird der Ausdruck durch die Standardabweichung von $\overline{X}$ dividiert.

58) Vgl. zu den folgenden Ausführungen J. M. Burt, D. P. Grave und M. Perlas, a. a. O.; ferner J. M. Hammersley und D. C. Handscomb, Monte Carlo Methods, London 1967, S. 60 ff.; D. Köcher et al., a. a. O., S. 190 ff.

Der Schätzwert $\overline{D}$ für den Erwartungswert E(D) der Summe der beiden Vorgangsdauern D = D(1) + D(2) errechnet sich nach:

$$(2.25) \qquad \overline{D} = \frac{1}{N} \sum_{i=1}^{N} [d(1)_i + d(2)_i],$$

wobei i die Realisationen der Simulationen zählt.

Ferner gilt:

$$E(D) = E[D(1)] + E[D(2)]$$

Die Vorgangsdauern $d(1)_i$ und $d(2)_i$ werden mit Hilfe eines Zufallszahlengenerators erzeugt. Die Zufallszahl ist gleichverteilt, und die Ausprägungen $r(k)_{(i)}$ sind unabhängig voneinander und damit auch die aus ihnen transformierten Größen $d(k)_i = F_k^{-1}(r(k)_i)$[59].

Die Varianz des Schätzwertes nimmt in Abhängigkeit von der Zahl der Simulationen (Netzplanrealisationen) N ab nach:

$$(2.26) \qquad Va(\overline{D}) = \frac{Va[D(1) + D(2)]}{N} = \frac{Va[D(1)] + Va[D(2)]}{N}$$

Der Schätzwert $\overline{D}$ kann also mit $N \to \infty$ beliebig nahe an E(D) geführt werden, d. h., die Varianz des Schätzwertes verschwindet.

Um E(D) zu schätzen, ist es nicht notwendig, daß die Vorgangsdauern in unterschiedlichen Realisationen unabhängig voneinander sind, d. h., $\{d(1)_i + d(2)_i\}$ braucht nicht unabhängig von $\{d(1)_j + d(2)_j\}$ zu sein[60].

Es ist klar, daß, falls in einer Realisation die Vorgangsdauer $d(1)_i$ sehr groß ist und in der nächsten Realisation deshalb $d(1)_j$ sehr klein gewählt wird, der Mittelwert beider Größen näher ihrem Erwartungswert liegt als bei unabhängigen Werten.

Deshalb liegt es nahe, die Werte der Vorgangsdauern der einzelnen Realisation so festzulegen, daß zwischen den Dauern der einzelnen Realisationen eines Vorgangs eine negative Korrelation besteht. Eine Möglichkeit dazu besteht in der Verwendung sogenannter antithetischer Zufallszahlen.

Werden die Vorgangsdauern $d(1)_1$ und $d(2)_1$ anhand der (gleichverteilten) Zufallszahlen $r(1)_1$ und $r(2)_1$ erzeugt, so kann eine zweite Realisation aus den Zufallszahlen $r'(1)_1 = 1 - r(1)_1$ und $r'(2)_1 = 1 - r(2)_1$ erzeugt werden, die zu den Vorgangsdauern $d'(1)_1$ und $d'(2)_1$ führen. Damit ergeben sich aus dem einen Satz Zufallszahlen $(r(1)_1, r(2)_1)$ zwei Sätze von Realisationen, die miteinander

---

59) Eine solche Transformation erübrigt sich, wenn der Zufallszahlengenerator bereits Größen entsprechend den angesetzten Vorgangsdauerverteilungen liefert. Hier werden die Zufallszahlen als in dem Intervall $\{0,1\}$ gleichverteilt unterstellt.

60) Dagegen sind die Vorgangsdauern i n n e r h a l b einer Realisation weiterhin voneinander unabhängig.

5 Scheer

negativ korreliert sind. Bei fortlaufender Anwendung dieses Prinzips ergeben sich zwei Mengen der Elemente (Realisationen): $\{d(1)_i + d(2)_i\}$ und $\{d'(1)_i + d'(2)_i\}$, wobei die Elemente innerhalb einer Menge voneinander unabhängig sind, zwischen den Mengen aber eine negative Korrelation besteht. Aus N Sätzen gleichverteilter Zufallszahlen ergeben sich somit 2 N Realisationen.

Der Schätzwert $\overline{D}_A$ für den Erwartungswert des Projektendes, d. h. die Summe der beiden Vorgänge, errechnet sich dann bei entsprechender Umsortierung aus[61]):

$$(2.27) \qquad \overline{D}_A = \frac{1}{2N} \ [\overset{\substack{\text{antithetisches} \\ \text{Paar}}}{\overbrace{d(1)_1 + d'(1)_1}} + \overset{\substack{\text{antithetisches} \\ \text{Paar}}}{\overbrace{d(2)_1 + d'(2)_1}}$$

$$+ \ldots + \overset{\substack{\text{antithetisches} \\ \text{Paar}}}{\overbrace{d(1)_N + d'(1)_N}} + \overset{\substack{\text{antithetisches} \\ \text{Paar}}}{\overbrace{d(2)_N + d'(2)_N}}]$$

$$= \tfrac{1}{2}(\overline{D} + \overline{D}')$$

Nun gilt $E(\overline{D}) = E(\overline{D}') = E(D)$, so daß auch der Schätzwert $\overline{D}_A$ erwartungstreu ist.

Die Varianz des antithetischen Schätzwertes $\overline{D}_A$ errechnet sich nach:

$$(2.28) \qquad Va(\overline{D}_A) = Va[\tfrac{1}{2}(\overline{D} + \overline{D}')] = E[\tfrac{1}{2}(\overline{D} + \overline{D}') - E[\tfrac{1}{2}(\overline{D} + \overline{D}')]]^2$$

$$= E[(\tfrac{1}{2}\overline{D} - \tfrac{1}{2}E(\overline{D})) + (\tfrac{1}{2}\overline{D}' - \tfrac{1}{2}E(\overline{D}'))]^2$$

$$= E\left[\left(\frac{\overline{D} - E(\overline{D})}{2}\right)^2\right] + E\left[\left(\frac{\overline{D}' - E(\overline{D}')}{2}\right)^2\right]$$

$$+ 2E\left[\frac{[\overline{D} - E(\overline{D})] \cdot [\overline{D}' - E(\overline{D}')]}{4}\right]$$

Es gilt:

$$Va(\overline{D}) = E(\overline{D} - E(\overline{D}))^2$$
$$Va(\overline{D}') = E(\overline{D}' - E(\overline{D}'))^2$$
$$Va(\overline{D}) = Va(\overline{D}')$$
$$Cov(\overline{D}, \overline{D}') = E[(\overline{D} - E(\overline{D})) \cdot (\overline{D}' - E(\overline{D}'))]$$

Dann folgt aus (2.28):

$$(2.29) \qquad Va(\overline{D}_A) = \frac{Va(\overline{D})}{4} + \frac{Va(\overline{D}')}{4} + \tfrac{1}{2} Cov(\overline{D}, \overline{D}')$$

$$= \frac{Va(\overline{D})}{2} + \tfrac{1}{2} Cov(\overline{D}, \overline{D}')$$

---

61) Der Index A an $\overline{D}_A$ bezeichnet, daß der Schätzwert mit Hilfe antithetischer Zufallsvariablen errechnet wird.

Falls keine antithetischen Zufallszahlen verwendet werden, ist die Kovarianz $\text{Cov}(\overline{D}, \overline{D}') = 0$, und für 2N Realisationen beträgt die Varianz des Schätzwertes $\text{Va}(\overline{D})/2$[62]. Die Verdopplung des Stichprobenumfangs von N auf 2N würde also die Varianz des Schätzwertes halbieren.

Bei Ansatz antithetischer Zufallszahlen und damit *negativer* Kovarianz ist dagegen die Varianz $\text{Va}(\overline{D}_A)$ geringer. Das Ausmaß der Varianzreduktion hängt von der Höhe der Kovarianz ab. Diese wiederum hängt, wie später bei der Berechnung von Projektdauern gezeigt wird, von der Struktur des Netzplans ab.

Bei der Simulation wird ein Schätzwert für die Varianz $\text{Va}(\overline{D}_A)$ direkt aus den Ergebnissen der antithetischen Paare errechnet. Dazu wird die Hilfsgröße h_i eingeführt.

$$(2.30) \qquad h_i = \frac{d(1)_i + d(2)_i + d'(1)_i + d'(2)_i}{2}$$

$$\overline{\text{Va}}(\overline{D}_A) = [\sum_i (h_i - \overline{D}_A)^2]/[N \cdot (N-1)]$$

Da $\overline{D}_A$ der Mittelwert aus N unabhängigen Werten h_i ist, können nach den üblichen Verfahren Konfidenzbereiche für $\overline{D}_A$ errechnet werden.

Die Schätzung der Varianz der einzelnen Projektdauern ist problematisch, da die einfache Mittelwertbildung

$$(2.31) \qquad \hat{\text{Va}}(D) = \frac{\text{Va}(D) + \text{Va}(D')}{2}$$

verzerrt sein kann. Allerdings führt die Formel nach den Beispielrechnungen von Burt et al. zu recht befriedigenden Ergebnissen[63]

Die Verteilungsfunktion der Projektdauer errechnet sich nach:

$$(2.32) \qquad \hat{\hat{F}}_D(d) = \frac{\hat{F}_D(d) + \hat{F}_D'(d)}{2}$$

mit $\hat{F}_D(d)$ und $\hat{F}_D'(d)$ als den empirisch ermittelten Verteilungen.

Die Betrachtung wurde bisher für zwei serielle Vorgänge durchgeführt. Sie gilt für mehr als zwei serielle Vorgänge entsprechend.

Auch für parallele Vorgänge tritt beim Ansatz antithetischer Zufallszahlen eine Varianzreduktion für den Schätzwert ein[64].

---

62) $\text{Va}(\overline{D}) = \text{Va } [D(1) + D(2)]/N$.

63) Vgl. auch D. Köcher et. al., a. a. O., S. 191.

64) Vgl. J. M. Burt et al., a. a. O., S. 447 ff.

Damit bewirkt der Ansatz antithetischer Zufallszahlen grundsätzlich, daß der Schätzfehler der betrachteten Größen verringert wird. Das Verfahren wird deshalb bei den folgenden Simulationsstudien eingesetzt.

c) Parallele Doppelsimulation

Als weiteres varianzreduzierendes Verfahren wird die parallele Doppelsimulation angewendet[65]. Sie wird dann angesetzt, wenn die Vorteilhaftigkeit zweier Strategien anhand von Simulationsstudien miteinander verglichen werden soll.

Im allgemeinen ist der Vergleichsmaßstab der Mittelwert einer Zielgröße (z. B. durchschnittliche Projektdauer oder durchschnittlicher Kapitalwert) aus N Projektsimulationen, so daß für die Ermittlung der beiden Mittelwerte zwei Simulationsläufe mit N Projektsimulationen erforderlich sind.

Werden nun in den beiden Läufen jeweils die gleichen Zufallszahlenfolgen verwendet, dann sind die einzelnen Ergebniswerte stochastisch voneinander abhängig. Die Varianz der Differenz der beiden Vergleichsgrößen C_1 und C_2 errechnet sich dann nach

$$(2.33) \qquad Va(C_1 - C_2) = Va(C_1) + Va(C_2) - 2 \cdot Cov(C_1, C_2)$$

und für die Differenz der arithmetischen Mittel $\overline{C}_1 - \overline{C}_2$:

$$(2.34) \qquad Va(\overline{C}_1 - \overline{C}_2) = Va(C_1 - C_2)/N.$$

Die Reduktion des Schätzfehlers für die Differenz der Mittelwerte ist demnach um so größer, je höher die Kovarianz zwischen den beiden Zielgrößen ist.

Werden die gleichen Folgen von Zufallszahlen angesetzt, dann sind die Umweltbedingungen für beide Modelle gleich, und in der Differenz kommen nur die unterschiedlichen Strategien zum Ausdruck. Die Ergebnisse sind deshalb im allgemeinen positiv miteinander korreliert. Auch dieses varianzreduzierende Verfahren führt deshalb dazu, daß mit relativ geringem N bereits signifikante Aussagen möglich sind.

---

65) Vgl. ferner zu weiteren Verfahren der Varianzreduktion bzw. zur Festlegung des Stichprobenumfangs J. M. Burt et al., a. a. O.; die dort zusätzlich verwendeten Verfahren, Stratifikation und Kontrollnetzpläne, sind für diese Arbeit weniger geeignet. Vgl. ferner: G. S. Fishman, Estimating Sample Size in Computing Simulation Experiments, in: MS, Vol. 18 (1971), S. 21—38; R. L. van Horn, Validation of Simulation Results, in: MS, Vol. 17 (1971), S. 247 bis 258; E. J. Ignall, On Experimental Designs for Computer Simulation Experiments, in: MS, Vol. 18 (1972), S. 384—388; M. Wehrli, Zur Stichprobenreduktion bei Monte Carlo Simulationen, in: UFO, Band 14 (1970), S. 97—108.

d) Conditional Monte Carlo

Neben den reinen analytischen Verfahren und der Monte-Carlo-Simulation kommt als drittes Vorgehen eine Verbindung beider Verfahren in Betracht. Auch für ein solches Vorgehen sind Arbeiten zur Behandlung von Netzplänen durchgeführt worden[66]). Durch Kombination der Integrationsoperatoren für unabhängige Vorgänge und Simulation von Vorgängen, die auf mehreren Wegen liegen, kann eine Reduktion des Stichprobenumfangs gegenüber der reinen Monte-Carlo-Methode erzielt werden. Allerdings haben die Verfahren für die in dieser Arbeit untersuchten Probleme die gleichen Nachteile wie die rein analytischen, so daß sie nicht angewendet werden.

---

[66]) Vgl. J. M. Burt und M. B. Garman, Conditional Monte Carlo: A Simulation Technique for Stochastic Network Analysis, in: MS, Vol. 18 (1971), S. 207—217; M. B. Garman, More on Conditioned Sampling in the Simulation of Stochastic Networks, in: MS, Vol. 19 (1972), S. 90—95.

Kapitel III

Simulationsstudien zu Projektabläufen

Zur Bestimmung von Planwerten zur Projektsteuerung bei stochastischen Vorgangsdauern hat sich im wesentlichen die Monte-Carlo-Simulation als geeignete methodische Grundlage herausgestellt. Sie bildet den wesentlichen Bestandteil der in der weiteren Arbeit entwickelten Verfahren zur Projektsteuerung. Die Verfahren werden dabei allgemein entwickelt, und ihre Wirkung wird an einigen Beispielen demonstriert.

A. Die Projektbeispiele

Die Beispiele sollen in ihrer Struktur realen Projekten möglichst entsprechen. Bisher sind aber größere empirische Untersuchungen über typische Projektstrukturen dem Verfasser nicht bekannt.

Auch sind die in der Literatur bisher entwickelten Strukturmaße zur Beschreibung von Projektnetzplänen nur sehr grob. Als wesentliche Größe wird z. B. die Strukturdichte eines Netzplans genannt, entweder definiert als $S = A/(VN - 1)$ mit A = Anzahl der Anordnungsbeziehungen und VN = Anzahl der Vorgänge oder $S = A/(VN \cdot (VN - 1)/2)$[1].

Diese Größe bezieht sich lediglich auf das Verhältnis von Anordnungsbeziehungen zu Vorgängen. Dagegen fehlen Größen zur Charakterisierung des Grads der Unsicherheit[2] oder der Kostenstruktur. Damit scheidet die Möglichkeit aus, repräsentative Beispiele anhand typischer Ausprägungen von Strukturgrößen zu konstruieren.

Als zweite Möglichkeit bleibt aber, den zahlreichen veröffentlichten Fallstudien zur Projektplanung anwendungsnahe Netzpläne zu entnehmen und um die darin nicht enthaltenen Elemente zu ergänzen. Dies hat den Vorteil, daß von vornherein nur solche Kombinationen von Strukturmerkmalen betrachtet werden, die in der Realität vorkommen.

---

1) G. Waschek, Einheitliche Bezeichnungen in der Netzplantechnik, in: APF, 11. Jg. (1970), S. 205—213, hier S. 206; W. Domschke, Kürzeste Wege in Graphen: Algorithmen, Verfahrensvergleiche, Meisenheim am Glan 1972, S. 68 ff.

2) Zur Beschreibung des Unsicherheitsgrades in Entscheidungsnetzplänen wird häufig die Entropie gewählt. Sie ist allerdings nur zur Beschreibung der Unsicherheit über mögliche Endknotenrealisationen geeignet, nicht aber zur Beschreibung der Unsicherheit über die Vorgangsdauern.

Obwohl die in anwendungsorientierter Literatur angeführten Projektbeispiele in der Regel auch keine Originalpläne sind, können sie doch als repräsentativ für die Praxis gelten, da die Autoren ihre vielfältigen Erfahrungen in sie eingebracht haben. In der Tabelle (3.01) sind die ausgewählten Netzpläne mit Quelle und charakteristischen Größen angeführt.

Nr. des Projektnetzplans	Anwendungsgebiet	Quelle	VN	A	S
1	Produktionsplanung	H. Todt, Die Verteilung, a. a. O., S. 430	14	19	1,4615
2	Produktionsplanung für Turbinen	H. Todt, Verfahren zur Berechnung, a. a. O., S. 59	19	28	1,556
3	Entwicklung eines Produktes (Schwergewicht Marketing)	Vom Autor für ein praktisches Problem entwickelt	32	44	1,419
4	Entwicklung eines Produktes (Schwergewicht Produktion)	PPS a. a. O., S. 0—9	41	52	1,300
5	Bau einer Autobahnraststätte	Netzplantechnik im Medienverbund[3]), S. 175	53	71	1,412
6	Forschungsprojekt Heisskreis-Rotor	PPS, S. 5—Z 42	59	81	1,421

VN = Zahl der Vorgänge (einschließlich fiktive Endknoten), A = Anzahl der Anordnungsbeziehungen, S = Strukturdichte = $A/(VN-1)$.

Tabelle (3.01)

Die für Projekt 1 angesetzten Daten und der Netzplan sind in Tabelle (3.02) und Abb. (3.01) zusammen mit Ergebnissen der PERT-Simulation angegeben. Die entsprechenden Angaben der anderen Projekte sind im Anhang aufgeführt.

Soweit die Projekte von den Autoren nicht als Vorgangsknotennetzpläne entworfen wurden oder neben Ende-Start-Beziehungen weitere Anordnungsbeziehungen enthalten, sind sie vom Verfasser in Vorgangsknotennetzpläne mit ausschließlich Ende-Start-Beziehungen umgeformt worden.

Die Beispiele zeigen ein Strukturmaß S zwischen S = 1,3 und 1,56, wobei keine offensichtliche Abhängigkeit zwischen ihm und der Netzplangröße besteht.

---

3) Die vollständige Quelle lautet: Südwestfunk, WDR/Westdeutsches Fernsehen und Verein Deutscher Ingenieure, VDI-Bildungswerk (Hrsg.): Netzplantechnik, 2. neubearbeitete und erweiterte Aufl., Düsseldorf 1972.

Für jeden Vorgang werden eine minimale und eine maximale Vorgangsdauer MIND(i) und MAXD(i) definiert sowie die mittlere Vorgangsdauer MD(i) = (MAXD(i)—MIND(i))/2. Aus diesen Größen lassen sich die Standardabweichungen STAB(i) der Vorgangsdauern errechnen. Die angesetzten Berechnungsformeln für Gleich- und Normalverteilung lauten[4]):

Normalverteilung: STAB(i) = SP(i)/6

Gleichverteilung: STAB(i) = SP(i)^2/12 + SP(i)/6
$$\text{mit SP(i) = MAXD(i) — MIND(i)}$$

Für die Berechnung der Standardabweichung der Normalverteilung wird der Gedanke des klassischen PERT-Verfahrens benutzt, daß die Standardabweichung ein Sechstel der Spannweite SP(i) betragen soll. Die inhaltlichen Vorgangsbezeichnungen werden aus Platzgründen nicht angeführt — sie sind den Originalveröffentlichungen zu entnehmen. Nicht alle der in Tabelle (3.01) vorgestellten Netzpläne werden für alle Fragestellungen der Arbeit behandelt.

Projekt Nr. 1				
			STAB(i) Verteilungstyp	
Vg. Nr. i	MIND(i)	MAXD(i)	Gleichverteilung	Normalverteilung
1	50	150	29,2	16,7
2	30	90	17,6	10,0
3	30	90	17,6	10,0
4	50	150	19,2	16,7
5	20	60	11,8	6,7
6	60	180	34,9	10,0
7	10	50	11,8	6,7
8	100	300	58,0	33,3
9	10	50	11,8	6,7
10	70	210	40,7	23,3
11	20	60	11,8	6,7
12	40	120	23,4	13,3
13	50	150	29,2	16,7

Tabelle (3.02)

---

4) Bei den Beispielen dieser Arbeit werden als Verteilungstypen die Normal- und Gleichverteilung angesetzt. Diese sind besonders einfach zu handhaben. Da sich bisher kein Verteilungstyp, auch die Betaverteilung nicht, als allein sinnvoll für Vorgangsdauern herausgestellt hat, erscheint dieses Vorgehen berechtigt.

Projekt Nr. 1
Erläuterungen:
Fiktiver Endknoten
= Projektende
(a = 1000)
Übrige Knoten
(a < 1000)
a = Vorgangsnummer
b = Erwartungswert der Vorgangsdauer
c = Index der Kritizität
d = FA-PERT-klassisch
e = SA-PERT-klassisch
f = FA-PERT-Sim
g = SA-PERT-Sim
h = erwartete Projektdauer PERT-klassisch
i = Standardabweichung PERT-klassisch
j = erwartete Projektdauer PERT-Sim
k = Standardabweichung PERT-Sim

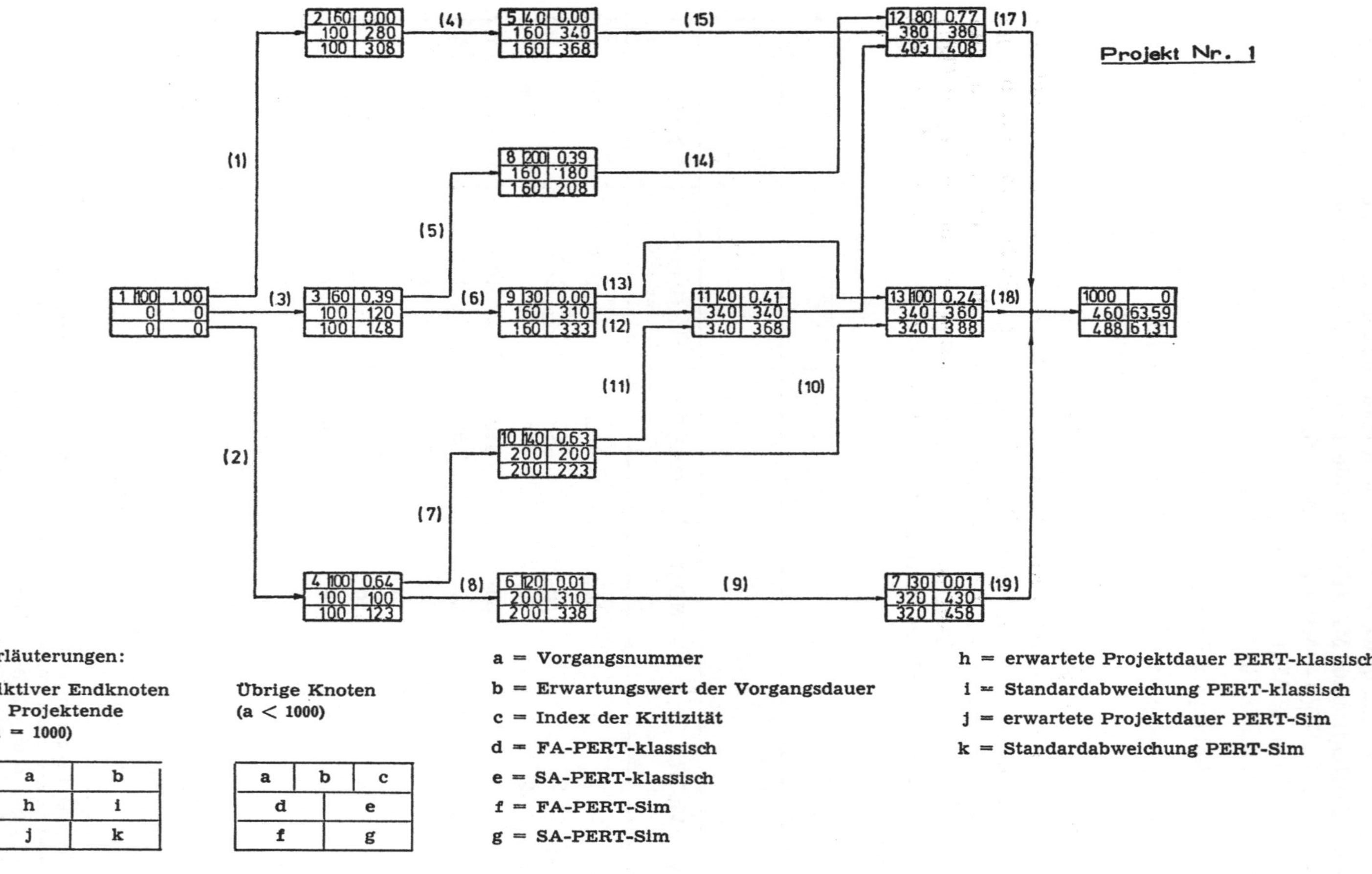

Abb. (3.01)

B. Simulationsergebnisse

Für die sechs anwendungsorientierten Projektstrukturen werden einige grundlegende Simulationsstudien durchgeführt und den Ergebnissen des klassischen PERT-Verfahrens gegenübergestellt.

Zunächst werden für sie die PERT-Simulationen mit jeweils 100 antithetischen Netzplanrealisationen durchgeführt. Dabei werden Gleich- und Normalverteilungen angesetzt.

In Abb. (3.01) bzw. den gezeichneten Netzplänen im Anhang sind in die Knoten folgende Ergebnisse der Zeitplanung unter Ansatz der Gleichverteilung eingetragen:

<table>
<tr><td>PERT-klassisch</td><td>PERT-Simulation</td></tr>
<tr><td>$E[FA(i)]$</td><td>$\overline{FA}(i)$</td></tr>
<tr><td>$E[SA(i)]$</td><td>$\overline{SA}(i)$</td></tr>
<tr><td></td><td>$\overline{IKR}(i)$</td></tr>
</table>

In Tabelle (3.03) sind für beide Verteilungstypen die Ergebnisse zusammengefaßt.

Dabei zeigt sich, daß bei den Projekten Nr. 3 und 5 nur geringe Abweichungen zwischen den Ergebnissen der klassischen PERT-Rechnung und der Simulation bestehen. Bei diesen Netzplänen dominiert der PERT-kritische Weg so stark, daß sich die Fehler des Verfahrens kaum auswirken.

Die Abweichungen sind bei Ansatz der Gleichverteilung höher als bei Ansatz der Normalverteilung. Dies ist darauf zurückzuführen, daß bei dem ersten Verteilungstyp die Standardabweichung höher ist. In Zeile 9 der Tabelle (3.03) sind die (kumulierten) relativen Häufigkeiten für die Einhaltung des nach dem klassischen PERT-Verfahren errechneten Projektendes eingetragen. Für die Projekte 1, 2, 4 und 6 sind diese gegenüber dem Wert des klassischen PERT-Verfahrens von 0,5 wesentlich geringer. Bei diesen Netzplänen wirken sich die Berechnungsfehler des PERT-Verfahrens entsprechend stark aus. Die stärkste Abweichung zeigt das Projekt Nr. 2.

In Zeile 8 der Tabelle (3.03) ist die Reduktion des Schätzfehlers für den Erwartungswert des Projektendes durch die Verwendung antithetischer Zufallszahlen angegeben. Die Reduktion ist bei dem Projekt Nr. 3 mit einer Reduktion um 82,8 % bzw. 92,7 % am höchsten.

Aber auch bei den anderen Projekten ist die Reduktion erheblich, so daß sich die Eignung antithetischer Zufallszahlen bei der Simulation von stochastischen Netzplänen bestätigt.

		Zeile	Gleichverteilung						Normalverteilung					
			Projekte						Projekte					
		Zeile	1	2	3	4	5	6	1	2	3	4	5	6
PERT-klassisch	Erwartungswert des Projektendes	1	460	357	1750	830	3040	1100	460	357	1750	830	3040	1100
	Standardabweichung	2	63,59	31,79	188,12	66,96	217,91	108,00	36,36	18,03	108,29	38,19	125,26	61,91
PERT-Simulation	Schätzwert für Projektende	3	488,06	395,75	1760	869,7	3121	1195	470,43	375,45	1752	852,9	3066	1145
	Prozentuale Abweichung des Projektendes bei PERT-Sim von PERT-klassisch	4	6,1	10,8	0,6	4,8	2,7	8,6	2,3	5,2	0,1	2,7	0,9	4,1
	Standardabweichung des Projektendes	5	61,3	18,84	176,06	63,01	203,6	108,28	17,2	11,0	111,5	30,0	128,6	74,6
	Schätzfehler für die erwartete Projektdauer bei Unterstellung unabhängiger Zufallszahlen	6	6,13	1,88	17,6	6,3	20,36	10,83	2,72	1,10	11,15	3,0	12,86	7,46
	Schätzfehler für die erwartete Projektdauer bei Ansatz antithetischer Zufallszahlen	7	2,97	1,41	3,04	2,61	6,74	9,12	1,47	0,84	0,75	1,44	2,71	5,79
	Prozentuale Reduktion des Schätzfehlers durch antithetische Zufallszahlen	8	51,6	25,00	82,8	58,6	66,0	15,8	46,0	23,7	92,7	52,0	79,0	22,4
	$Pr(PE \leq E(PE))$[1]	9	0,29	0,03	0,49	0,21	0,37	0,25	0,33	0,05	0,50	0,23	0,48	0,30

1) Wahrscheinlichkeit, mit der das nach PERT-klassisch errechnete Projektende aufgrund PERT-Simulation eingehalten wird.

Tabelle (3.03)

Für das Projekt Nr. 1 ist in Abb. (3.02) der Verlauf der mittleren Projektdauer in Abhängigkeit der Zahl der Netzplanrealisationen für die beiden Schätzwerte $\overline{PE}$ und $\overline{PE}'$ mit dem zugehörenden antithetischen Wert $\overline{PE}_A$ eingezeichnet. Es werden insgesamt 200 Netzplanrealisationen berechnet, d. h. 100 antithetische Paare. Zur Berechnung von $\overline{PE}_A$ wird jeweils ein Paar als eine Netzplanrealisation betrachtet. Bei den Schätzwerten $\overline{PE}$ und $\overline{PE}'$ zeigen sich, insbesondere bei niedriger Anzahl von Realisationen, erhebliche Schwankungen, die von dem antithetischen Schätzwert ausgeglichen werden.

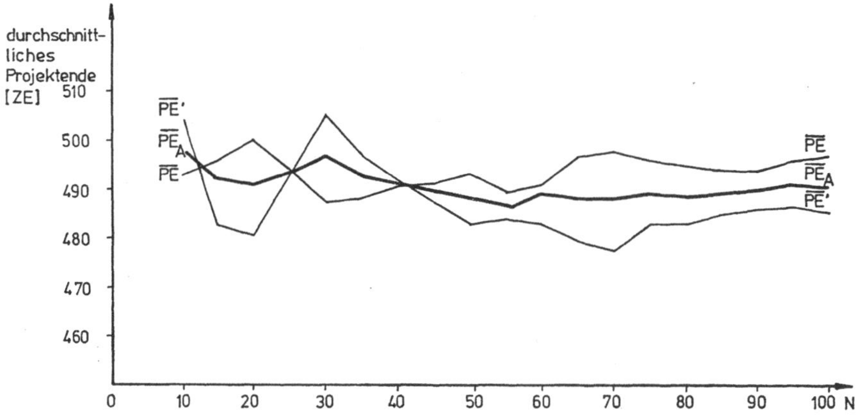

Abb. (3.02)

Bei den bisherigen Simulationen wurden bei den Vorgängen keine Planwerte berücksichtigt, so daß die Ergebnisse direkt mit denen des klassischen PERT-Verfahrens vergleichbar sind.

Nun werden für den Start der Vorgänge Planwerte PA(i) definiert. Die grundsätzliche Wirkung dieser Planwerte wird an den gleichen Beispielen demonstriert. Die Ergebnisse sind in Tabelle (3.04) zusammengestellt.

Für jeden Vorgang wird als Planwert PA(i) für seinen Start der nach PERT-Sim errechnete erwartete früheste Anfangszeitpunkt $\overline{FA}(i)$ angesetzt. Ein Vorgang kann demnach frühestens zu diesem Zeitpunkt beginnen, er beginnt später, wenn seine Vorgänger zu diesem Zeitpunkt noch nicht beendet sind. Der effektive Startzeitpunkt FA(i) eines Vorgangs während eines Projektablaufs ist dann:

$$FA(i) = \text{Max} \{PA(i) = \overline{FA}(i); \text{Max} \{FE(h)\}\}.$$
$$h \in ES$$

	Zeile	Gleichverteilung						Normalverteilung					
		Projekte						Projekte					
		1	2	3	4	5	6	1	2	3	4	5	6
Schätzwert für Projektende	1	517,15	403,88	1852	910,9	3259	1233	484,72	379,69	1806	872	3140	1167
Prozentuale Abweichung des Projektendes von PERT-klassisch	2	12,4	13,1	5,8	9,7	7,2	12,1	5,4	6,4	3,2	5,1	3,3	6,1
Standardabweichung des Projektendes	3	40,41	13,49	108,3	37,21	115,5	85,1	19,32	8,97	72,12	18,11	78,46	60,25
Schätzfehler für die erwartete Projektdauer bei Unterstellung unabhängiger Zufallszahlen	4	4,04	1,35	10,8	3,72	11,55	8,51	1,93	0,09	7,21	1,81	7,85	6,03
Schätzfehler für die erwartete Projektdauer bei Ansatz antithetischer Zufallszahlen	5	2,52	1,08	6,54	2,22	7,54	7,71	1,27	0,74	4,60	1,19	5,53	5,39
Prozentuale Reduktion des Schätzfehlers durch antithetische Zufallszahlen	6	37,7	20,0	29,5	30,4	34,72	9,50	34,2	17,8	36,2	34,3	29,6	10,6
$Pr(PE \leq E(PE))$[1]	7	0,10	0	0,21	0	0	0	0,09	0	0,23	0	0	0,03

1) Wahrscheinlichkeit, mit der das nach PERT-klassisch errechnete Projektende aufgrund der PERT-Simulation eingehalten wird.

Tabelle (3.04)

Falls kein spezielles Verfahren zur Berechnung der Plantermine angewendet wird, sind die $\overline{FA}(i)$ Werte durchaus verbreitete Größen dafür[5]).

Die Planwerte führen dazu, daß die erwartete Projektdauer sich zwischen 5,8 und 13,1 % gegenüber der ohne Planwerte errechneten Dauer verzögert. Die Standardabweichungen verringern sich. Beide Effekte sind darauf zurückzuführen, daß sich kurze Vorgangsdauern nicht auf den Start der Nachfolger auswirken, sondern durch deren Planwerte absorbiert werden.

Auch bei Ansatz von Planterminen wird durch antithetische Zufallszahlen der Schätzfehler für die erwartete Projektdauer erheblich reduziert, wenn auch nicht mehr so stark wie bei der reinen PERT-Simulation.

Für die weiteren Beispielrechnungen werden nicht jeweils alle sechs Projekte betrachtet. Vielmehr wird wegen des Rechenaufwands bei komplexeren Modellstrukturen die Anzahl der untersuchten Projekte reduziert. Dies ist auch deshalb notwendig, weil an den Beispielen mehrere Politiken demonstriert werden sollen, so daß bei mehreren Projektstrukturen sich die Anzahl der Simulationsläufe vervielfachen würde.

Im Mittelpunkt steht deshalb das Projekt Nr. 1, das durch einen mittleren PERT-Fehler der Zeile 4 in Tab. (3.01) gekennzeichnet ist.

Daneben werden die Projekte Nr. 2 und Nr. 3 betrachtet, die einen sehr hohen bzw. sehr kleinen PERT-Fehler zeigen.

---

5) In der Praxis werden dabei die Werte in der Regel anhand des klassischen PERT-Verfahrens angesetzt bzw. anhand einer deterministischen Zeitrechnung ermittelt. Falls bei der deterministischen Rechnung die Punktschätzungen für die Vorgangsdauer den erwarteten Vorgangsdauern entsprechen — dies kann im allgemeinen angenommen werden —, führen beide Verfahren zum selben Ergebnis, d. h. zu denselben Planwerten.

Zweiter Teil

Optimale Plantermine bei starrer Projektplanung

Im Teil 1 wurden die grundsätzlichen Probleme der Analyse von Projekten mit stochastischen Vorgangsdauern erörtert. Auf den dabei gewonnenen Erkenntnissen aufbauend, sollen nunmehr Verfahren zur Bestimmung optimaler Plantermine zur Projektsteuerung entwickelt werden. Dabei wird unterstellt, daß die zum Projektbeginn festgesetzten Planwerte während des Projektablaufs unverändert bleiben. Die Planwerte werden deshalb als starr bezeichnet.

Im Kapitel IV werden in der anwendungsorientierten Literatur vorgeschlagene zeitbezogene Regeln zur Planwertbestimmung untersucht.

Anschließend werden im Kapitel V Kosten- und Erlösfaktoren einbezogen, und ein Verfahren zur gewinnmaximalen Planwertbestimmung wird vorgestellt. Das dazu entwickelte Optimierungsverfahren ist auch Grundlage des im dritten Teil der Arbeit behandelten Problems der flexiblen Projektsteuerung.

Kapitel IV

Zeitbezogene Regeln zur Planwertbestimmung

In der anwendungsorientierten Literatur werden Regeln zur Festlegung von Planwerten vorgeschlagen, die sich aus der Zeitrechnung der Netzplantechnik ergeben und deshalb auch nur Zeitgrößen als Einflußgrößen einbeziehen. Sie gehen zunächst von deterministischen Vorgangsdauern aus und versuchen, durch eine anschließende Verteilung der errechneten Pufferzeiten dem stochastischen Charakter der Vorgangsdauern Rechnung zu tragen.

Dieses Vorgehen besitzt den Vorteil, die oben gezeigten Schwierigkeiten bei der Behandlung stochastischer Netzpläne zu vermeiden. Der Nachteil liegt in ihrer nur schwer abzuschätzenden Wirkung auf die Projektdauerverteilung, da systematische Untersuchungen bisher fehlen. Mit Hilfe von Simulationsstudien sollen diese hier nachgeholt werden.

A. Erfahrungsgrundsätze zur Planwertbestimmung

Für die Festlegung von Planwerten wird von der anwendungsorientierten Literatur eine Reihe von Grundsätzen aufgestellt[1]):

---

1) Vgl. G. Waschek und E. Weckerle, Die Praxis der Netzplantechnik, Baden-Baden 1967, S. 237 ff., insbesondere S. 244 ff.; N. Thumb, a. a. O., S. 117 ff.

(1) Die Plantermine sollen von einer zentralen Stelle mit dem Blick für das Gesamtprojekt gesetzt werden.

(2) Zeitreserven (Pufferzeiten) sollen nicht schon zu Beginn des Projekts verbraucht werden.

(3) Vorgänge, denen eine größere Anzahl von Verzweigungen folgen, sollen engere Zeitgrenzen erhalten als Vorgänge mit wenigen Nachfolgern.

(4) Freie und unabhängige Pufferzeiten sollen den Abteilungen zur Disposition zugeteilt werden, da davon die Nachfolger nicht beeinflußt werden.

(5) Vorgänge, deren Dauer unsicher ist, sollen einen größeren Zeitraum erhalten als Vorgänge mit geringem Unsicherheitsbereich.

(6) Zwischen dem Ende eines Vorgangs und dem Start seiner direkten Nachfolger sollen keine zu langen Zeitspannen eingeplant werden, da die Plantermine des Vorgangs sonst unglaubwürdig wirken.

Diese Grundsätze sind allerdings zu allgemein, um daraus konkrete Plantermine ableiten zu können.

B. Vorgangsbezogene Plantermine

Einige Autoren schlagen deshalb vor, Ergebnisse der deterministischen Zeitrechnung[2] als Planwerte vorzugeben. So kann z. B. der errechnete f r ü h e s t e A n f a n g s z e i t p u n k t FA(i) eines Vorgangs als Plananfangswert PA(i) gesetzt werden[3]. Dieser Wert wird dann als Starttermin vorgeschrieben[4], so daß der geplante Endzeitpunkt PB(i) = PA(i) + MD(i) ist.

Bezüglich der Einhaltung der sechs Grundsätze gilt für diese Planwerte:

Zu (1): Die Planvorgabe erfolgt zentral durch die Projektleitung.

Zu (2): Pufferzeiten werden nicht in Anspruch genommen, so daß sie für folgende Vorgänge erhalten bleiben.

Zu (3): Alle Vorgänge werden gleich behandelt.

Zu (4): Es wird keine Pufferzeit zugeteilt.

Zu (5): Alle Vorgänge werden gleich behandelt.

Zu (6): Es können erhebliche Zeitspannen zwischen dem geplanten Ende eines Vorgangs und dem geplanten Anfang des Nachfolgers liegen (falls ein anderer Vorgang dessen frühesten Anfangszeitpunkt bestimmt).

---

2) Für die Vorgangsdauern werden also Punktschätzungen (z. B. Mittelwerte) angesetzt.

3) Vgl. H. Wille, K. Gewald und H. D. Weber, Netzplantechnik, Band 1: Zeitplanung, 3. verbesserte Aufl., München - Wien 1972, S. 115.

4) Vgl. G. Waschek und E. Weckerle, a. a. O., S. 238.

Außer Grundsatz 1 und (bedingt) Grundsatz 2 werden die Erfahrungsgrundsätze von diesen Planwerten nicht eingehalten.

Ähnlich verhält es sich, wenn die errechneten **s p ä t e s t e n   A n f a n g s - u n d   E n d z e i t p u n k t e** als Planwerte gesetzt werden:

Zu (1): Die Planvorgabe erfolgt zentral durch die Projektleitung.

Zu (2): Alle Pufferzeiten werden sofort in Anspruch genommen[5]), so daß eine Pufferzeit, die sich auf eine Vorgangskette bezieht, bereits von dem ersten Vorgang der Kette verbraucht wird.

Zu (3): Jeweils der erste Vorgang in einer Kette wird hervorgehoben.

Zu (4): Alle Pufferzeiten werden verbraucht, ohne aber den Abteilungen zur Disposition zugeteilt zu werden.

Zu (5): Keine besondere Beachtung der Unsicherheiten.

Zu (6): Geringe Zeitspannen.

Hier werden vor allem die Grundsätze 2 und 3 verletzt, so daß eine rechtzeitige Projektbeendung sehr unsicher ist.

Die beiden Planwertpaare sind damit für eine sinnvolle Planung nicht geeignet. Die folgenden Ansätze gehen auf die individuelle Stellung eines Vorgangs im Netzplan stärker ein.

C. Ereignisorientierte Planwerte

Auch die ereignisorientierten Verfahren zur Ermittlung von Planwerten gehen von deterministischen Vorgangsdauern aus (z. B. in Form der mittleren Vorgangsdauern $MD(i)$).

Sie beruhen auf CPM-Netzplänen, also Vorgangspfeilnetzen. Ihr Ziel ist es, für die Ereignisse Planwerte $PZ(i)$ zwischen den Ereigniszeitpunkten $FZ(i)$ und $SZ(i)$ zu ermitteln, so daß die Ereignispufferzeit[6]) $EP(i) = SZ(i) - FZ(i)$ auf die in den Knoten $KN(i)$ einmündenden und von $KN(i)$ ausgehenden Vorgänge aufgeteilt wird.

Aus Abb. (4.01) ist zu ersehen[7]), daß die Pufferzeit für die Ereignisse f, g, h jeweils 12 ZE beträgt, aber nur einmal in Anspruch genommen werden kann. Ebenfalls geht aus Abb. (4.01) hervor, daß die freie Pufferzeit der Vorgangskette V(f, g), V(g, h), V(h, i) in Höhe von 7 ZE allein dem Vorgang V(h, i), also dem letzten Vorgang der Kette, zugeteilt wird. Die Puffer-

---

5) Den Abteilungen werden aber die Pufferzeiten nicht zur Disposition gegeben, sondern der Zeitraum zwischen geplantem Ende des Vorgängers und geplantem Start des Nachfolgers wird keiner Abteilung zur Disposition zugeteilt.

6) Die Ereignispufferzeit $EP(i)$ wird auch als bedingte Pufferzeit bezeichnet: $EP(i) = SZ(i) - FZ(i)$.

7) Vorgänge werden durch Angabe von Vor- und Nachereignis gekennzeichnet.

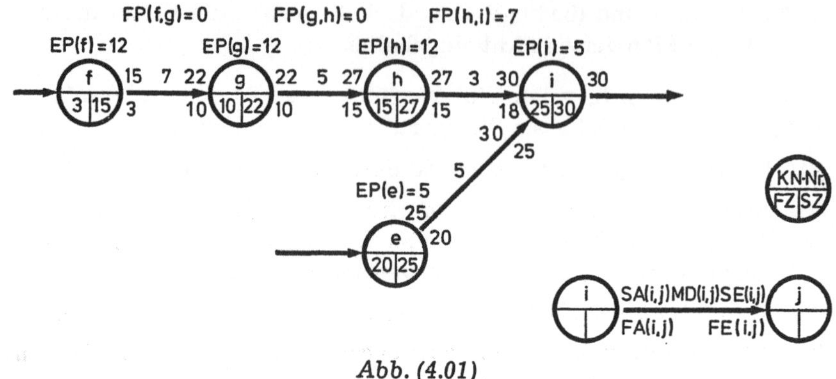

Abb. (4.01)

zeiten sollen deshalb nach sinnvollen Kriterien auf alle Ereignisse und damit
auch auf alle Vorgänge einer Kette verteilt werden.

Aus den Planwerten PZ(i) ergeben sich die Planwerte für den Vorgang
V(i, j) nach: PA(i, j) = PZ(i), PB(i, j) = PZ(j) für alle relevanten i, j. Daraus
folgt:

— Alle von einem Ereignisknoten ausgehenden Vorgänge besitzen den
  gleichen Plananfangszeitpunkt.

— Alle in einen Ereignisknoten einmündenden Vorgänge besitzen den
  gleichen Planendtermin.

I. Regel von Waschek und Weckerle

Diese Regel wurde bereits 1963 vorgeschlagen[8]. Für alle kritischen Vorgänge gilt:

$$PA(i, j) = FA(i, j) = SA(i, j)$$

$$PB(i, j) = FE(i, j) = SE(i, j)$$

Den nichtkritischen Vorgängen wird nun ein Teil der Ereignispufferzeiten
zugeteilt. Die Pufferzeit EP(i) wird auf die in den Knoten KN(i) einmündenden und ausgehenden Vorgänge nach dem Verhältnis des längsten Wegs vom
Projektanfang zum Knoten KN(i) zum längsten Weg von KN(i) zum Projektende aufgeteilt, also nach:

$$\frac{\text{Dauer des längsten Weges vom Projektstart bis zum Knoten KN(i)}}{\text{Dauer des längsten Weges vom Knoten KN(i) zum Endknoten KN(n)}}$$

$$= \frac{FZ(i)}{FZ(n) - SZ(i)}$$

---

8) Vgl. G. Waschek und E. Weckerle, a. a. O., S. 248 ff.

Für den Planwert[9]) WPZ(i) gilt dann:

$$\frac{WPZ(i) - FZ(i)}{SZ(i) - WPZ(i)} = \frac{FZ(i)}{FZ(n) - SZ(i)}$$

und daraus

$$(4.01) \qquad WPZ(i) = FZ(i) \cdot \frac{FZ(n)}{FZ(n) - [SZ(i) - FZ(i)]}$$

Mit diesen Planwerten für die Ereignisse sind auch die Planwerte der Vorgänge bestimmt. An dem Beispiel der Abb. (4.02) wird die Vorgehensweise demonstriert.

$$WPZ(1) = 0; \; WPZ(2) = 2 \cdot \frac{24}{24 - (14-2)} = 4; \; WPZ(3) = 6 \cdot \frac{24}{24 - (18-6)} = 12;$$

$$WPZ(4) = 9 \cdot \frac{24}{24 - (21-9)} = 18; \; WPZ(5) = 10 \cdot \frac{24}{24 - (22-10)} = 20; \; WPZ(6) = 24.$$

Abb. (4.02)

Die Plantermine WPA(i, j) und WPB(i, j) der Vorgänge sind in Tabelle (4.01) eingetragen. Jedem Vorgang wird eine geplante Pufferzeit WPZ(i, j) in Höhe seiner Vorgangsdauer zugeteilt. Auf die in Tabelle (4.01) weiter eingetragenen Größen wird später eingegangen.

Vor-gang (i—j)	Dauer	Plananfangs-zeitpunkt			Planendtermine			Zugeteilte Pufferzeit		
		WPA	GPA	APA	WPE	GPE	APE	WPZ	GPPZ	APPZ
1—2	2	0	0	0	4	3,85	3,85	2	1,85	1,85
2—3	4	4	3,85	3,85	12	11,54	11,54	4	3,69	3,69
3—4	3	12	11,54	11,54	18	17,31	17,32	3	2,77	2,78
4—5	1	18	17,31	17,32	20	19,23	19,26	1	0,92	0,94
5—6	2	20	19,23	19,26	24	24	24	2	2,77	2,74
1—6	24	0	0	0	24	24	24	0	0	0

Tabelle (4.01)

---

9) Der Buchstabe W bei WPZ(i) soll andeuten, daß der Planwert nach der Regel von Waschek und Weckerle errechnet wird.

Waschek und Weckerle behaupten, daß die vorhandene Pufferzeit der Ereignisse „ungefähr proportional zur Tätigkeitsdauer verteilt"[10]) wird. Das ist auch in dem Beispiel der Abb. (4.02) exakt der Fall; es gilt aber nur für Vorgangsketten, bei denen gilt: $FZ(i + 1) = FZ(i) + MD(i, i + 1)$ und $SZ(i + 1) = SZ(i) + MD(i, i + 1)$[11]).

Im Beispiel der Abb. (4.03) ist die zweite Bedingung für die Knoten KN(2) und KN(3) nicht erfüllt. Obwohl die Vorgänge V(2,3) und V(3,4) die gleiche Dauer besitzen, bekommt der erste Vorgang eine Pufferzeit von 3,75 ZE und der zweite Vorgang lediglich eine Pufferzeit in Höhe von 1,25 ZE. Der Vorgang V(2,3) bekommt die Pufferzeit damit nicht proportional zu seiner Dauer, sondern zu der Summe der Dauern MD(1,2) und MD(2,3).

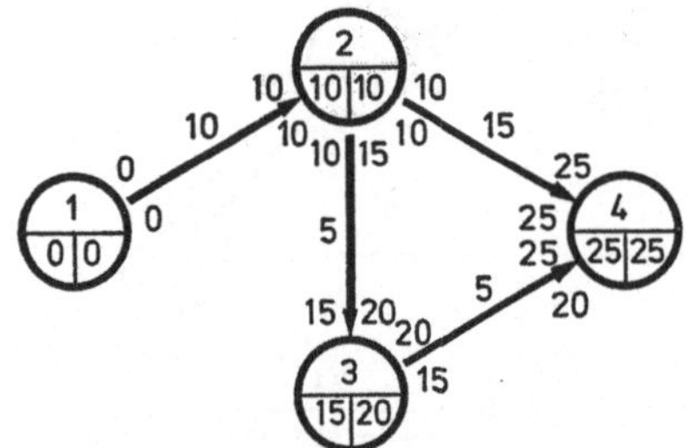

Vorgang	WPA	WPB	WPZ
1—2	0	10	0
2—3	10	18,75	3,75
3—4	18,75	25	1,25
2—4	10	25	0

$$WPZ(1) = 0; \quad WPZ(2) = 10 \cdot \frac{25}{25 - (10-10)} = 10; \quad WPZ(3) = 15 \cdot \frac{25}{25 - (20-15)}$$
$$= 18,75; \quad WPZ(4) = 25.$$

Abb. (4.03)

Eine Erweiterung dieses Verfahrens zur Planwertermittlung liegt darin, die Ereignispufferzeiten nicht nach dem Verhältnis von Weglängen zu verteilen, sondern nach gewissen Gewichten[12]). Es wird mit diesen Gewichten als „Vorgangsdauern" ein neuer Netzplan berechnet, und dann werden die zuvor errechneten Ereignispufferzeiten nach dem Verhältnis der Wege aus den Gewichtungszahlen verteilt.

Gegenüber den in Abschnitt B behandelten Planwerten werden die Grundsätze der Planwertbestimmung von dem Verfahren etwas besser eingehalten.

---

10) G. Waschek und E. Weckerle, a. a. O., S. 250.

11) In dem Beispiel der Abb. (4.02) gilt diese Bedingung für die Knotenfolge KN(2), KN(3), KN(4), KN(5). Die Planwerte der Knoten errechnen sich in diesem Fall fortlaufend nach:

$$WPZ(i+1) = WPZ(i) + MD(i, i+1) \cdot \frac{FZ(n)}{\sum\limits_{g=1}^{5} MD(g, g+1)} = WPZ(i) + MD(i, i+1) \cdot 2$$

12) Die Autoren schlagen als Gewicht die Größe $Q(i,j) = \dfrac{PD(i,j) - MD(i,j)}{MD(i,j)}$ vor und setzen damit voraus, daß für jeden Vorgang mehrere Schätzwerte in Form der mittleren und pessimistischen Dauer vorliegen.

So werden die Pufferzeiten den Vorgängen direkt zur Disposition zugeteilt, wenn auch die individuelle Stellung des Vorgangs nur beschränkt beachtet wird.

II. Das Verfahren der General Electric und der AEG

Von K. Weber[13]) wurde 1964 in Deutschland ein Verfahren zur Ermittlung von Planwerten vorgestellt, das in den USA vom Computer Department der General Electric entwickelt und angewendet wurde. Von H. Todt[14]) wurde dieses Verfahren 1965 für die AEG erweitert.

Der Planwert für das Ereignis j errechnet sich nach[15]):

$$(4.02) \qquad GPZ(j) = \underset{i}{Max} \left[\frac{(GPZ(i) + MD(i, j)) \cdot G(j) + SZ(j) \cdot H(j)}{G(j) + H(j)} \right]$$

Der Ausdruck in eckigen Klammern ist das mit den Größen G(j) und H(j) gewichtete Mittel aus dem frühesten Endzeitpunkt[16]) des Vorgangs V(i, j) und seinem spätesten Endtermin SE(i, j) = SZ(j).

Damit gilt:

$$GPZ(i) + MD(i, j) \leq GPZ(j) \leq SZ(j),$$

so daß das früheste (deterministische) Projektende von den Planwerten nicht gefährdet wird.

Von dem Startknoten ausgehend (GPZ(1) = 0), können analog der üblichen CPM-Hinrechnung die Planwerte für die Ereignisse errechnet werden.

Die Gewichtungsfaktoren H(j) und G(j) sind für alle in den Knoten KN(j) einmündenden Vorgänge gleich; der Faktor H(j) drängt den Plantermin in Richtung des spätesten Endzeitpunktes, während G(j) den frühesten Endzeitpunkt bevorzugt.

In den Werten G(j) und H(j) kommt die besondere Lage des Knotens KN(j) im Projektplan zum Ausdruck. Zu ihrer Berechnung wird zunächst jedem Vorgang eine Zahl gw(i, j) zugeordnet, die die Pufferzeitpräferenz des Vorgangs ausdrückt. Eine hohe Zahl bedeutet, daß dem Vorgang aufgrund

---

13) K. Weber, Planung mit CPM und PERT, in: Industrielle Organisation, 33. Jg. (1964), S. 231 bis 243, hier S. 232 ff.

14) H. Todt, Die Verteilung der Pufferzeiten bei Netzplänen, in: Ablaufs- und Planungsforschung, Bd. 4/5 (1964/65), S. 430—434.

15) Zur Kennzeichnung des Verfahrens der General Electric wird den Bezeichnungen für die Planwerte ein G vorangestellt.

16) Der früheste Endzeitpunkt errechnet sich nach GPZ(i)+MD(i,j), geht also für den Start bereits von einem errechneten Planwert aus.

seiner unsicheren Zeitschätzung eine hohe Pufferzeit zugeteilt werden soll[17]. G(j) errechnet sich dann nach:

$$G(j) = \underset{k \, \epsilon \, \overline{ES}(j)}{Max} \; (G(k) + gw(j, k)),$$

ist also der unter Ansatz der Pufferzeitpräferenzen errechnete „längste Weg" vom Ereignis j zum Endereignis und wird deshalb in einer Art Rückrechnung ermittelt[18]. Je mehr Vorgänge (mit hohen Pufferzeitpräferenzen) dem Knoten K(j) noch folgen, um so stärker wird GPZ(j) nach vorn gedrängt, damit möglichst viel Pufferzeit für die noch folgenden unsicheren Vorgänge verbleibt.

Die Größe H(j) wird durch die größte Pufferzeitpräferenz der in KN(j) einmündenden Vorgänge bestimmt:

$$H(j) = \underset{i \, \epsilon \, ES(j)}{Max} \; \{gw(i,j)\}$$

Da H(j) lediglich aus *einer* Pufferzeitpräferenz errechnet wird, erlangt es in der Regel gegenüber G(j) erst mit zunehmender Annäherung an das Projektende höheres Gewicht[19].

Die Wirkungsweise der Formel (4.02) wird am Beispiel der Abb. (4.02) demonstriert.

Um eine Vergleichbarkeit mit der Regel von Waschek/Weckerle herzustellen, werden als Pufferzeitpräferenzen die Vorgangsdauern angesetzt, also: gw(i, j) = MD(i, j).

Knoten j	1	2	3	4	5	6
H(j)	0	2	4	3	1	24
G(j)	25	11	7	4	3	1
GPZ(j)	0	3,85	11,54	17,31	19,23	24
APZ(j)	0	3,85	11,54	17,32	19,26	24

Tabelle (4.02)

In Tabelle (4.02) sind die errechneten Gewichte und die daraus errechneten Planwerte der Ereignisse eingetragen. Die Planwerte und zugeteilten Puffer-

---

17) Die gw(i,j) können grundsätzlich beliebige Werte annehmen; Weber setzt für sie Werte zwischen 0 und 9 an.

18) G(n) wird dabei gleich 1 gesetzt.

19) Allerdings muß berücksichtigt werden, daß in dem Ausgangswert GPZ(i), der mit H(j) gewichtet wird, bereits die H(g)-Gewichte (g<i) enthalten sind, soweit der Knoten KN(g) auf einem Weg zu dem Knoten KN(i) liegt. Aus diesem Grund würde z. B. die Berechnung der H(j)-Gewichte durch den längsten Weg vom Startknoten zum Knoten KN(j) diese überrepräsentieren.

zeiten der Vorgänge sind bereits in Tabelle (4.01) aufgeführt. Gegenüber der Formel (4.01) besitzt der Vorgang V(5,6) eine größere Pufferzeit, alle anderen Pufferzeiten haben sich verringert.

Formel (4.02) wurde von H. Todt[20]) für die Anwendung bei der AEG modifiziert. Zur Verdeutlichung der Kritik von H. Todt wird die Abb. (4.04) herangezogen. Sie stellt den Endknoten mit den beiden in ihn einmündenden Vorgängen des Netzplanes aus Abb. (4.02) dar.

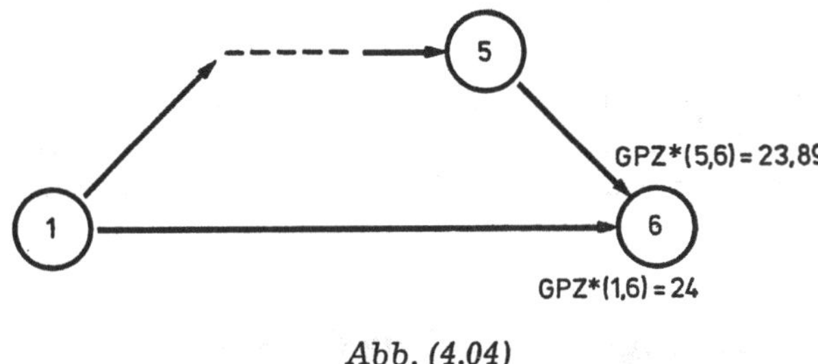

Abb. (4.04)

Die GPZ*(i, j) geben die Werte der eckigen Klammer der Formel (4.02) an, also ohne Berücksichtigung der Maximierungsvorschrift. Durch die Maximierungsvorschrift wird dem Vorgang V(5,6) eine zusätzliche Zeitspanne von 0,11 ZE über den nach dem Klammerausdruck bestimmten Endtermin hinaus zugeteilt. Todt kritisiert nun, daß diese zusätzliche Pufferzeit nicht auf die gesamte Vorgangs- bzw. Ereigniskette aufgeteilt wird. Deshalb schlägt Todt vor, diese Pufferzeiten in einem weiteren Iterationsprozeß aufzuteilen. Die Berechnungsformel für den Planwert des Knotens KN(i) lautet dann[21]):

$$(4.03) \quad APZ(i) = \underset{j}{Min} \left\{ GPZ(i) + APZ(j) \right.$$

$$\left. - \frac{\left[\dfrac{(GPZ(i) + MD(i, j)) \cdot G(j) + SZ(j) \cdot H(j)}{G(j) + H(j)} \right] \cdot H(i) + APZ(j) \cdot G(i)}{H(i) + G(i)} \right\}$$

Für den Endknoten wird APZ(n) = GPZ(n) gesetzt; anschließend werden in einer Rückrechnung die weiteren Planwerte nach Formel (4.03) neu bestimmt.

Der Planwert APZ(i) kann nicht kleiner als GPZ(i) sein.

Für das betrachtete Beispiel sind die errechneten Planwerte in die Tabellen (4.01) und (4.02) eingetragen. Allerdings ist die Auswirkung der Formel (4.03) in dem hier betrachteten Beispiel gering.

Die Pufferzeit des Vorgangs V(5,6) verringert sich um 0,03 ZE, die auf die Vorgänger verteilt werden.

---

20) Vgl. H. Todt, Die Verteilung . . ., a. a. O.

21) Zur Kennzeichnung der Werte dieses Verfahrens wird ihnen ein A vorangestellt.

Plantermine kritischer Vorgänge werden selbstverständlich von Formel (4.03) nicht verändert. Ferner behauptet Todt, daß die Planwerte von solchen Ereignissen i durch Formel (4.03) nicht verändert werden, die bei der Maximierungsvorschrift den Planwert des Folgeereignisses j nach Formel (4.02) bestimmen.

Wie aber aus dem obigen Beispiel zu ersehen ist, trifft diese Behauptung nicht zu. Das Ereignis 4 bestimmt nach Formel (4.02) bei der Maximierung den Wert für GPZ(5), trotzdem wird sein Planwert bei der Nachiteration verändert.

Die Behauptung von Todt trifft auf das von ihm veröffentlichte Beispiel zu, weil kein nichtkritisches Ereignis den Planwert eines anderen Ereignisses bestimmt. Die Planwerte kritischer Ereignisse bleiben aber ohnehin unverändert.

D. Gegenüberstellung der Verfahren

I. Bewertungskriterien

Waschek und Weckerle schreiben, daß das von ihnen vorgeschlagene Verfahren „in der Praxis mit gutem Erfolg angewandt"[22]) wurde. Ähnliches behaupten auch Weber und Todt von den von ihnen entwickelten Planterminen.

Um einen Vergleich zwischen den Verfahren vornehmen zu können, muß ein Vergleichsmaßstab entwickelt werden. Die Aussagen der Autoren sind aber zu ungenau, um eindeutig festzulegen, was unter „gutem Erfolg" zu verstehen ist.

Als „Erfolg" der Planwertbestimmung könnte folgendes gelten:

— Die durchgeführten Projekte werden in der Regel zum geplanten Termin fertiggestellt. Da die Autoren von einer Punktschätzung (interpretiert als mittlere Vorgangsdauer) ausgehen, ist das geplante Projektende gleich dem errechneten frühesten Projektende. Dieser Wert entspricht dem nach dem klassischen PERT-Konzept errechneten erwarteten Projektende.

— Die Vorgänge konnten in der Regel zu ihrem Plananfangswert beginnen, so daß keine Wartezeiten auftraten.

In Kapitel III wurde festgestellt, daß der Ansatz von Planwerten die durchschnittliche Projektdauer verlängert und die Wahrscheinlichkeit für die Realisation des nach dem klassischen PERT-Verfahren errechneten Projektendes verringert[23]).

---

22) Vgl. G. Waschek und E. Weckerle, a. a. O., S. 252.

23) Nur wenn solche Planwerte gesetzt werden, die selbst bei Ansatz der minimalen (optimistischen) Vorgangsdauern die frühesten Anfangszeitpunkte der Vorgänge nicht beeinflussen, bleiben mittleres Projektende und Realisationswahrscheinlichkeit unverändert.

Würden die Autoren bei ihrer Beurteilung ausschließlich den rechtzeitigen Projektabschluß betrachten, so hätten sie für die Vorgänge sehr frühe Plananfangstermine setzen müssen, also beispielsweise die bei der Zeitrechnung ermittelten frühesten Anfangszeitpunkte. Da sie aber gerade durch die retrograde Verteilung der Pufferzeiten bewirken, daß die Planwerte der am Projektanfang liegenden Vorgänge hinausgeschoben werden, scheint der zweite Faktor, die Vermeidung von Wartezeiten, zur Beurteilung herangezogen worden zu sein.

Um die Verfahren nun einem konkreten Vergleich zu unterziehen, soll untersucht werden, wie sich die mittlere Projektdauer, die Wahrscheinlichkeit zur Realisation des Projektendes nach dem klassischen PERT-Ansatz und die Wartezeiten bei den einzelnen Verfahren verhalten.

Grundlage des Vergleichs sind zunächst Simulationsstudien an dem von allen Autoren gemeinsam zur Demonstration ihrer Verfahren benutzten Beispiel[24], dem Beispielprojekt Nr. 1. Dieses ist in Abb. (4.05) als Vorgangspfeilnetz dargestellt. Die Datensituation entspricht derjenigen, wie sie in Tabelle (3.02) bereits eingeführt wurde.

Anschließend werden die Aussagen an weiteren Projekten überprüft. Es werden jeweils 100 Netzplanrealisationen unter Verwendung antithetischer gleichverteilter Zufallszahlen berechnet. Als Verteilungstyp der Vorgangsdauern wird die Gleichverteilung angesetzt. Für unterschiedliche Planwerte werden die gleichen Zufallszahlensätze verwendet, es wird also die parallele Doppelsimulation angewendet.

Im einzelnen werden folgende 7 Plananfangswerte analysiert:

Planwert 1: $E[FZ(i)]$

Für alle Vorgänge wird der erwartete früheste Anfangszeitpunkt als Plananfangstermin gesetzt.

Planwert 2: $E[SZ(i)]$

Erwartungswert der Zeitpunkte, zu dem alle Vorgänger von $V(i)$ ihr spätestes Ende realisiert haben. Bei diesem Verfahren werden geringe Wartekosten vermutet.

Planwert 3: $E[FZ(j)] - MD(i, j)$

Erwartungswert der Zeitpunkte, zu dem die Nachfolger frühestens beginnen können, abzüglich der mittleren Dauer des Vorgangs $V(i)$.

Planwert 4: $WPZ(i)$

Formel (4.01); Regel von Waschek/Weckerle mit Vorgangsdauern als Pufferzeitpräferenzen.

Planwert 5: $WPZ^*(i)$

Regel von Waschek/Weckerle mit Pufferzeitpräferenzen $gw(i)$.

---

[24] Vgl. dazu die angeführten Literaturstellen.

Planwert 6: GPZ(i)

Regel nach General Electric mit Pufferzeitpräferenzen gw(i).

Planwert 7: APZ(i)

Regel nach AEG mit Pufferzeitpräferenzen gw(i).

Als Pufferzeitpräferenzen gw(i) werden extern vorgegebene Größen und die Standardabweichungen der Vorgangsdauern angesetzt.

Die Planwerte werden einmal aus den Ergebnissen der Zeitrechnung nach dem klassischen PERT-Verfahren bestimmt, zum anderen werden die entsprechenden Zeitwerte des simulierten PERT-Netzplans angesetzt.

II. Simulationsergebnisse

Zunächst wird das Projekt Nr. 1 betrachtet[25]).

Die errechneten Plananfangswerte sind in Tabelle (4.03) eingetragen. Die geplanten Endtermine PBZ(i) können leicht aus ihnen nach der Formel

$$PB(i, j) = PZ(j)$$

bestimmt werden.

Bis auf den Planwert 2 sind alle Planwerte ereignisbezogen, d. h., alle Vorgänge, die von dem gleichen Knoten ausgehen, besitzen den gleichen Plananfangstermin. Hier besitzen jeweils die Vorgänge {V(2,3), V(2,4), V(2,5)}, {V(4,7), V(4,6),} {V(5,8), V(5,6)}, {V(6,7), V(6,9)} die gleichen Plananfangstermine.

Die relativen Häufigkeiten, das Projekt bis zum Zeitpunkt 460, dem erwarteten Projektende nach PERT-klassisch, beendet zu haben, sind für einige Lösungen in der letzten Zeile der Tabelle (4.03) eingetragen[26]).

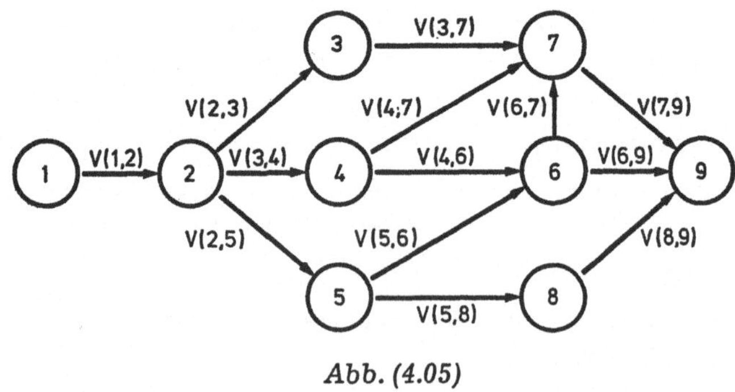

Abb. (4.05)

25) Vgl. dazu die Abb. (4.05).

26) Dieses nach dem klassischen PERT-Ansatz gültige erwartete Projektende besitzt bei der PERT-Simulation eine relative Häufigkeit in Höhe von 0,29. Die mittlere Projektdauer beträgt bei der PERT-Simulation 488 ZE.

Vor-gang	Puffer-zeit-präferenz gw(i)		Ausgangslösung: PERT-klassisch				Externe Puffer-zeit-präferen-zen			Standard-abwei-chungen			Ausgangslösung: PERT-Simulation				Standard-abwei-chungen		
i,j	extern	Standard-abweichung	1	2	3	4	5	6	7	5	6	7	1	2	3	4	5	6	7
1,2	1	29,2	0	0	0	0	0	0	0	0	0	0	0	0	36	0	0	0	0
2,3	2	17,6	100	100	100	100	100	100	100	100	100	100	100	100	280	100	100	100	100
2,4	1	17,6	100	100	100	100	100	100	100	100	100	100	100	100	121	100	100	100	100
2,5	2	29,2	100	100	100	100	100	100	100	100	100	100	100	100	105	100	100	100	100
3,7	1	11,8	160	340	340	263	268	232	238	263	220	228	160	368	365	279	279	229	237
5,8	2	34,9	200	200	200	200	200	200	200	200	200	200	200	223	310	210	210	206	206
8,9	1	11,8	320	430	430	421	412	375	382	418	400	404	320	458	473	446	443	422	427
4,7	1	58	160	180	180	167	167	163	164	167	164	165	160	208	205	177	177	169	171
4,6	1	11,8	160	180	310	167	167	163	164	167	164	165	160	208	317	177	177	169	171
5,6	2	40,7	200	200	200	200	200	200	200	200	200	200	200	223	207	210	210	206	206
6,7	2	11,8	340	340	340	340	340	340	340	340	340	340	340	363	365	357	357	355	355
7,9	1	23,4	380	380	380	380	380	380	380	380	380	380	403	408	423	407	407	404	405
6,9	1	29,2	340	340	360	340	340	340	340	340	340	340	340	363	402	357	357	355	355
Wahrscheinlich-keit, das Projekt-ende von 460 ZE zu erreichen			0,12	0,08	0,05	0,09	0,12	0,12	0,12										

Tabelle (4.03)

a) Ausgangslösung PERT-klassisch

Bei der Berechnung der Planwerte auf Grundlage des klassischen PERT-Ansatzes bleiben alle Planwerte, die von den kritischen Ereignissen 1, 2, 5 und 6 ausgehen, unverändert.

In Abb. (4.06) sind die durchschnittlichen Projektdauern sowie die durchschnittlichen Wartezeiten pro Vorgang für die einzelnen Planwertansätze dargestellt[27]). Zur besseren Übersicht sind die Ergebnisse geradlinig miteinander verbunden.

---

27) Wie auch schon aus Tabelle (4.03) hervorgeht, sind die Planwerte und damit auch deren Wirkungen bei Ansatz der externen Pufferzeitpräferenzen und der Standardabweichungen fast gleich.

Zunächst wird der Polygonzug (a) betrachtet, also die Ausgangslösung PERT-klassisch.

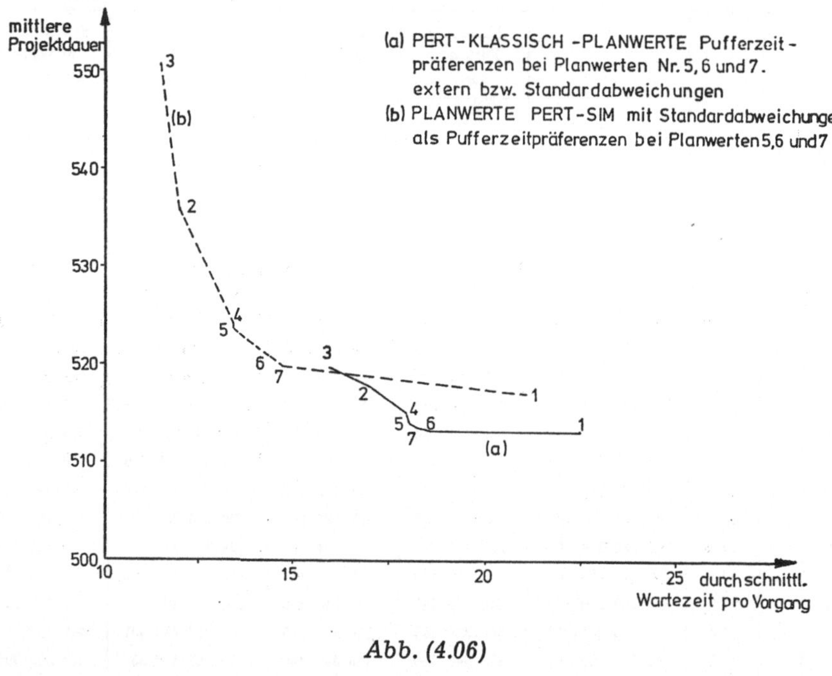

Abb. (4.06)

Die Planwertlösung Nr. 1 erhöht die mittlere Projektdauer gegenüber $\overline{PE}$ (PERT-Sim) um rund 25 ZE auf 513,1 und besitzt damit ungefähr die Wirkung wie PERT-Sim gegenüber dem klassischen PERT-Ansatz.

Die Spannweite zwischen der maximalen und minimalen durchschnittlichen Projektdauer der Planwertlösungen beträgt lediglich 519,5 — 513,1 = 6,4 ZE.

Dagegen ist die Spannweite der durchschnittlichen Wartezeit pro Vorgang mit 6,55 ZE erheblich.

Ein Planwert dominiert einen anderen Planwert, wenn er in mindestens einem der Kriterien Projektdauer oder Wartezeit einen signifikant günstigeren Wert zeigt und in dem anderen Wert nicht signifikant ungünstiger ist.

Demnach wird die Planwertlösung Nr. 1 im Polygonzug (a) von den Planwerten Nr. 6 und 7 dominiert, weil diese erheblich geringere Wartezeiten bei annähernd gleichen Projektdauern zeitigen[28]).

---

28) Die Planwertlösungen Nr. 5, 4, 2 und 3 vermindern zwar die Wartezeiten weiter, verlängern jedoch die Projektdauer. Solange diese Zeitgrößen nicht im Rahmen einer übergeordneten Zielsetzung bewertet werden, kann zwischen den Planwertlösungen nicht entschieden werden.

b) Ausgangslösung PERT-Simulation

Werden die Planwerte anhand der PERT-Sim-Ergebnisse berechnet, so wird von einer mittleren Projektdauer von 488 ZE ausgegangen. Entsprechend erhöhen sich auch die Plananfangswerte bei allen Verfahren. Die Plananfangstermine sind ebenfalls in Tabelle (4.03) eingetragen.

Der Polygonzug (b) der Abb. (4.06) zeigt, daß die Ergebnisse der einzelnen Verfahren in der gleichen Reihenfolge liegen wie bei dem klassischen PERT-Ansatz.

Allerdings zeigt der Polygonzug bei den Planwerten Nr. 5, 2 und 3 eine erheblich höhere Steigung. Die nach PERT-Sim errechneten Planwerte führen zwar zu niedrigeren Wartezeiten, dies geht aber zu Lasten wesentlich höherer mittlerer Projektdauern. Obwohl der Planwert Nr. 1 des Polygonzugs (b) von den Planwerten Nr. 6, 7, 5 und 4 des Polygonzugs (a) dominiert wird, kann eine generelle Überlegenheit des einen oder anderen Verfahrens nicht festgestellt werden.

Dieses Ergebnis wird auch von weiteren Untersuchungen gestützt. Die Planwerte 1 bis 7 wurden ebenfalls bei den Projekten Nr. 2, 3 und 4 getestet. Bei den Planwerten 5 bis 7 wurden die Standardabweichungen der Vorgangsdauern als Gewichtungsgrößen angesetzt.

Grundlage der Planwertbestimmung waren wiederum jeweils die Ergebnisse der Zeitrechnung nach dem klassischen PERT-Verfahren sowie der PERT-Simulation.

Für alle Projekte und Planwerte wurden 100 Netzplanrealisationen (50 antithetische Paare) berechnet.

Dabei werden folgende allgemeine Tendenzen, die sich bereits bei Projekt Nr. 1 gezeigt haben, weiter bestätigt:

(1) Die Reihenfolge der Planwertlösungen bezüglich der Höhe der durchschnittlichen Wartezeit pro Vorgang ist (innerhalb der jeweiligen Ausgangslösung PERT-klassisch oder PERT-Simulation) annähernd gleich.

(2) Die Ergebnisse der Ausgangslösung PERT-klassisch liegen dichter zusammen als die der PERT-Simulation.

(3) Die Ausgangslösung PERT-Simulation führt gegenüber PERT-klassisch zu geringerer Wartezeit bei gleichzeitigem Anstieg der durchschnittlichen Projektdauer.

(4) Während sich die durchschnittlichen Projektdauern nur relativ gering ändern, verändert sich die durchschnittliche Wartezeit pro Vorgang stark.

Bezüglich der einzelnen Planwertlösungen ist zu erkennen, daß:

(1) die Planwertlösungen 2 und 3 zu den längsten durchschnittlichen Projektdauern führen,

(2) die Planwertlösungen 6 und 7 zu sehr ähnlichen Lösungen führen,

(3) die Planwertlösung 1 innerhalb der gleichen Ausgangslösungen von den
     Planwertverfahren 6 und 7 dominiert wird.

c) Zusammenfassung und Kritik

Die untersuchten Planwert-Konzeptionen können nicht befriedigen. Ein erster
Nachteil besteht darin, daß sie ereignisbezogen sind, d. h. alle Vorgänge, die
von dem gleichen Ereignisknoten ausgehen, den gleichen Plananfangstermin
besitzen. Dies führt bei Vorgängen mit geringer Dauer und geringer Krititzität zu vermeidbaren Wartekosten. Der zweite Kritikpunkt bezieht sich darauf,
daß die Gewichtung zwischen Wartezeiten und Projektdauer bei den einzelnen Konzeptionen mehr oder weniger zufällig ist. Auch ist nicht sichergestellt, daß die von einer Planwertlösung ermittelte Kombination aus mittlerem Projektende und durchschnittlicher Wartezeit nicht durch eine andere
Planwertlösung dominiert werden kann.

So kann mit Hilfe eines vom Verfasser entwickelten heuristischen Verfahrens[29]) gezeigt werden, daß es bei allen untersuchten Planwertkonzeptionen
überlegene Lösungen gibt, bei denen entweder bei gleicher mittlerer Projektdauer die Wartezeiten niedriger sind oder bei gleicher Wartezeit die Projektdauer niedriger ist.

Der dritte Kritikpunkt bezieht sich darauf, daß lediglich Zeitgrößen einbezogen werden, also Kosten- und Erlösgesichtspunkte höchstens sehr grob durch
die Vergabe von Gewichtungsfaktoren einbezogen werden können.

Um diesen Schwächen der Planwertlösungen zu entgehen, wird im nächsten
Kapitel ein Verfahren zur Festlegung von gewinnoptimalen Planwerten entwickelt, das auch vorgangsbezogen ist, also auf die individuelle Bedeutung
der Vorgänge eingeht.

---

29) Vgl. A.-W. Scheer, Plantermine zur optimalen Projektsteuerung, Habilitationsschrift Hamburg 1974

Kapitel V

Gewinnoptimale Plantermine

Im folgenden Kapitel werden die Planwerte unter Beachtung ihrer Kosten- und Erlöswirkungen optimal bestimmt. Die Zielsetzung lautet, den Kapitalwert des Projektes zu maximieren.

Die Prämisse, daß zum Projektanfang festgelegte Planwerte während des Projektablaufs nicht verändert werden können, bleibt bestehen, so daß die Planwerte weiterhin starr sind.

A. Einfluß von Planwerten auf Kosten- und Erlöskomponenten

Bei einer starren Planwertbestimmung sind als Kosteneinflußgrößen die Kapitalbindungs- und Wartekosten einzubeziehen.

Dispositionskosten, die ja nur bei einer Planwertänderung während des Projektablaufs anfallen, können nicht auftreten.

Wie gezeigt wurde, wird durch Planwerte die Projektdauerverteilung beeinflußt. Da von dem Fertigstellungszeitpunkt des Projektes der Erlös[1] beeinflußt wird, ist auch dieser zu berücksichtigen.

Die Kosten- und Erlöswirkungen eines Planwertes können nicht isoliert für die einzelnen Vorgänge optimiert werden, da ein Planwert sich nicht nur auf Warte- und Kapitalbindungskosten des betreffenden Vorgangs auswirkt, sondern auch auf die entsprechenden Kosten weiterer Vorgänge.

Als Aktionsvariable für Planwerte werden im folgenden nur noch Plananfangstermine PA(i) betrachtet, weil nur diese bei einer konsequenten Betrachtung des Konzepts stochastischer Vorgangsdauern sinnvoll sind. Da die Dauer eines Vorgangs eine Zufallsvariable ist, kann das Ende eines Vorgangs nicht geplant, sondern nur erwartet werden. Aktionsparameter kann für die Projektleitung deshalb nur der Vorgangsstart sein. Besteht dagegen die Möglichkeit, die Vorgangsdauer während der Bearbeitung durch erhöhte Mittelzuweisung oder durch Überstunden auf einen vorgegebenen Planendtermin

---

1) Bei staatlichen Projekten ist mit dem Projektabschluß in der Regel kein „Erlös" im betriebswirtschaftlichen Sinn verbunden — hier müßte dann der allgemeinere Begriff des Nutzens verwendet werden.

7*

auszurichten, dann liegt eine andere Problemstellung vor[2]). Im folgenden wird davon ausgegangen, daß die Vorgangsdauer nicht zu beeinflussen ist bzw. in der Verteilung der Zufallsvariablen bereits alle Anpassungsmaßnahmen enthalten sind. Aus den Plananfangsterminen können zur Information allerdings Planendtermine z. B. nach der Vorschrift

$$PB(i) = \underset{j \,\epsilon\, \overline{ES}(i)}{Min} \{PA(j)\}$$

abgeleitet werden — diese besitzen aber keinen Einfluß auf den Projektablauf.

I. Einfluß auf Wartekosten

Falls zum geplanten Startzeitpunkt eines Vorgangs noch nicht alle Vorgänger beendet sind, muß die Abteilung bis zu deren Abschluß warten. Die Abteilung wird sich bemühen, andere Aufträge vorzuziehen, um keine Leerzeiten entstehen zu lassen. Häufig sind mit dieser Umorganisation aber zusätzliche Kosten verbunden bzw. die Umorganisation ist nicht lückenlos durchzuführen, so daß trotzdem Leerzeiten entstehen. Außerdem dürfen nur solche Aufträge neu eingeplant werden, die entweder nur eine geringe Zeitspanne beanspruchen oder leicht unterbrochen werden können, damit beim Abschluß der Vorgänger die Abteilung sofort mit der Bearbeitung des eigentlich vorgesehenen Vorgangs beginnen kann[3]).

Je nach der speziellen Situation der Abteilung fallen nun für die Zeitspanne zwischen geplantem und tatsächlichem Start des Vorgangs Wartekosten in unterschiedlicher Höhe an.

Der Wartekostensatz $w(i)$ für den Vorgang $V(i)$ hängt von der Kapazitätssituation der Abteilung (freie oder knappe Kapazität), der Planungsflexibilität und den anstehenden Aufträgen ab[4]). Bei der Bestimmung von $w(i)$ müssen auch Faktoren berücksichtigt werden, die nicht immer leicht zu quantifizieren sind. Trotzdem wird die Projektleitung eine Vorstellung von den Folgen einer Planwertüberschreitung für die einzelnen Abteilungen besitzen und daraus zusammen mit den Sachbearbeitern einen Kostensatz $w(i)$ ableiten können.

Der Erwartungswert $E[WK(i)]$ der Wartekosten $WK(i)$ eines Vorgangs $V(i)$ errechnet sich dann (unter Vernachlässigung der Abzinsung) nach:

$$E[WK(i)] = w(i) \cdot \int_{PA(i)}^{U2(i)} [u - PA(i)] \cdot f_{U(i)}(u)\,du$$

---

2) Vgl. dazu z. B. W. J. Abernathy und J. S. Demski, a. a. O.

3) Diese Forderung ergibt sich aus den Prämissen der Planfestlegung: Da der ursprünglich festgelegte Planwert ja bestehen bleibt, muß die Abteilung ab diesem Zeitpunkt bereit sein, mit dem Vorgang beginnen zu können.

4) Aus Gründen der Einfachheit wird eine lineare Wartekostenfunktion unterstellt. In die unten entwickelten Optimierungsansätze können aber auch nichtlineare Funktionen eingebaut werden.

Die Verteilung für den Zeitpunkt des Abschlusses aller Vorgänger von V(i) :
U(i) = Max {FE(h)} wird durch die Dichtefunktion $f_{U(i)}(u)$ bzw. die Ver-
$\quad$ heES(i)
teilungsfunktion $F_{U(i)}(u)$ angegeben. Die Grenzen der Funktionen werden mit
U1(i), U2(i) bezeichnet (Abb. (5.01)).

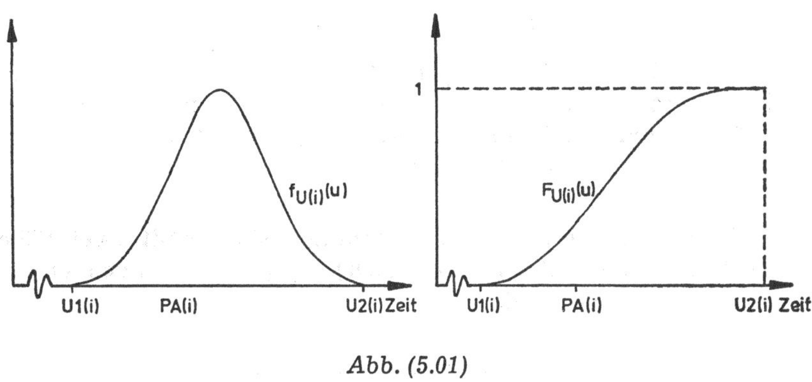

Abb. (5.01)

Durch einfache Umformungen und Anwendung der Regel zur partiellen Integration[5]) erhält man:

$$(5.01) \qquad E[WK(i)] = w(i) \, [U2(i) - PA(i) - \int_{PA(i)}^{U2(i)} u \cdot F_{U(i)}(u) du]$$

Wird ein Planwert von PA(i) nach PA*(i) verändert, so sind damit unter der Voraussetzung PA(i), PA*(i) > U1(i) zwei Wirkungen verbunden:

(1) Bei einer Planwerterhöhung (Planwertverringerung) verringern (erhöhen) sich die erwarteten Wartekosten des Vorgangs.

(2) Bei einer Planwerterhöhung (Planwertverringerung) wird tendenziell die Verteilung des frühesten Endzeitpunktes des betrachteten Vorgangs hinausgeschoben (vorgezogen). Dadurch werden für die Nachfolger von V(i) die Verteilungen U(j) (mit V(j) als Nachfolger von V(i)) verändert, und es erhöhen (verringern) sich die erwarteten Wartekosten der nachfolgenden Vorgänge.

Der zweite Punkt verringert somit die Wirkung einer Planwertänderung nach Punkt (1).

Um die gesamte Wirkung der isolierten Änderung *eines* Planwertes PA(i) zu ermitteln, müssen die Verschiebungen der dem Vorgang folgenden Vorgangsverteilungen einbezogen werden, und es treten die bekannten Berechnungsschwierigkeiten der PERT-Zeitrechnung auf.

---

5) $\int_a^b f(x) \cdot g'(x) dx = f(x) \cdot g(x) \Big|_a^b - \int_a^b f'(x) \cdot g(x) dx.$

II. Einfluß auf Kapitalbindungskosten

Mit der Ausführung eines Vorgangs V(i) sind folgende Ausgaben verbunden[6]):

(1) Zum Plananfangszeitpunkt PA(i) fällt ein „fixer" Betrag für Materialien usw. in Höhe von KF(i) an. Dieser Betrag fällt auch dann zum Zeitpunkt PA(i) an, wenn der Vorgang erst später beginnen kann.

(2) Mit der Bearbeitung eines Vorgangs fallen pro ZE variable Ausgaben für Löhne, Energie usw. in Höhe von k(i) an. Diese Ausgaben sind direkt mit der Bearbeitung des Vorgangs verbunden und entstehen deshalb auch nur mit seiner effektiven Bearbeitung.

Für den Verlauf der Kapitalbindungsfunktion sind somit zwei Fälle zu unterscheiden, die in den Abbildungen (5.02) und (5.03) durch den ausgezogenen Linienzug dargestellt sind.

Fall 1: Der Vorgang beginnt zu seinem geplanten Anfangszeitpunkt PA(i) mit U(i) $\leq$ PA(i).

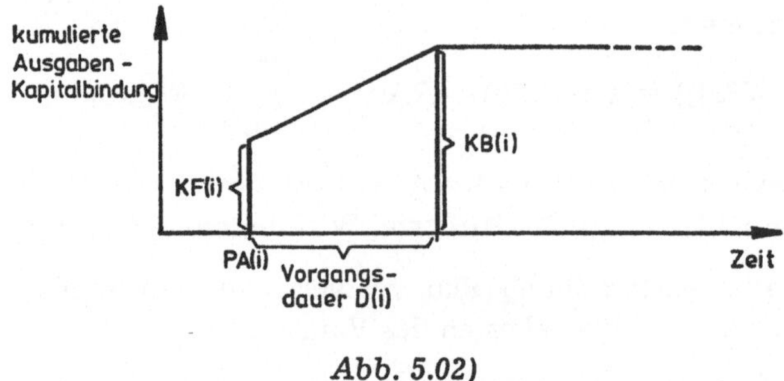

Abb. 5.02)

Fall 2: Der Vorgang beginnt zu seinem frühestmöglichen Anfangszeitpunkt U(i) mit U(i) $>$ PA(i).

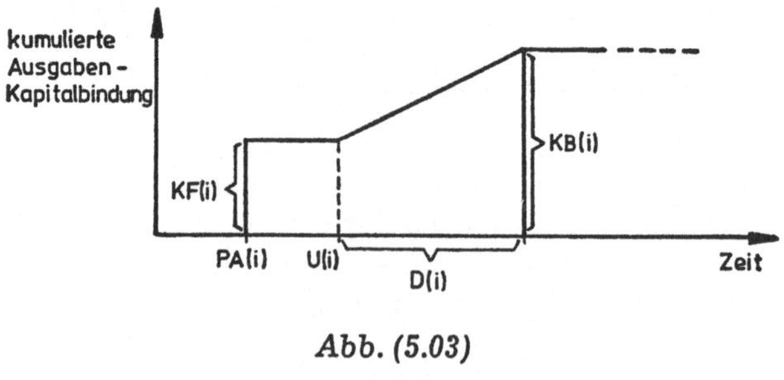

Abb. (5.03)

---

6) Vgl. dazu die Ausführungen zum Modell der Kapitalbindung, S. 30 ff.

In den Modellen werden die Kosten der Kapitalbindung durch die Abzinsung bei der Berechnung des Kapitalwertes erfaßt, wobei für jeden Vorgang V(i) folgender Ansatz zur Berechnung des erwarteten Kapitalwertes der Bearbeitungsausgaben $C^{KB}(i)$ gilt:

$$(5.02) \qquad \underbrace{E[C^{KB}(i)]}_{\substack{\text{erwarteter Ka-} \\ \text{pitalwert der} \\ \text{Bearbeitungs-} \\ \text{ausgaben, bezo-} \\ \text{gen auf den} \\ \text{Projektstart}}} = \underbrace{KF(i) \cdot e^{-\varrho \cdot PA(i)}}_{\substack{\text{abgezinste} \\ \text{„fixe" Ausgaben}}}$$

$$+ \underbrace{\left[k(i) \cdot \int\limits_{MIND(i)}^{MAXD(i)} \int\limits_{0}^{d} e^{-\varrho \cdot \tilde{d}} d\tilde{d} \cdot f_{D(i)}(d) dd \right]}_{\substack{\text{auf den Vorgangsstart abgezinste} \\ \text{erwartete variable Bearbeitungsausgaben}}}$$

$$\cdot \underbrace{\left[e^{-\varrho \cdot PA(i)} \cdot F_{U(i)}[PA(i)] + \int\limits_{PA(i)}^{U2(i)} e^{-\varrho \cdot u} \cdot f_{U(i)}(u) du \right]}_{\substack{\text{Abzinsungsfaktor für den erwarteten} \\ \text{Vorgangsstart}}}$$

ϱ = Verzinsungsintensität

$f_{U(i)}, F_{U(i)}$ = Dichte- bzw. Verteilungsfunktion des frühesten Abschlusses aller Vorgänger von V(i)

$f_{D(i)}$ = Dichtefunktion der Vorgangsdauer

MIND(i), MAXD(i) = Grenzen der Vorgangsdauer D(i)

KF(i) = zu PA(i) anfallender Ausgabenbetrag

k(i) = während der Bearbeitungszeit pro ZE anfallende Ausgaben

In den Abbildungen (5.04) und (5.05) sind jeweils gestrichelt die Kapitalbindungsverläufe bei einer Planwertverschiebung von PA(i) nach PA*(i) eingezeichnet (PA*(i) > PA(i)).

Die schraffierten Flächen geben die Unterschiede in der Kapitalbindung an, wobei wieder die Fälle PA(i) $\geq$ U(i) und PA(i) $<$ U(i) unterschieden werden.

Fall 1: Der Vorgang beginnt zu seinem geplanten Anfangszeitpunkt PA(i).

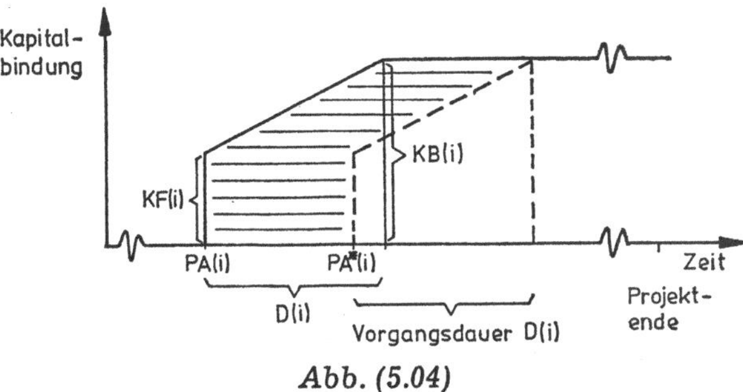

Abb. (5.04)

Fall 2: Der Vorgang beginnt zu seinem frühestmöglichen Anfangszeitpunkt U(i) mit PA*(i) $>$ U(i) $>$ PA(i).

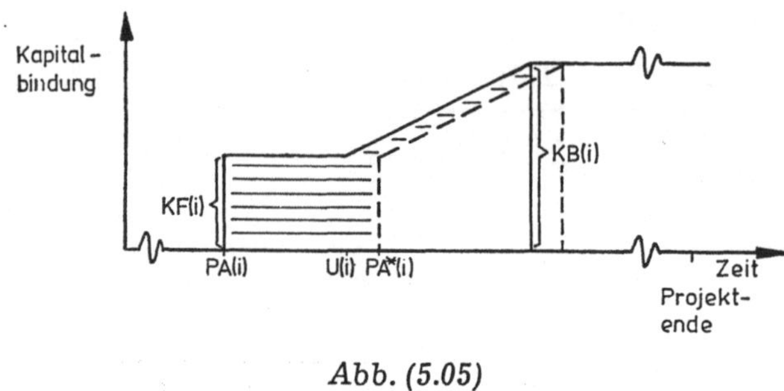

Abb. (5.05)

Die Kapitalbindung verringert sich bei einer Planwerterhöhung (PA*(i) $>$ PA(i)) um die schraffiert gezeichneten Flächen, so daß die Kapitalbindungskosten sinken.

Bei einer Vorverlegung des Planwertes (PA*(i) $<$ PA(i)) verhält es sich entsprechend umgekehrt.

Aber auch hier ist wie bei den Wartekosten nicht nur der isolierte Einfluß einer Planwertänderung auf die Kapitalbindungskosten des zugehörigen Vorgangs zu betrachten, sondern auch die Wirkungen auf die Kosten der Nachfolger.

Die Wirkungen sind:

(1) Durch die Planwerterhöhung wird die Verteilung des frühesten Starts der Nachfolger des Vorgangs verschoben. Dadurch fallen — sofern der ursprünglich mögliche Start verzögert wird — die variablen Kosten später an. Dieser Effekt führt zu einer weiteren Senkung der Kapitalbindungskosten.

(2) Durch eine Planwerterhöhung wird die Verteilung des Projektendes beeinflußt und damit der Zeitpunkt der Freisetzung des gebundenen Kapitals. Dieser Effekt ist damit der obigen Wirkung entgegengerichtet.

Die analytische Berechnung der gesamten Wirkungen stößt wieder auf die bekannten Schwierigkeiten.

III. Einfluß auf den Nettoerlös des Projektes

Häufig hängt die Höhe des mit einem Projekt verbundenen Erlöses von dem Zeitpunkt des Projektabschlusses ab. Beispielsweise kann vertraglich eine Konventionalstrafe für den Fall einer Terminüberschreitung vereinbart sein, die den Erlös mindert. Wird als Projekt die Entwicklung eines neuen Produktes betrachtet, so kann auch hier der Erlös des Projektes von dem Zeitpunkt des Projektabschlusses abhängen.

In Abb. (5.06) ist ein denkbarer Verlauf der Lebenskurve eines neuen Produktes in Abhängigkeit von zwei Einführungszeitpunkten PE1 und PE2 eingezeichnet. Wenn unterstellt wird, daß das „Sterben" des Produktes im wesentlichen von der Kalenderzeit abhängt, so gibt die schraffierte Fläche den Erlösentgang bei einem Projektende PE2 gegenüber PE1 an.

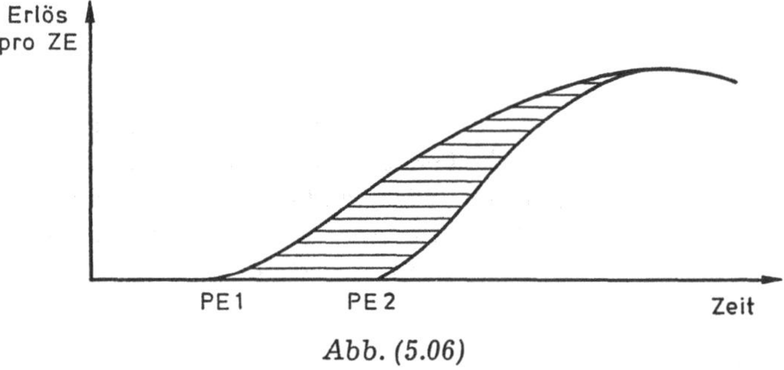

Abb. (5.06)

Vielfach gibt es für den Einführungszeitpunkt eines Produktes aufgrund der Marktsituation besonders günstige Zeitpunkte. Hier würde ein Überschreiten dieses Zeitpunktes überproportionale Erlöseinbußen zur Folge haben.

Werden von den Erlösen die Produktionskosten abgezogen, so ergeben sich die Nettoerlöse des Projektes. Erstrecken sich die Nettoerlöse vom Einführungszeitpunkt aus gesehen in die Zukunft, so werden sie auf das Projektende = Einführungszeitpunkt bezogen, indem der Zahlungsstrom auf das Projektende abgezinst und aufsummiert wird.

Dieser auf das Projektende bezogene Kapitalwert der Nettoerlöse wird im folgenden abgekürzt als Nettoerlös des Projektes bezeichnet.

In Abb. (5.07) sind drei mögliche Verläufe des Nettoerlöses eingezeichnet. Die minimale bzw. maximale Projektdauer (MINPE und MAXPE) ist auf eine konkrete Planwertsituation bezogen.

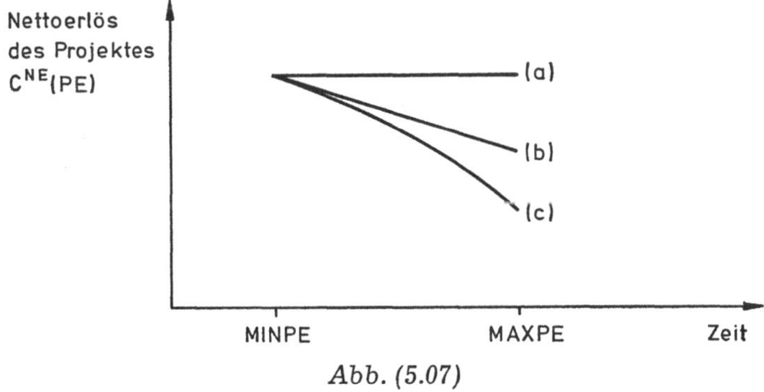

Abb. (5.07)

Im Fall (a) ist der Zahlungsstrom der Nettoerlöse (zeitverschoben) bei jedem Projektende gleich und damit auch der Kapitalwert.

Im Fall (b) nehmen die Nettoerlöse linear ab.

Im Fall (c) sinken die Nettoerlöse mit der Entfernung von der minimalen Projektdauer überproportional.

Der hier für den Fall der Einführung eines Produktes entwickelte Gedankengang gilt analog für die Errichtung von Erweiterungsinvestitionen, die Durchführung von Rationalisierungsinvestitionen, die Ausführung von Großreparaturen, Werbefeldzügen usw.

Bei den bisherigen Überlegungen wurde der Nettoerlös des Projektes jeweils auf das zugehörige Projektende bezogen. Um die Nettoerlöse unterschiedlicher Projektenden vergleichen oder addieren zu können, müssen sie zuvor auf einen gleichen Zeitpunkt abgezinst werden. Wird als dieser Zeitpunkt der Projektstart gewählt, dann errechnet sich der Erwartungswert der Nettoerlöse des Projektes nach:

$$(5.03) \qquad E[C^{NE}(\mathbf{PA})] = \int_{MINPE}^{MAXPE} NE(t) \cdot e^{-\varrho \cdot t} \cdot f_{PE}(t)dt$$

$\mathbf{PA}$ = Planwertvektor $(PA(1), PA(2), \ldots, PA(VN))$

$NE(t)$ = Nettoerlös des Projektes bei einem Projektende t

ϱ = Verzinsungsintensität = $\ln(1 + Z)$

$f_{PE}(t)$ = Verteilungsdichte der Projektdauer

Z = Kalkulationszinsfuß

Die Formel (5.03) ist auf eine ganz bestimmte Planwertsituation bezogen. Aus ihr resultiert vor allem die Verteilung der Projektdauer. Wird der Planwert eines Vorgangs verändert, so kann die Projektdauerverteilung verschoben werden und damit auch die Höhe des erwarteten Nettoerlöses des Projektes. Die Beziehung zwischen Planwert und der Projektdauerverteilung ist allerdings wieder so kompliziert, daß sie sich einer exakten analytischen Lösung entzieht.

B. Optimierung der Planwerte

I. Das Modell

a) Der Kapitelwert eines Projektes E[C(PA)]

Die für einen einzelnen Vorgang entwickelten Formeln (5.01) und (5.02) werden mit der Erlösformel (5.03) zum vollständigen Modell (5.04) zur Berechnung des erwarteten Kapitalwertes E[C(**PA**)] eines Projektes zusammengefaßt. Alle Zahlungen werden dabei auf den gleichen Bezugszeitpunkt abgezinst[7].

Der Kapitalwert hängt von dem Planwertvektor

$$\mathbf{PA} = \{PA(1),\ PA(2),\ \ldots,\ PA(VN)\}$$

ab.

(5.04)

$$\underbrace{E[C(\mathbf{PA})]}_{\substack{\text{erwarteter}\\ \text{Kapitalwert}}} = \underbrace{\int_0^\infty NE(t) \cdot e^{-\varrho t} \cdot f_{PE}(t)dt}_{\substack{\text{erwarteter Kapitalwert}\\ \text{des Erlöses} = E[C^{NE}(\mathbf{PA})]}}$$

$$\underbrace{- \sum_{i=1}^{VN} w(i) \cdot \int_{PA(i)}^\infty \Big(\int_0^{u-PA(i)} e^{-\varrho \cdot \widetilde{u}} \cdot d\widetilde{u} \Big) \cdot e^{-\varrho \cdot PA(i)} \cdot f_{U(i)}(u)du}_{\text{erwarteter Kapitalwert der Wartekosten} = E[C^{WK}(\mathbf{PA})]}$$

$$\left.\begin{array}{l} - \sum_{i=1}^{VN} \Big\{ \underbrace{KF(i) \cdot e^{-\varrho \cdot PA(i)}}_{\text{abgezinste fixe Ausgaben}} \\[2.5em] + k(i) \cdot \underbrace{\int_{MIND(i)}^{MAXD(i)} \Big(\int_0^d e^{-\varrho \cdot \widetilde{d}} d\widetilde{d} \Big) \cdot f_{D(i)}(d)dd}_{\substack{\text{auf den Vorgangsstart bezogene erwartete}\\ \text{variable Bearbeitungsausgaben}}} \\[2.5em] \cdot \underbrace{[e^{-\varrho \cdot PA(i)} \cdot F_{U(i)}(PA(i)) + \int_{PA(i)}^\infty e^{-\varrho \cdot u} f_{U(i)}(u)du]}_{\text{erwarteter Abzinsungsfaktor für den Vorgangsstart}} \Big\} \end{array}\right\} \begin{array}{l} \text{erwarteter}\\ \text{Kapitalwert}\\ \text{der Bearbei-}\\ \text{tungs-}\\ \text{ausgaben}\\ = E[C^{KB}(\mathbf{PA})] \end{array}$$

$$\rightarrow \text{Max}$$

ϱ	=	Verzinsungsintensität
$NE(t)$	=	Erlösfunktion in Abhängigkeit von der Projektdauer
f_{PE}	=	Dichtefunktion der Projektdauer
$f_{U(i)},\ F_{U(i)}$	=	Dichte- bzw. Verteilungsfunktionen des frühestmöglichen Abschlusses aller Vorgänger von $V(i)$
$f_{D(i)}$	=	Dichtefunktion der Vorgangsdauer
$MIND(i),\ MAXD(i)$	=	Grenzen der Vorgangsdauer $D(i)$
$t,\ u,\ \widetilde{u},\ d,\ \widetilde{d},$	=	Integrationsvariablen

---

7) Als Bezugszeitpunkt wird hier der Projektstart angesetzt; bei späteren Modellen im Rahmen der flexiblen Projektplanung ist der Bezugspunkt ein Kontrollzeitpunkt während des Projektablaufs.

Die für den frühesten Abschluß aller direkten Vorgänger eines Vorgangs V(i) angesetzten Verteilungen $F_{U(i)}$ bzw. $f_{U(i)}$ sowie f_{PE} hängen jeweils davon ab, welche Planwerte bei den Vorgängen und allen deren Vorgängern eingesetzt sind, so daß die Verteilungen für jeden **PA**-Vektor unterschiedlich sind[8]).

In (5.05) ist das Modell (5.04) noch einmal zusammengefaßt. In dem nicht-linearen Modell (5.04) bzw. (5.05) stellen die Komponenten des Planwert-vektors **PA** die Variablen dar, die es optimal zu bestimmen gilt.

$$(5.05) \qquad E[C(\mathbf{PA})] = E[C^{NE}(\mathbf{PA})] - E[C^{WK}(\mathbf{PA})] - E[C^{KB}(\mathbf{PA})] \to \text{MAX}$$

Dabei sind die Variablen in vielfältiger und komplizierter Weise miteinander verbunden.

Selbst bei vorgegebenem Planwertvektor **PA** können wegen der oben dar-gelegten Problematik die Verteilungen $f_{U(i)}$ analytisch nicht exakt ermittelt werden und damit auch nicht der Kapitalwert. Aus diesem Grund werden in Abschnitt III zur Ermittlung des Kapitalwertes für einen gegebenen Plan-wertvektor **PA** zwei Näherungsverfahren entwickelt: Das erste Verfahren ermittelt den Kapitalwert mit Hilfe von Simulationsstudien, das zweite anhand eines vereinfachten analytischen Ansatzes für (5.04).

Auf diesen Verfahren zur Berechnung von einzelnen Funktionswerten auf-bauend, können zur Bestimmung des Maximums von (5.05) numerische Opti-mierungsverfahren weiterhelfen, wie sie z. B. für die Optimumbestimmung nichtlinearer Funktionen entwickelt worden sind. Diese Verfahren beruhen auf dem Prinzip, sich durch Ausrechnen von Punkten der zu optimierenden Funktion iterativ an ihr Maximum heranzutasten.

Derartige Verfahren werden hinsichtlich ihrer Eignung für das hier vor-liegende Problem in Abschnitt II diskutiert, weil sie von der Berechnungs-weise der Funktionswerte weitgehend unabhängig sind.

Da der Rechenaufwand der Verfahren sehr stark von der Projektgröße, aus-gedrückt durch die Anzahl der Vorgänge VN, abhängt, wird zuvor auf Mög-lichkeiten zur Verdichtung des Projektplans hingewiesen.

b) Verdichtung des Projektplans

Die Bestimmung der optimalen Plantermine PA(i) des Problems (5.05) ist mit einem erheblichen Rechenaufwand verbunden. Dabei ist der Rechenaufwand in etwa proportional zu VN, der Anzahl der Vorgänge des Projektes. Bereits aus diesem Grund liegt es nahe, den Netzplan so weit wie möglich zu verdich-ten, um dadurch die Anzahl der Variablen zu verringern.

---

8) Dieses hätte durch eine weitere Indizierung der Größen ausgedrückt werden können, wird hier aber aus Gründen der Übersichtlichkeit unterlassen. Da auch die komplizierten Abhängigkeiten zwischen den Verteilungen $f_{U(i)}$ der einzelnen Vorgänge V(i) nicht dargestellt sind, darf der einfache Aufbau von Formel (5.04) nicht über ihre komplizierte Struktur hin-wegtäuschen.

Daneben gibt es aber auch problembezogene Gründe zu einer Netzplanreduktion. Häufig kann durch eine Reduktion die Übersichtlichkeit des Projektablaufs erhöht werden, und wichtige Vorgänge können besonders hervorgehoben werden.

Im Extremfall können z. B. für die Grundsatzentscheidung über die Durchführung eines Projektes lediglich die Gesamtdauer, der Gesamterlös und die Gesamtkosten von Interesse sein, da nur diese Werte mit Werten anderer (alternativer) Projekte verglichen werden. Um die unterschiedlichen Grade der Informationsverdichtung der mit einem Projekt in unterschiedlicher Funktion beschäftigten Stellen erfassen zu können, werden sogenannte Meilensteinnetzpläne aufgestellt. Ein Meilenstein stellt in diesem Zusammenhang ein besonders wichtiges Ereignis im Rahmen des Projektes dar — z. B. den Abschluß einer speziellen Teilphase. Aus dem detaillierten Netzplan können nun durch die Verbindung der Meilensteine neue Netzpläne, sogenannte Meilensteinnetzpläne, gewonnen werden.

Im Rahmen des PPS-Verfahrens werden für maximal fünf unterschiedliche Informationsebenen Meilensteinnetzpläne erstellt[9]).

Kriterium für die Auswahl der Meilensteine ist der Informationsbedarf der jeweils übergeordneten Instanz der Projektplanung.

Würden als Kriterium zur Verdichtung die hier betrachteten Kosten- und Erlöskomponenten gewählt, dann würden nur Vorgänge als Meilensteine interessieren, die mindestens eines der Kriterien — hoher Wartekostensatz, hoher Index der Kritizität, hohe Kapitalbindung — erfüllen. Dagegen würden beispielsweise Vorgänge, die von der gleichen Abteilung seriell bearbeitet werden, wobei die Kapitalbindung im wesentlichen am Anfang der Kette entsteht, zu einem Meilensteinvorgang reduziert.

Die in der Literatur entwickelten Reduktionsverfahren[10]) sind vor allem auf deterministische Netzpläne bezogen und enthalten keinen Hinweis auf die hier behandelte Planwertproblematik. Mit der Verdichtung der Netzpläne treten für die Planwertbestimmung aber neue Probleme auf. So müssen die Verteilungen der reduzierten Vorgänge mit Hilfe der im ersten Teil der Arbeit vorgestellten Reduktionsoperatoren berechnet werden.

Diese Verteilungen werden dann in dem reduzierten Netzplan anstelle der ursprünglichen Vorgangsketten eingesetzt. Während die festen Beträge KF(i) der Kapitalbindung ohne Beachtung der unterschiedlichen Zahlungszeitpunkte einfach durch Addition zu errechnen sind, bereitet die Erfassung der variablen Ausgaben für den zusammengefaßten Vorgang Schwierigkeiten.

---

9) Vgl. PPS, a. a. O., S. 0—13.

10) Zu Verfahren der Netzplanverdichtung bzw. Netzplanreduktion vgl. D. I. Golenko, a. a. O., S. 148 ff. und S. 219 ff.; H. Lüttgen, Reduktion und Dekomposition von Planungsnetzen, in: APF, Bd. 7 (1966), S. 92—104; für klassische PERT-Netzpläne vgl. H. Lüttgen, Reduktion und Dekomposition von PERT-Netzen, in: APF, Bd. 7 und 8 (1966/67), S. 370—379.

Eine bestimmte Dauer einer reduzierten Vorgangskette kann auf unterschiedliche Arten zustande kommen. Bei unterschiedlich hohen variablen Ausgabensätzen ist dann keine eindeutige Beziehung zwischen der Dauer und den variablen Ausgaben des reduzierten Vorgangs gegeben.

Im allgemeinen wird das geschilderte Problem nicht von übermäßiger Bedeutung sein, da gerade bei der Verdichtung relativ „unwichtige" Vorgänge zusammengefaßt werden sollen. Dann werden die Vorgänge zunächst ohne Ansatz von Planwerten reduziert, also z. B. anhand der Reduktionsoperatoren 1 bis 5. Die Optimierung bezieht sich so nur auf den Meilensteinnetzplan, und die Planwerte der einzelnen Vorgänge innerhalb der Teilnetzpläne können anschließend relativ grob anhand von Plausibilitätsüberlegungen festgelegt werden.

Bei den in dieser Arbeit betrachteten Projekten wird nur *eine* Netzplanebene betrachtet. Es bleibt dabei dahingestellt, ob diese Netzpläne bereits verdichtet sind oder nicht.

Falls sie bereits reduziert worden sind, wird unterstellt, daß die Planwerte innerhalb der Teilnetze anschließend so festgelegt werden, daß die dadurch veränderte Datensituation die Planwerte der Meilensteinvorgänge nicht beeinflußt.

II. Optimierungsverfahren

Wenn der Projektnetzplan und die benötigten Daten für die Vorgänge bestimmt sind, besteht das Planungsproblem darin, die Funktion (5.05) zu maximieren. Dabei ist aber der funktionale Zusammenhang zwischen den Planwerten **PA** und dem erwarteten Kapitalwert unbekannt. Für eine bestimmte Ausprägung des Vektors $\mathbf{PA}' = \{PA'(1), PA'(2), \ldots, PA'(VN)\}$ kann aber mit Hilfe von Näherungsverfahren[11] der zugehörige erwartete Kapitalwert $E[C(\mathbf{PA}')]$ durch $\overline{C}(\mathbf{PA}')$ geschätzt werden.

Im Rahmen der Simulationstechnik sind verschiedene Verfahren zur Bestimmung der Maximalstellen von Funktionen erprobt worden. Alle Verfahren beruhen auf dem Prinzip, sich durch Ausrechnen von Punkten $\{\overline{C}(\mathbf{PA}'), \mathbf{PA}'\}$, $\{\overline{C}(\mathbf{PA}''), \mathbf{PA}''\}$ usw. iterativ an das Maximum der Funktion heranzutasten. Die Funktionswerte $\overline{C}(\mathbf{PA}')$ bzw. $\overline{C}(\mathbf{PA}'')$ der vorgegebenen Vektoren $\mathbf{PA}'$ bzw. $\mathbf{PA}''$ müssen jeweils mit einem Näherungsverfahren errechnet werden. Damit hängt der Rechenaufwand stark von der Anzahl der benötigten Iterationen des Verfahrens ab. Es hat sich gezeigt, daß die einzelnen Verfahren in Abhängigkeit von der vorliegenden Problemstruktur mit unterschiedlich hoher Effizienz arbeiten. Aus diesem Grund ist die Auswahl des geeigneten Verfahrens von erheblicher Bedeutung für den anfallenden Rechenaufwand.

---

11) Vgl. dazu Abschnitt III, S. 120 ff.

a) Mögliche Verfahren

Im wesentlichen stehen drei Grundverfahren zur Auswahl, die jeweils noch weiter verfeinert werden können. Dies sind[12]:

— Random Search,

— Methode der partiellen Maximierung,

— Methode des steilsten Anstiegs (Gradientenverfahren).

1. Random Search

Für jede Variable (also jeden Plananfangstermin PA(i) wird eine Ober- und Untergrenze bestimmt. Innerhalb dieses so definierten Suchfeldes werden unter Verwendung von Zufallszahlen die Koordinaten von Punkten bestimmt und die zugehörigen Kapitalwerte geschätzt. Nach einer von vornherein festgelegten Anzahl berechneter Punkte wird die Suche abgebrochen; der Punkt mit dem höchsten Kapitalwert ist die „optimale" Lösung.

2. Methode der partiellen Maximierung

Von einem Anfangspunkt $\{\overline{C}(\mathbf{PA_0}), \mathbf{PA_0}\}$ ausgehend, wird zunächst *eine* Variable $\mathbf{PA_0}(i)$ um einen bestimmten Betrag Δp verändert: $\mathbf{PA_1}(i) = \mathbf{PA_0}(i) + \Delta p$ mit $-\infty < \Delta p < \infty$, die anderen Planwerte bleiben unverändert.

Für die Koordinaten $\mathbf{PA_1}$ des neuen Punktes wird der Kapitalwert $\overline{C}(\mathbf{PA_1})$ errechnet und der Planwert des betrachteten Vorgangs V(i) in gleicher Richtung weiter verändert, wenn sich eine signifikante Gewinnsteigerung ergeben hat. Andernfalls wird die entgegengesetzte Richtung auf eine Gewinnsteigerung untersucht. Das Vorgehen wird so lange fortgesetzt, bis durch eine isolierte Veränderung des Planwertes für den Vorgang V(i) der Kapitalwert nicht mehr erhöht werden kann. Anschließend wird der Planwert eines anderen Vorgangs in gleicher Weise verändert, wobei der Planwert von V(i) nun den partiell-optimalen Wert annimmt. Sind alle Variablen isoliert behandelt worden, dann kehrt man wieder zu der Variablen zurück, die zuerst verändert wurde. Das Verfahren wird abgebrochen, wenn entweder eine vorgegebene Anzahl von Berechnungen durchgeführt wurde oder aber durch eine Fortsetzung keine wesentliche Verbesserung mehr erzielt werden kann.

3. Methode des steilsten Anstiegs

Wie beim vorhergehenden Verfahren wird von einem bestimmten Punkt $\{\overline{C}(\mathbf{PA_0}); \mathbf{PA_0}\}$ ausgegangen. Alle Planwerte werden isoliert um einen Betrag

---

12) Vgl. D. E. Smith, An Empirical Investigation of Optimum Seeking in the Simulation Situation, in: OR, Vol. 21 (1973), S. 475—497 und die dort angeführte Literatur. Ferner: D. M. Himmelblau, Applied Nonlinear Programming, New York 1972. Es ist nicht Ziel des Verfahrens, die vollständige Funktion E[C(PA)] z. B. mit Hilfe der parametrischen Simulation zu ermitteln, da lediglich ihr Maximum von Interesse ist. Der Rechenaufwand zur Ermittlung der gesamten Funktion ist i. a. wesentlich höher als die Bestimmung des Optimums. Vgl. dazu z. B. D. Köcher et al., a. a. O., S. 166 ff.

$\Delta p(i)$ erhöht und die zugehörenden Kapitalwerte $\overline{C}(\mathbf{PA}_0, \Delta p(i))$ errechnet. Daraus ergeben sich die partiellen Steigungen $b_1(i)$ des ersten Iterationsschritts nach:

$$(5.06) \qquad b_1(i) \; = \; \frac{\overline{C}(\mathbf{PA}_0, \Delta p(i)) - \overline{C}(\mathbf{PA}_0)}{\Delta p(i)}$$

Der so errechnete Steigungsvektor $\mathbf{b}_1 = \{b_1(1), \; b_1(2), \; \ldots, \; b_1(VN)\}$ legt die Richtung für die gleichzeitige Veränderung der Planwerte im nächsten Schritt fest, d. h., die Planwerte werden proportional zu diesen Steigungen verändert. Die Schrittweite H, mit der der Steigungsvektor multipliziert wird, wird so zu bestimmen versucht, daß der größte Anstieg des Kapitalwertes erreicht wird. Man gelangt zu den Koordinaten eines neuen Punktes:

$$(5.07) \qquad \mathbf{PA}_1 \; = \; \mathbf{PA}_0 + \mathbf{b}_1 \cdot H$$

$$\text{bzw.} \quad \mathbf{PA}_1 \; = \; \{PA_0(1) + b_1(1) \cdot H, \; PA_0(2) + b_1(2) \cdot H, \; \ldots, \; PA_0(VN)$$
$$+ \; b_1(VN) \cdot H\}$$
$$= \; \{PA_1(1), \; PA_1(2), \; \ldots, \; PA_1(VN)\}$$

Für diese Koordinaten wird wiederum der Kapitalwert errechnet, der dann der Bezugspunkt eines erneuten Iterationsschrittes ist.

Das Verfahren schließt ab, wenn entweder eine vorgegebene Anzahl von Iterationen durchgeführt worden ist oder eine weitere signifikante Kapitalwertsteigerung nicht mehr erreicht wird.

b) Auswahl des Verfahrens

Welches der drei Verfahren in einem konkreten Fall angewendet werden soll, um den Rechenaufwand gering zu halten, ist schwierig zu beantworten. Da keine exakten Entscheidungskriterien bestehen, können nur empirisch gewonnene Erfahrungen eine Entscheidungshilfe geben.

Untersuchungen von Brooks[13]) und McArthur[14]) haben ergeben, daß bei Problemen mit relativ wenig Variablen ein Gradientenverfahren am günstigsten ist, während bei Problemen mit einer Vielzahl von Variablen der Random Search am wirksamsten ist.

D. E. Smith[15]) wendet aber gegen diese Ergebnisse ein, daß sie zumeist auf sehr kleinen Problemen (in der Mehrzahl lediglich 2 Variablen) basieren und deshalb nicht repräsentativ sind. Smith führt darum selbst umfangreiche numerische Untersuchungen durch, wobei die unterschiedlichen Verfahren auf mehrere Problemstrukturen angewendet werden.

---

13) Vgl. S. H. Brooks, A Comparison of Maximum-Seeking Methods, in: OR, Vol. 7 (1959), S. 430—457.

14) Vgl. D. S. McArthur, Increasing the Efficiency of Empirical Research, Esso Research and Engineering Company, Rep. No. RL 34M61, 1961.

15) Vgl. D. E. Smith, a. a. O.

Zur Beschreibung der Problemstrukturen stellt er sieben Kriterien auf, bei denen er jeweils die in Klammern angegebenen Ausprägungen untersucht[16].

(1) Zahl der Variablen des Problems ($N = 30$; $N = 120$).

(2) Maximale Anzahl der Simulationen[17] ($0{,}5 \cdot N$; $1{,}1 \cdot N$; $1{,}5 \cdot N$; $2 \cdot N$).

(3) Vorhandensein lokaler Extrema (vorhanden, nicht vorhanden).

(4) Größe des Fehlers des Simulationsergebnisses (klein, groß).

(5) Länge der Entfernung der Ausgangslösung vom Optimum (klein, groß).

(6) Relativer Anteil aktiver Variablen (groß, klein).

(7) Vorhandensein von Interdependenzen zwischen den Variablen (vorhanden, nicht vorhanden).

Durch Kombination der einzelnen Ausprägungen ergeben sich 256 unterschiedliche Problemstrukturen, die jeweils mit den Verfahren angegangen werden. Entsprechend den festgelegten Eigenschaften werden bestimmte mathematische Funktionen konstruiert (die von Smith leider nicht näher angegeben werden), deren Extremwerte bekannt sind. Durch Vergleich der anhand der drei Verfahren ermittelten Maxima mit den exakten Werten kann dann jeweils die Güte des Verfahrens anhand des Quotienten Q getestet werden:

$$(5.08) \qquad Q = \frac{R_F - R_S}{R_0 - R_S}$$

R_F = errechneter Maximalwert des Suchverfahrens

R_S = Wert der Ausgangslösung

R_0 = Wert des wahren Maximums

Da die Werte dieses Quotienten für die untersuchten Problemstrukturen und Verfahren von Smith tabelliert sind, kann für die in dieser Arbeit anstehenden Problemstrukturen das Verfahren mit dem größten Quotienten (5.08) bestimmt werden.

Dazu muß das Problem (5.05) anhand der sieben Kriterien klassifiziert werden, wobei auch hier mehrere Ausprägungen möglich sind:

Zu 1: $VN = 30$, $VN = 120$.

Zu 2: Nicht festgelegt, es wird die maximale Zahl $2 \cdot VN$ angesetzt.

---

16) Zur genaueren Definition der Maßskalen, in denen die einzelnen Kriterien gemessen werden, vgl. D. E. Smith, a. a. O., S. 479 ff.

17) Die Funktionswerte werden bei Smith mit Hilfe von Simulationsstudien geschätzt.

Zu 3: Das Vorhandensein lokaler Maxima wird verneint, obwohl kein exakter Beweis dafür angegeben werden kann. Durch Ansatz unterschiedlicher Ausgangslösungen und systematisches Absuchen der Umgebung des gefundenen Maximalpunktes wird aber das errechnete Maximum abgesichert.

Zu 4: Klein, groß.

Zu 5: Klein, groß.

Zu 6: Die Aktivität der Variablen ist nach Smith dann relativ hoch, wenn 80 % der Variablen einen nicht zu vernachlässigenden Einfluß auf das Maximum besitzen. Dieser Fall liegt hier insbesondere nach einer Verdichtung des Projektnetzplans vor.

Zu 7: Interdependenzen zwischen den Planwerten sind, wie oben gezeigt wurde, typisch.

Damit sind $2 \cdot 1 \cdot 1 \cdot 2 \cdot 2 \cdot 1 \cdot 1 = 8$ Problemstrukturen typisch. In Tabelle (5.01) sind die Werte des Quotienten (5.08) für die drei Verfahren eingetragen[18] und anschließend die Mittelwerte aus ihnen errechnet.

Ein Vergleich der Mittelwerte zeigt, daß die partielle Maximierung von den beiden anderen Verfahren dominiert wird und die Gradientenverfahren besser sind als der Random Search.

Deshalb wird für das hier anstehende Problem ein Gradientenverfahren entwickelt[19].

Problemstruktur Nr.	VN	Fehler	Entfernung vom Optimum	Random Search	Partielle Optimierung	Gradientenverfahren	
1	30	klein	klein	0,381	0,507	0,086	0,791
2	30	klein	groß	0,805	0,442	0,950	0,931
3	30	groß	klein	0,028	0	0,136	0
4	30	groß	groß	0,805	0,369	0,911	0,785
5	120	klein	klein	0,111	0,082	0	0,493
6	120	klein	groß	0,715	0,470	0,948	0,906
7	120	groß	klein	0	0	0,066	0
8	120	groß	groß	0,717	0,024	0,873	0,872
Mittelwerte				0,445	0,237	0,496	0,597

Tabelle (5.01)

[18] Von Smith werden zwei unterschiedliche Gradientenverfahren untersucht. Da das in dieser Arbeit angewendete Verfahren Elemente beider Verfahren enthält, werden die Werte beider Verfahren in Tabelle (5.01) aufgeführt.

[19] Es soll aber festgehalten werden, daß auch der Random Search relativ gute Ergebnisse gezeigt hat, so daß insbesondere eine Methode, in der beide Verfahren verbunden sind, vorteilhaft sein kann. Vgl. auch D. I. Golenko, a. a. O., S. 147, S. 248.

c) Das Gradientenverfahren

1. Bestimmung der Schrittweite H

Wenn die isolierten Steigungen $b_{IT}(i)$ der Planwerte einer Iteration IT entsprechend einem der im Abschnitt III beschriebenen Verfahren errechnet sind, werden die Koordinaten eines neuen Punktes des Funktionsgebirges berechnet, indem die Steigungen mit der Schrittweite H_{IT} multipliziert und zu den Ausgangsplanwerten der Iteration (also den Planwerten der Iteration IT — 1) addiert werden:

$$(5.09) \qquad \mathbf{PA}_{IT}(H_{IT}) = \mathbf{PA}_{IT-1} + \mathbf{b}_{IT} \cdot H_{IT}$$

Die Schrittweite H_{IT} soll nun so gewählt werden, daß der Kapitalwert $\overline{C}(\mathbf{PA}_{IT})$ am größten ist. Dies wird anhand der Abb. (5.08) erläutert.

Zu Beginn eines Iterationsschrittes IT ist der Funktionswert F1 für H1 = 0 bekannt; F1 ist der Funktionswert für die Planwertlösung $\mathbf{PA}_{IT-1}$, also der vorhergehenden Iteration, bzw. für IT = 1 der Funktionswert der Ausgangslösung $\mathbf{PA}_0$.

Weiter muß beachtet werden, daß alle Planwerte zulässig bleiben, d. h., für sie muß gelten[20]):

$$(5.10) \qquad \text{MINPA}(i) \le \text{PA}_{IT}(i) \le \text{MAXPA}(i); \qquad \text{für } i = 1, 2, \ldots, \text{VN}$$

Die maximale Schrittweite HMAX_{IT} wird somit durch denjenigen Planwert bestimmt, der zuerst bei (5.10) seine Ober- oder Untergrenze erreicht.

Mit dieser Schrittweite werden die Planwerte $\mathbf{PA}_{IT}(\text{HMAX}_{IT})$ entsprechend (5.09) berechnet. Anschließend wird unter Ansatz dieser Planwerte der zugehörende Funktionswert $\overline{C}(\mathbf{PA}_{IT}(\text{HMAX}_{IT}))$ errechnet. Die Größen bilden in Abb. (5.08) den Punkt

$$\{H2 = \text{HMAX}; F2 = \overline{C}(\mathbf{PA}_{IT}(\text{HMAX}_{IT}))\}.$$

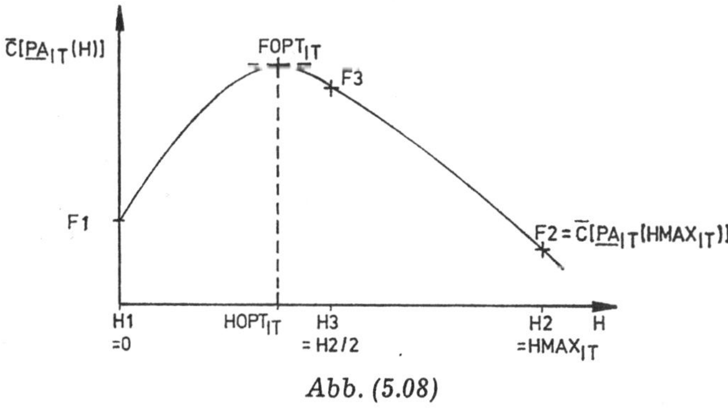

Abb. (5.08)

20) Zur Berechnung von MINPA(i) und MAXPA(i) siehe unten S. 124.

8*

Einen weiteren Punkt $\{F3, H3\}$ erhält man, wenn als Schrittweite H_{IT} die halbe maximale Schrittweite angesetzt wird, damit die Planwerte nach (5.09) bestimmt und anschließend der zugehörige Kapitalwert berechnet wird.

Nunmehr sind die drei Punkte $\{H1, F1\}$, $\{H2, F2\}$ und $\{H3, F3\}$ bekannt. Diese reichen aus, um eine Parabel und deren Maximum zu bestimmen.

Die allgemeine Formel einer Parabel lautet $y = ax^2 + bx + c$.

Es sind die drei Punkte $(x_1 = 0, y_1 = F1)$, $(x_2 = HMAX_{IT} \cdot 0,5, y_2 = F3)$ und $(x_3 = HMAX_{IT}, y_3 = F2)$ bekannt. Daraus folgt

$$a = -(2/HMAX^2_{IT}) \cdot (2 \cdot F3 - F2 - F1)$$

$$b = (1/HMAX_{IT}) \cdot (4 \cdot F3 - F2 - 3 \cdot F1)$$

$$c = F1$$

Das Maximum der Parabel wird bestimmt, indem die erste Ableitung $y' = 2ax + b$ gleich 0 gesetzt und nach x aufgelöst wird. Die optimale Schrittweite $HOPT_{IT}$ ist dann für den hier betrachteten Fall:

$$HOPT_{IT} = x_{opt} = (HMAX_{IT}/4) \cdot (4 \cdot F3 - 3 \cdot F1 - F2)/(2 \cdot F3 - F2 - F1).$$

$HOPT_{IT}$ ist damit die Schrittweite H_{IT} der Iteration IT, und die Planwertlösung $PA_{IT}(H_{IT})$ der Iteration kann nach (5.09) bestimmt werden. Der zugehörige Funktionswert $\overline{C}(PA_{IT})$ wird mit dem Näherungsverfahren errechnet[21]).

Diese Lösung ist dann der Ausgangspunkt des nächsten Iterationsschrittes, der wiederum mit der Berechnung der isolierten Steigungen, nunmehr auf den neuen Punkt bezogen, beginnt.

Als erste Schrittweite wurde oben die maximale Schrittweite HMAX angesetzt. Bei den später diskutierten numerischen Rechnungen hat sich aber gezeigt, daß diese Schrittweite insbesondere in der Nähe des Maximums von $\overline{C}(PA)$ zu groß ist. Aus diesem Grund wird der Wert für H2 in Abhängigkeit von der Anzahl der Iterationen modifiziert nach:

(5.11) $H2 = HMAX_{IT} \cdot GR_{IT}$, mit $0 \leq GR_{IT} \leq 1$

GR_{IT} wird während des Verfahrens verändert.

Vor Abschluß eines Iterationsschrittes wird geprüft, ob bei der Berechnung der Steigungen ein isoliert berechneter Funktionswert $\overline{C}[PA_{IT-1}, \Delta p(i)]$ größer ist als der gefundene „optimale" Wert. Ist das der Fall, so wird dieser Wert als Lösung des Iterationsschrittes angesetzt.

Ein solcher Fall ist häufig ein Indiz dafür, daß das gesuchte Maximum bereits sehr nah ist, so daß die Steigungen labil sind. Bei den numerischen Rech-

---

21) Dieser Wert wird nicht exakt mit dem theoretischen Wert der Parabel FOPT übereinstimmen.

nungen hat sich gezeigt, daß dieser Fall erst nach Ablauf mehrerer Iterationen, also in der Nähe des vermuteten Optimums, vom Algorithmus behandelt werden muß.

Ebenso kann er auf eine zu große Schrittweite H2 dieses Iterationsschrittes hindeuten, und GR_{IT} wird entsprechend verändert[22]).

Das Iterationsverfahren ist beendet, wenn durch eine Iteration der Funktionswert $\overline{C}(\mathbf{PA}_{IT})$ nicht mehr gesteigert werden konnte oder die vorgegebene maximale Iterationszahl ITMAX erreicht worden ist.

Die Grundzüge des Algorithmus werden zusammenfassend in einem Ablaufdiagramm dargestellt.

2. Ablaufdiagramm zum Algorithmus

In dem Ablaufdiagramm der Abb. (5.09) werden nur diejenigen Rechenschritte aufgeführt, die für den Algorithmus gelten. Das Rahmenprogramm sowie die Unterprogramme zur Berechnung der Funktionswerte werden nicht dargestellt.

Es werden folgende Größen verwendet:

b[1 : VN]	= Vektor der partiellen Steigungen
PA[1 : VN]	= Vektor der aktuellen Planwerte
HPA[1 : VN]	= Hilfsvektor für Planwerte
MINPA[1 : VN]	= Vektor der Planwertuntergrenzen
MAXPA[1 : VN]	= Vektor der Planwertobergrenzen
FM	= maximaler Kapitalwert bei isolierter Veränderung eines Planwertes
IM	= zu FM gehörende Nummer des Planwertes
DEL	= zu FM gehörende Planwertänderung $\Delta p(IM)$
I, IT, H	= Hilfsgrößen
HMAX	= maximale Schrittweite
F1	= maximaler Kapitalwert des Iterationsschrittes $IT - 1$ = Ausgangs-Kapitalwert der nächsten Iteration IT
F2, F3, FOPT	= Hilfsgrößen zur Berechnung der Schrittweite
i	= Abkürzung einer Laufanweisung; i durchläuft jeweils die Werte 1, 2, . . ., VN
ITMAX	= maximale Zahl der auszuführenden Iterationen
q	= Parameter zur Steuerung der Planwertänderung bei der Berechnung der Steigungen; $0 < q \leq 1$

---

22) Darüber hinaus müssen weitere Sonderfälle, z. B. daß die drei Punkte auf einer Geraden liegen, gesondert abgefragt und behandelt werden.

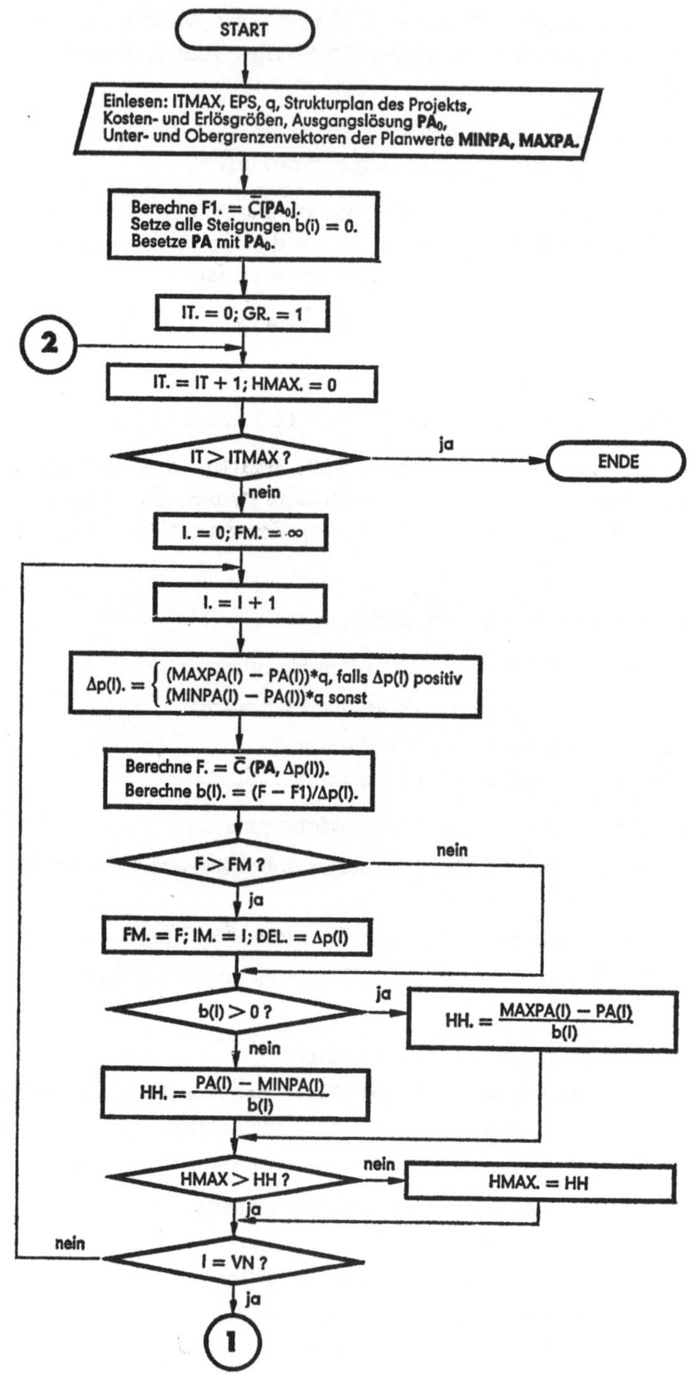

START
Einlesen: ITMAX, EPS, q, Strukturplan des Projekts, Kosten- und Erlösgrößen, Ausgangslösung PA₀, Unter- und Obergrenzenvektoren der Planwerte MINPA, MAXPA.
Berechne F1. = C̄[PA₀].
Setze alle Steigungen b(i) = 0.
Besetze PA mit PA₀.
IT. = 0; GR. = 1
2
IT. = IT + 1; HMAX. = 0
IT > ITMAX ?
ja
ENDE
nein
I. = 0; FM. = -∞
I. = I + 1
Δp(I). = { (MAXPA(I) — PA(I))*q, falls Δp(I) positiv / (MINPA(I) — PA(I))*q sonst
Berechne F. = C̄ (PA, Δp(I)).
Berechne b(I). = (F — F1)/Δp(I).
F > FM ?
nein
ja
FM. = F; IM. = I; DEL. = Δp(I)
b(I) > 0 ?
ja
HH. = (MAXPA(I) — PA(I)) / b(I)
nein
HH. = (PA(I) — MINPA(I)) / b(I)
HMAX > HH ?
nein
HMAX. = HH
ja
nein
I = VN ?
ja
1

Abb. (5.09)

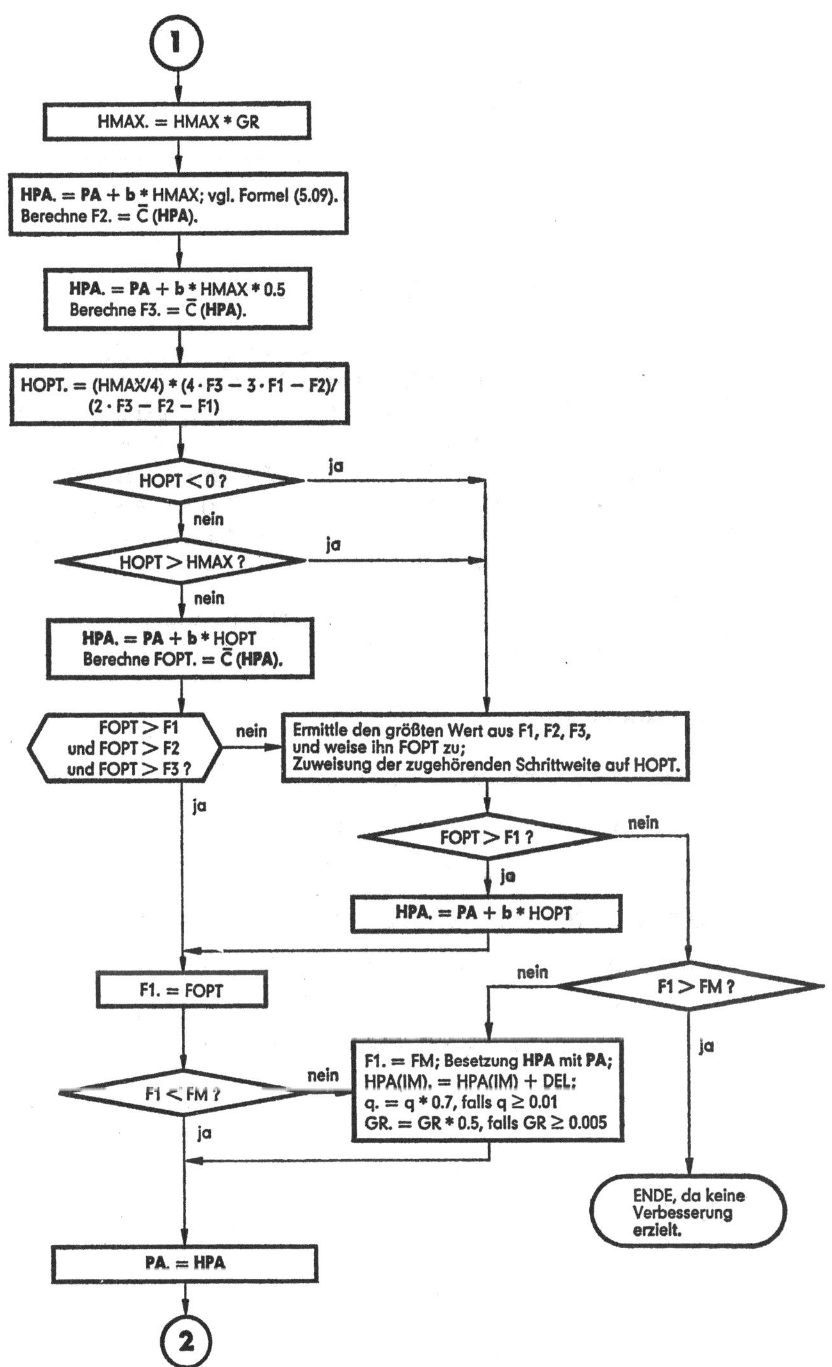
HMAX. = HMAX * GR
HPA. = PA + b * HMAX; vgl. Formel (5.09).
Berechne F2. = C̄ (HPA).
HPA. = PA + b * HMAX * 0.5
Berechne F3. = C̄ (HPA).
HOPT. = (HMAX/4) * (4 · F3 − 3 · F1 − F2)/
(2 · F3 − F2 − F1)
HOPT < 0 ?
ja
nein
HOPT > HMAX ?
ja
nein
HPA. = PA + b * HOPT
Berechne FOPT. = C̄ (HPA).
FOPT > F1
und FOPT > F2
und FOPT > F3 ?
nein
Ermittle den größten Wert aus F1, F2, F3,
und weise ihn FOPT zu;
Zuweisung der zugehörenden Schrittweite auf HOPT.
ja
FOPT > F1 ?
nein
ja
HPA. = PA + b * HOPT
F1. = FOPT
nein
F1 > FM ?
F1 < FM ?
nein
F1. = FM; Besetzung HPA mit PA;
HPA(IM). = HPA(IM) + DEL;
q. = q * 0.7, falls q ≥ 0.01
GR. = GR * 0.5, falls GR ≥ 0.005
ja
ja
ENDE, da keine
Verbesserung
erzielt.
PA. = HPA

Abb. (5.09)

HH = Hilfsgröße; maximale Schrittweite, mit der der Planwert eines bestimmten Vorgangs I verändert werden darf, ohne daß seine Unter- bzw. Obergrenze MINPA(I) bzw. MAXPA(I) verletzt wird.

GR = Parameter zur Steuerung der Schrittweite $0 < GR \leq 1$

. = = Zeichen für Wertzuweisung

III. Berechnung der Funktionswerte

Zur Berechnung der Funktionswerte für das Gradientenverfahren werden zwei Verfahren entwickelt. Das erste Verfahren basiert auf der Simulation. Es ist in der Lage, einen Wert der Funktion (5.04) beliebig genau zu bestimmen. Allerdings erfordert ein gewünschter kleiner statistischer Schätzfehler einen erheblichen Rechenaufwand. Das zweite Verfahren versucht, einen Funktionswert mit Hilfe eines vereinfachten analytischen Ansatzes anzunähern. Dieses Verfahren enthält zwar systematische Verzerrungen, erfordert dagegen aber einen wesentlich geringeren Rechenaufwand[23].

Beide Verfahren werden zunächst entwickelt; daran anschließend wird ihre Effizienz anhand numerischer Ergebnisse miteinander verglichen.

a) Verfahren 1 (Simulation)

1. Berechnung des Projektkapitalwertes

Das Problem (5.04) bzw. (5.05) wird durch Formel (5.12) angenähert.

$$(5.12) \qquad \overline{C}(\mathbf{PA}) = \overline{C}^{NE}(\mathbf{PA}) - \overline{C}^{WK}(\mathbf{PA}) - \overline{C}^{KB}(\mathbf{PA}) \rightarrow \text{Max}$$

$\overline{C}(\mathbf{PA})$ = Schätzwert für den erwarteten Kapitalwert des Projekts

$\overline{C}^{NE}(\mathbf{PA})$ = Schätzwert für den erwarteten Kapitalwert des Nettoerlöses

$\overline{C}^{WK}(\mathbf{PA})$ = Schätzwert für den erwarteten Kapitalwert der Wartekosten

$\overline{C}^{KB}(\mathbf{PA})$ = Schätzwert für die erwarteten Bearbeitungskosten

Der Schätzwert $\overline{C}(\mathbf{PA})$ für einen vorgegebenen Vektor der Planwerte **PA** ist der Mittelwert aus N Simulationsexperimenten. Jedes Simulationsexperiment bildet durch die vom Zufallszahlengenerator festgelegten Vorgangsdauern einen konkreten Projektablauf ab, für den Kosten und Erlöse anhand einer deterministischen Rechnung bestimmt werden. Die Zahlungen werden dabei zu ihren Fälligkeitszeitpunkten in einem Feld KOST[0 : PEM] kumuliert[24].

---

23) Beide Verfahren besitzen für das Modell der flexiblen Planung in Kapitel VI zentrale Bedeutung. Unter Ausnutzung ihrer jeweiligen Vorteile werden sie dort miteinander kombiniert.

24) PEM ist die unter Ansatz der maximalen Vorgangsdauern berechnete Dauer eines Projektes.

Dazu werden alle zeitbezogenen Größen entsprechend der Periodeneinteilung in KOST diskretisiert. Zunächst wird die übliche Zeitrechnung der Netzplantechnik durchgeführt, wobei allerdings die FA- und FE-Werte berechnet werden nach:

$$FA(i) = MAX\{PA(i), U(i)\}$$

$$FE(i) = FA(i) + D(i)$$

$$U(i) = \underset{h \,\epsilon\, ES(i)}{MAX}\{FE(h)\}$$

Falls $U(i) > PA(i)$, fallen für die Perioden $t = PA(i)$, $PA(i) + 1$, $PA(i) + 2$, ..., $U(i) - 1$ jeweils Wartekosten in Höhe des Wartekostensatzes $w(i)$ an.

Die Ausgabe KF(i) wird der Periode PA(i) zugeordnet und die Bearbeitungsausgaben den Perioden $t = FA(i)$, $FA(i) + 1$, $FA(i) + 2$, ..., $FE(i) - 1$. Der Nettoerlös des Projekts wird der bei der Zeitrechnung bestimmten Periode PE zugewiesen, in der das Projekt beendet ist.

Aus den so im Feld KOST kumulierten Größen wird durch fortlaufende Abzinsung entsprechend dem Horner-Schema der Kapitalwert errechnet:

$$R. = 0$$

for t. = PE step $- 1$ until 0 do R. = R/(1 + Z) + KOST[t]

mit Z = Kalkulationszinsfuß.

Danach ist R der gesuchte Kapitalwert der Projektrealisation.

Für die fortlaufend ermittelten interessierenden Größen Projektdauer, Kapitalwert usw. werden Mittelwert und Standardabweichung errechnet[25].

Für bestimmte Fragestellungen ist es sinnvoll, daß vor der Berechnung des Kapitalwertes die spätesten Anfangszeitpunkte der Vorgänge bekannt sind[26]. Aus diesem Grund wird zunächst die vollständige Zeitrechnung und erst anschließend die Kosten- und Erlösrechnung durchgeführt.

Insgesamt folgt das Verfahren dem in Abb. (5.10) dargestellten Ablauf. Die Bearbeitung der einzelnen Programmteile kann extern je nach Fragestellung gesteuert werden.

---

25) Die in dem Feld KOST gespeicherten Größen können vielfältig ausgewertet werden, indem z. B. aus den Simulationsexperimenten eine Verteilung der durchschnittlichen Kapitalbindung errechnet wird.

26) Werden diese als Planwerte angesetzt, so ergibt sich der kostengünstigste Projektablauf. Dieser dient zu Vergleichszwecken.

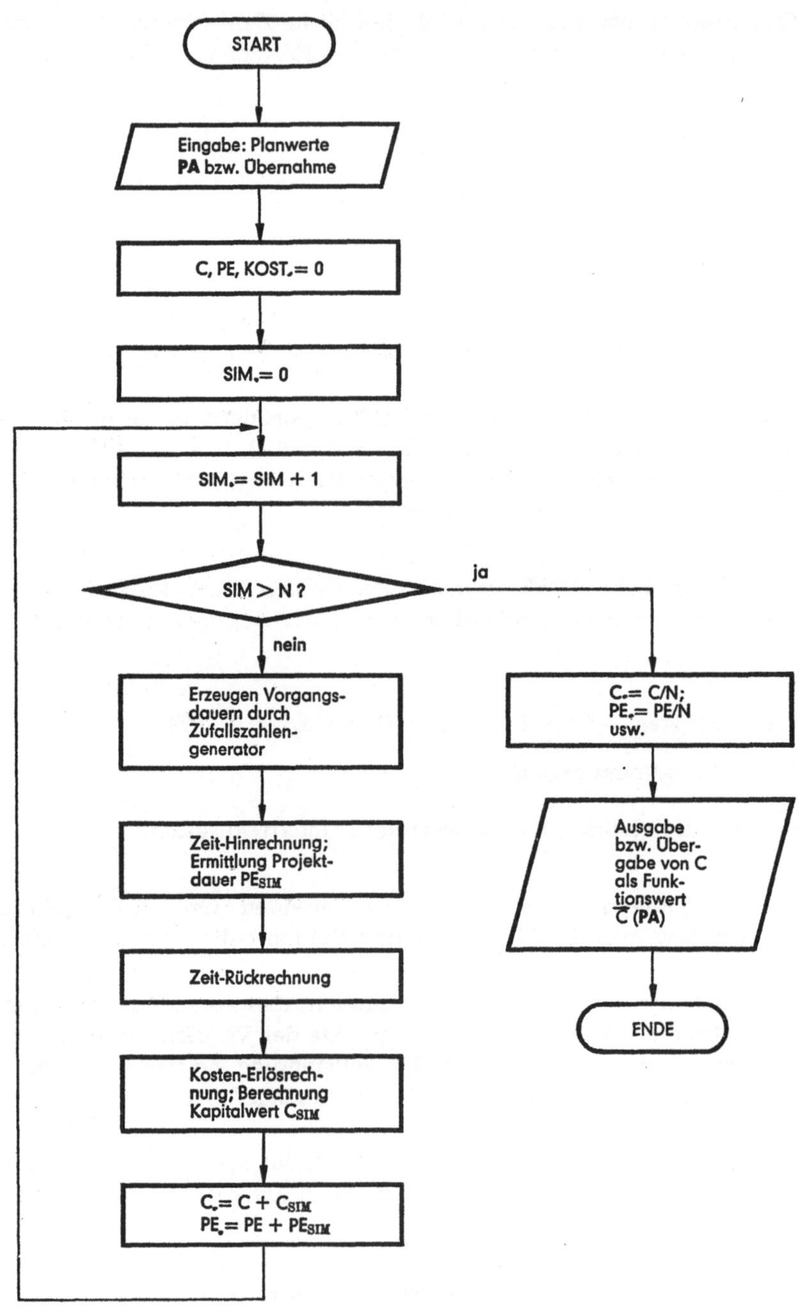
START
Eingabe: Planwerte
PA bzw. Übernahme
C, PE, KOST. = 0
SIM. = 0
SIM. = SIM + 1
SIM > N ?
ja
nein
Erzeugen Vorgangs-
dauern durch
Zufallszahlen-
generator
Zeit-Hinrechnung;
Ermittlung Projekt-
dauer PE_SIM
Zeit-Rückrechnung
Kosten-Erlösrech-
nung; Berechnung
Kapitalwert C_SIM
C. = C + C_SIM
PE. = PE + PE_SIM
C. = C/N;
PE. = PE/N
usw.
Ausgabe
bzw. Über-
gabe von C
als Funk-
tionswert
C (PA)
ENDE

Abb. (5.10)

2. Unterstützung des Rechenablaufs

Der Grad der Übereinstimmung zwischen den Problemen (5.05) und (5.12) hängt von der gewählten Simulationstechnik ab. Aus diesem Grund werden wieder antithetische Zufallszahlen für die Vorgangsdauern angesetzt. Da Erlös, Wartekosten und Kapitalbindungskosten im wesentlichen von den Vorgangsdauern abhängen, wird auch hier wie bei der Berechnung der durchschnittlichen Projektdauer eine erhebliche Reduktion des Schätzfehlers erzielt.

Weiter erhöht die Zahl der Projektrealisationen N eines Simulationslaufs die Schätzgenauigkeit. Hier ist ein Kompromiß mit der benötigten Rechenzeit zu finden.

Während des Ablaufs des Algorithmus muß bei jedem Iterationsschritt entschieden werden, ob das Verfahren abgebrochen oder weitergeführt werden soll. Dies wird anhand der Differenzen der Kapitalwerte zweier aufeinanderfolgender Iterationen entschieden.

Die Varianz der Differenz der beiden Werte wird wesentlich dadurch reduziert, daß jeweils die gleiche Zufallszahlenfolge zur Berechnung eines Funktionswertes angesetzt wird[27].

Trotz dieser Simulationstechniken kann es sinnvoll sein, die Problemhierarchie (5.05) und (5.12) noch weiterzuführen, indem für das Problem (5.12) selbst noch wieder ein Schätzmodell $\overline{\overline{C}}(\mathbf{PA})$ definiert wird mit einer geringeren Schätzgenauigkeit, d. h. mit einer geringeren Anzahl von Simulationsexperimenten $\overline{N}$.

Das Problem (5.13)

$$(5.13) \qquad \overline{\overline{C}}(\mathbf{PA}) \rightarrow \text{MAX}$$

wird dann zunächst gelöst und das ermittelte „Optimum" als Ausgangslösung für die Aufgabe (5.12) eingesetzt. Die daraufhin errechneten „optimalen" Planwerte aus (5.12) sind dann die endgültigen Schätzwerte der eigentlichen Aufgabe (5.05).

Bei der Berechnung der Steigungen b(i) kann eine ähnliche Problemhierarchie gebildet werden: Es gilt, die Steigungen einer isolierten Planwertänderung für das zugrundeliegende Hauptproblem (5.12) zu schätzen[28].

Die Steigung $b^*_{IT}(i)$ des Planwertes PA(i) für den Iterationsschritt IT errechnet sich entsprechend (5.06) nach:

$$(5.14) \qquad b^*_{IT}(i) = \frac{\overline{C}^*(\mathbf{PA}_{IT-1}, \Delta p(i)) - \overline{C}^*(\mathbf{PA}_{IT-1})}{\Delta p(i)}$$

---

27) Vgl. dazu die Ausführungen zur parallelen Doppelsimulation oben S. 68.

28) Falls zunächst (5.13) berechnet wird, so ist dieses das Hauptproblem.

Die Größe $\overline{C}^*(PA_{IT-1})$ ist dabei der Ausgangspunkt des Iterationsschrittes.

Die Genauigkeit der Steigung hängt von dem errechneten Schätzwert $\overline{C}^*(PA_{IT-1}, \Delta p(i))$ und dem gewählten Wert für $\Delta p(i)$ ab.

Die Varianz des Zählers in (5.14) ist wiederum am geringsten, wenn für die Errechnung beider Werte die gleiche Folge von Zufallszahlen angesetzt wird. Dies wird deshalb vom Verfahren gewährleistet.

Die Steigung $b^*_{IT}(i)$ entspricht um so eher der entsprechenden Steigung $b_{IT}(i)$ des Hauptproblems, wenn die Größen des Zählers mit der gleichen Folge von Zufallszahlen wie die Funktionswerte des Hauptproblems berechnet werden, d. h., wenn gilt: $\overline{C}^*(PA_{IT-1}) = \overline{C}(PA_{IT-1})$. Dies erfordert aber für die Berechnung jeder Steigung einen vollen Simulationslauf mit N Netzplanrealisationen. Am Anfang des Iterationsverfahrens sind aber die Steigungen absolut relativ hoch, so daß schon aus $N_S < N$ Simulationsexperimenten errechnete Steigungen für das Gradientenverfahren reichen[29]). In der Nähe des Funktionenmaximums sind die Steigungen dagegen labiler und werden deshalb mit der gleichen Folge von Zufallszahlen errechnet wie das Hauptproblem.

Das Vorzeichen von $\Delta p(i)$ der isolierten Veränderung eines Planwertes PA(i) wird jeweils aus dem vorhergehenden Iterationsschritt abgeleitet. War die Steigung $b^*_{IT-1}(i)$ positiv, so errechnet sich $\Delta p(i)_{IT}$ der augenblicklichen Iteration IT mit IT > 1 nach[30]):

$$(5.15) \qquad \Delta p(i)_{IT} = q_{IT} \cdot [MAXPA(i) - PA_{IT-1}(i)]; \qquad \text{für } i = 1, 2, \ldots, VN$$

mit

q_{IT} = Steuergröße, die am Anfang jeder Iteration errechnet wird und die absolute Größe von $\Delta p(i)_{IT}$ bestimmt, $0 < q_{IT} \leq 1$

$PA_{IT-1}(i)$ = bei der Iteration IT—1 bestimmter Planwert

$MAXPA(i)$ = vor Beginn des Verfahrens bestimmter Höchstwert des Planwertes

Für negative Werte $b^*_{IT-1}(i)$ gilt für $\Delta p(i)_{IT}$ entsprechend:

$$(5.16) \qquad \Delta p(i)_{IT} = - q_{IT} \cdot [PA_{IT-1}(i) - MINPA(i)].$$

Der Algorithmus wird weiter unterstützt, indem vor jeder Berechnung eines Funktionswertes, also vor jedem Simulationslauf, eine „Planwertmindestlösung" für die bestehenden Planwerte berechnet wird und diese als aktuelle Planwerte **PA** angesetzt werden.

---

[29]) Um für die Berechnung des Zählers (5.14) die Forderung gleicher Zufallszahlen beizubehalten, muß dann zu Beginn jedes Iterationsschrittes IT der Ausgangswert $\overline{C}^*(PA_{IT-1})$ bestimmt werden, da er in der Regel von $\overline{C}(PA_{IT-1})$ abweicht.

[30]) Bei der ersten Iteration (IT=1) werden alle Planwerte in positiver Richtung verändert.

Eine Planwertmindestlösung besitzt die Eigenschaften:

(1) Die Verteilung der Projektdauer wird gegenüber der bestehenden Planwertlösung nicht beeinflußt.

(2) Wartezeit und Kapitalbindung sind unter Beachtung der ersten Eigenschaft möglichst gering.

Wartezeiten treten bei einem Vorgang dann auf, wenn sein tatsächlich frühestmöglicher Beginn später liegt als der geplante Anfang. Um also dem Punkt (2) gerecht zu werden, gilt es, die Planwerte möglichst weit hinauszuschieben, ohne daß der Punkt (1) beeinträchtigt wird. Gleichzeitig wird dadurch auch die Kapitalbindung gering gehalten.

Zunächst wird unter Ansatz der minimalen Vorgangsdauern MIND(i) entsprechend Formel (5.17) die Hinrechnung der Netzplantechnik durchgeführt.

$$(5.17) \qquad \text{MINFA(i)} = \text{Max}\left\{\underset{h \in ES(i)}{\text{Max}}\{\text{MINFE(h)}\}, \text{PA(i)}\right\}; \qquad i = 1, 2, \ldots, VN$$

mit MINFE(i) = MINFA(i) + MIND(i)

Das errechnete minimale Projektende ist der Anfangspunkt der Projektdauerverteilung. Werden deshalb die errechneten MINFA(i)-Werte als Plananfangstermine angesetzt, ist die Forderung (1) erfüllt.

Allerdings können unnötige Wartezeiten bei einem Vorgang V(i) entstehen, wenn die Differenz zwischen dem kleinsten Plananfangszeitpunkt aller Nachfolger und dem Plananfangstermin des betrachteten Vorgangs größer ist als seine maximal mögliche Vorgangsdauer, wenn also gilt:

$$\text{PA(i)} + \text{MAXD(i)} < \underset{j \in ES(i)}{\text{Min}}\{\text{PA(j)}\}.$$

Das Beispiel der Abb. (5.11) verdeutlicht diesen Fall:

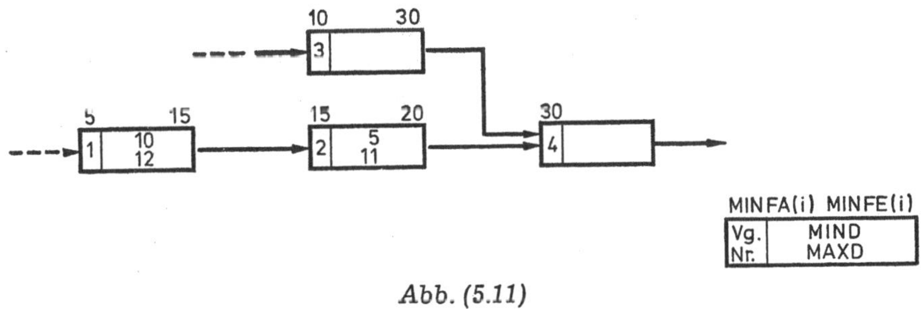

Abb. (5.11)

Die maximale Vorgangsdauer des Vorgangs V(2) beträgt 11 ZE. Selbst wenn der Vorgang also zum frühestmöglichen Zeitpunkt 15 beginnt und dann seine maximale Vorgangsdauer realisiert, ist der Vorgang zum Zeitpunkt 26 beendet. Der Nachfolger V(4) kann aber frühestens zum Zeitpunkt 30 beginnen.

Der Planwert des Vorgangs V(2) kann also, ohne seinen Nachfolger zu beeinflussen, um 4 ZE verschoben werden auf PA(2) = 19. Dadurch werden Wartezeiten und Kapialbindungskosten bei ihm eingespart. Die Planwertmindestlösung wird in folgenden zwei Stufen berechnet:

(1) Zeit-Hinrechnung des Projektes unter Ansatz der minimalen Vorgangsdauern MIND(i). Dabei werden entsprechend Formel (5.17) unter Beachtung der bestehenden Planwerte die MINFA(i) und MINFE(i) bestimmt. Das errechnete frühestmögliche Projektende wird der Größe PE zugewiesen.

(2) Vom letzten Vorgang i = VN ausgehend, werden in einer Rückrechnung dann die Planwerte MINPA(i) bestimmt nach:

$$(5.18) \qquad \text{MINPA(i)} = \underset{j \, \epsilon \, \overline{ES}(i)}{\text{Min}} \, \{\text{Max}\{\text{MINPA(j)} - \text{MAXD(i)}, \text{MINFA(i)}\}\};$$

$$i = VN, VN - 1, \ldots, 1$$

mit

MINPA(i) = Plananfangswert der Planmindestlösung,

MINFA(i) = frühestmöglicher Anfangszeitpunkt, errechnet nach (5.17).

Auf diese Weise werden auch die (z. B. in Formel (5.15)) benötigten Ober- und Untergrenzen eines Planwertes bestimmt. Die Untergrenzen werden errechnet, indem in (5.17) keine Planwerte vorgegeben werden, die Obergrenzen, indem in (5.17) die maximalen Vorgangsdauern MAXD(i) angesetzt werden.

b) Verfahren 2 (analytisches Näherungsverfahren)

Die Schwierigkeit bei der analytischen Berechnung eines Funktionswertes nach (5.04) liegt darin, daß die benötigten Verteilungen $F_{U(i)}$ und f_{PE} nicht exakt ermittelt werden können. Das in diesem Abschnitt entwickelte Verfahren versucht deshalb, die Verteilungen hinreichend genau anzunähern.

Dieses Verfahren soll vor allem gegenüber dem Verfahren 1 einen wesentlich geringeren Rechenaufwand erfordern. Trotzdem muß das Verfahren so empfindlich sein, daß es z. B. die Auswirkung einer isolierten Planwertänderung nicht nur auf den erwarteten Start des Vorgangs, sondern bis auf die Projektdauerverteilung erkennt. Dazu ist ein Ansatz, der auf dem klassischen PERT-Konzept aufbaut, nicht in der Lage, da sich dort ein geänderter E[FA(i)]-Wert nur dann auf das erwartete Projektende auswirkt, wenn die Änderung größer ist als die vorher errechnete erwartete gesamte Pufferzeit E[GP(i)] des Vorgangs.

Obwohl das klassische PERT-Konzept die Forderung nach hoher Rechengeschwindigkeit erfüllen würde, ist es für das vorliegende Problem nicht reagibel genug[31]).

Während bei dem Simulationsverfahren der Schätzfehler aus der *statistischen* Schätzung resultiert und durch die Wahl von N klein gehalten werden kann, resultiert beim Verfahren 2 der Fehler aus der *systematischen* Verzerrung der angenäherten Verteilungen.

Die Formeln zur Berechnung von Warte- und Kapitalbindungskosten (siehe (5.01) und (5.02) bzw. die entsprechenden Terme in (5.04)) sind absichtlich so umgeformt worden, daß lediglich die Verteilungsfunktion, nicht aber die Dichtefunktion für den frühesten Abschluß aller Vorgänger eines Vorgangs benötigt wird.

Zur Berechnung von $F_{U(i)}$ werden zwei Vereinfachungen vorgenommen.

(1) Es wird der Reduktionsoperator „P" angewendet[32]), d. h. stochastische Abhängigkeiten zwischen mehreren in einen Vorgang einmündenden Wegen werden nicht berücksichtigt. Damit ergibt sich:

$$(5.19) \qquad F_{U(i)}(u) = \prod_{h \in ES(i)} F_{FE(h)}(u)$$

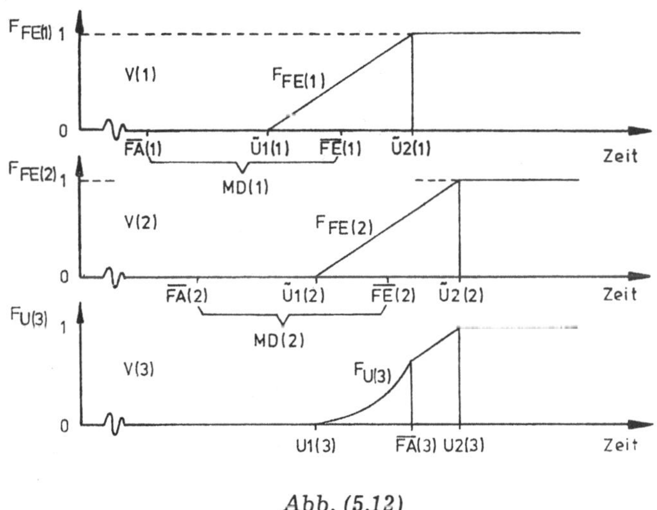

Abb. (5.12)

---

31) Versuche des Verfassers, innerhalb des klassischen PERT-Konzepts den Einfluß einer insolierten Planwertänderung über die Verschiebung der V e r t e i l u n g der gesamten Pufferzeit des Vorgangs und von da auf die Verteilung der Projektdauer abzuschätzen, verliefen ebenfalls erfolglos.

32) Vgl. oben S. 60.

$\tilde{U}1(i)$, $\tilde{U}2(i)$ = Unter- bzw. Obergrenze für die Verteilung des Abschlusses des Vorgangs V(i)

U1(i), U2(i) = Unter- bzw. Obergrenze für die Verteilung des Abschlusses *aller* Vorgänger des Vorgangs V(i)

$$U1(i) = \max_{h \in ES(i)} \{\tilde{U}1(h)\}, \quad U2(i) = \max_{h \in ES(i)} \{\tilde{U}2(h)\}$$

Die Vorgänge V(1) und V(2) sind direkte Vorgänger von V(3). Für die Vorgangsdauern werden Gleichverteilungen angesetzt.

(2) Die Verteilungsfunktion $F_{FE(h)}$ wird nur anhand der Verteilungsfunktion der Dauer des Vorgangs V(h) berechnet, nicht aber durch Anwendung des Reduktionsoperators S[33]). Dadurch werden rechenaufwendige Faltungsoperationen vermieden, andererseit aber wird die Varianz der Verteilung für FE(h) tendenziell unterschätzt.

Im einzelnen wird die Verteilungsfunktion bestimmt nach:

$$(5.20) \qquad F_{FE(h)}(x) = \begin{cases} 0, \text{ für } x < \tilde{U}1(h) \\ F_{D(h)}(x - \tilde{U}_1(h)), \text{ für } \tilde{U}1(h) \leq x \leq U2(h) \\ 1, \text{ für } x > \tilde{U}2(h) \end{cases}$$

$F_{D(h)}$ = Verteilungsfunktion der Vorgangsdauer D(h)

$\tilde{U}1(h)$ und $\tilde{U}2(h)$ sind Unter- und Obergrenze der Verteilung für FE(h). Sie werden errechnet, indem die halbe Spannweite von dem Schätzwert $\overline{FE}(h)$ abgezogen bzw. zu ihm addiert wird[34]).

$\tilde{U}1(h) = \overline{FE}(h) - (MAXD(h) - MIND(h)) \cdot 0{,}5$

$\tilde{U}2(h) = \overline{FE}(h) + (MAXD(h) - MIND(h)) \cdot 0{,}5$

Die benötigten Schätzwerte $\overline{FE}(i)$ werden fortlaufend (i = 1, 2, ..., VN) nach

$$\overline{FE}(i) = \overline{FA}(i) + MD(i)$$

errechnet mit

$$(5.21) \qquad \overline{FA}(i) = PA(i) \int_{U1(i)}^{PA(i)} f_{U(i)}(u)du + \int_{PA(i)}^{U2(i)} u \cdot f_{U(i)}(u)du$$

$$= U2(i) - \int_{PA(i)}^{U2(i)} F_{U(i)}(u)du$$

Auch zur Berechnung der $\overline{FA}(i)$ bzw. $\overline{FE}(i)$-Werte ist damit lediglich die Verteilungsfunktion $F_{U(i)}$ erforderlich.

---

33) Vgl. oben S. 59.

34) Dies ist nur für symmetrische Verteilungen mit einem endlichen Definitionsintervall sinnvoll.

Die Berechtigung, die Verteilungsfunktion $F_{FE(h)}$ lediglich aus der Verteilung der Vorgangsdauer abzuleiten, wird von der Tatsache unterstützt, daß wirksam werdende Planwerte grundsätzlich die Varianz der Dauer von Wegen reduzieren. Trotzdem bleibt aber festzustellen, daß die Vereinfachung 2 die Varianz der Verteilung für U(i) tendenziell unterschätzt[35].

Die Funktion $F_{U(i)}$ braucht pro Vorgang nur einmal integriert zu werden, da das Integral in (5.21) sowohl zur Berechnung von $\overline{FA}(i)$ als auch zur Berechnung der Wartekosten herangezogen wird.

Dazu wird der Term $E[C^{WK}(\mathbf{PA})]$ in (5.04) vereinfacht, indem die Wartekosten zunächst undiskontiert aufsummiert werden und dann die Summe von PA(i) auf den Projektstart diskontiert wird. Für einen Vorgang V(i) ergibt sich dann:

$$(5.22) \qquad \overline{C}^{WK}(PA(i)) = w(i) \cdot [U2(i) - PA(i) - \int_{PA(i)}^{U2(i)} F_{U(i)}(u)du] \cdot e^{-\varrho \cdot PA(i)}$$

Eine ähnliche Vereinfachung wird auch für die Kapitalbindungskosten eingeführt, indem die zeitvariablen Bearbeitungsausgaben dem Zeitpunkt $\overline{FA}(i) + MD(i)/2$ zugeordnet werden:

$$(5.23) \qquad \overline{C}^{KB}(PA(i)) = KF(i) \cdot e^{-\varrho \cdot PA(i)} + k(i) \cdot MD(i) \cdot e^{-\varrho \cdot (\overline{FA}(i) + MD(i)/2)}$$

Eine weitere Vereinfachung wird zur Berechnung des Schätzwertes für den Barwert des Nettoerlöses eingeführt. Dieser wird nur anhand der erwarteten Projektdauer $\overline{PE}$, nicht aber als Erwartungswert aus der Projektdauerverteilung errechnet:

$$(5.24) \qquad \overline{C}^{NE} = NE(\overline{PE}) \cdot e^{-\varrho \cdot \overline{PE}}$$

$\overline{PE}$ wird anhand der Formel (5.21) für einen fiktiven Vorgang VN + 1 errechnet, dessen Vorgänger alle jene Vorgänge h sind, die keinen Nachfolger besitzen.

Es kann gezeigt werden, daß das so errechnete Projektende $\overline{PE}$ zwischen seinem exakten Erwartungswert und dem nach PERT-klassisch errechneten Wert liegt[36]. Damit wird die Projektdauer unterschätzt und der Nettoerlös überschätzt. Bei einem nichtlinearen Zusammenhang zwischen Projektdauer und Nettoerlös (vgl. z. B. Fall c in Abb. (5.07)) kommt noch hinzu, daß positive Abweichungen von $\overline{PE}$ mit einem zu hohen Nettoerlös bewertet werden; auch dadurch überschätzt der Nettoerlös nach (5.24) den Ausdruck (5.03)).

Der gesamte Algorithmus zur Berechnung des Projektkapitalwertes wird in Abb. (5.13) in einem Flußdiagramm zusammengestellt.

---

35) Dies bewirkt, daß die $\overline{FA}(i)$-Werte und auch die Wartekosten unterschätzt werden.

36) Vgl. dazu oben S. 57.

9 Scheer

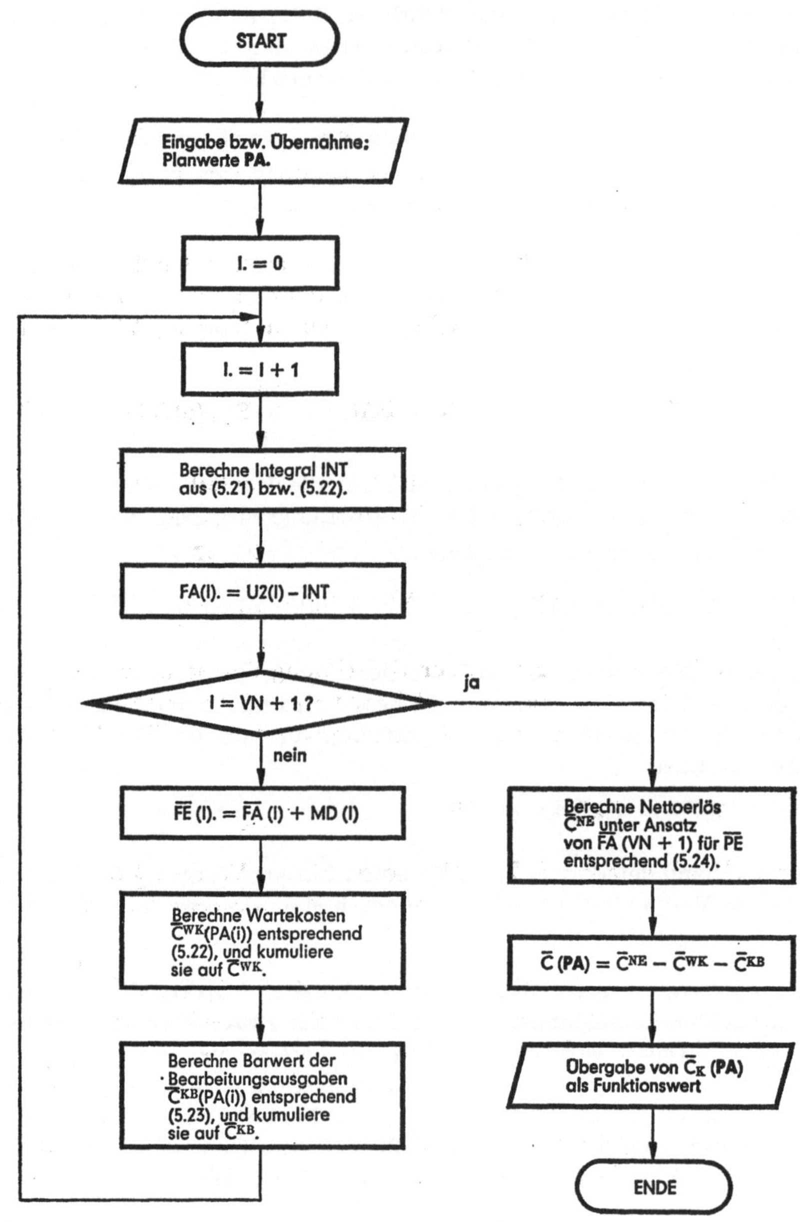

START
Eingabe bzw. Übernahme: Planwerte PA.
I. = 0
I. = I + 1
Berechne Integral INT aus (5.21) bzw. (5.22).
FA(I). = U2(I) − INT
I = VN + 1 ?
ja
nein
$\overline{FE}$ (I). = $\overline{FA}$ (I) + MD (I)
Berechne Wartekosten $\overline{C}^{WK}$(PA(i)) entsprechend (5.22), und kumuliere sie auf $\overline{C}^{WK}$.
Berechne Barwert der Bearbeitungsausgaben $\overline{C}^{KB}$(PA(i)) entsprechend (5.23), und kumuliere sie auf $\overline{C}^{KB}$.
Berechne Nettoerlös $\overline{C}^{NE}$ unter Ansatz von $\overline{FA}$ (VN + 1) für $\overline{PE}$ entsprechend (5.24).
$\overline{C}$ (PA) = $\overline{C}^{NE}$ − $\overline{C}^{WK}$ − $\overline{C}^{KB}$
Übergabe von $\overline{C}_K$ (PA) als Funktionswert
ENDE

Abb. (5.13)

c) Zusammenfassende Gegenüberstellung

Die beiden Näherungsverfahren zur Berechnung der Funktionswerte für (5.04) werden nicht als Alternativen betrachtet, sondern bei der flexiblen Projektsteuerung im dritten Teil miteinander kombiniert. Aus diesem Grund folgt ihr Vergleich dem Zweck, ihre Eigenschaften noch einmal pointiert gegenüberzustellen.

Prinzip:

Bei Verfahren 1 werden für einen Planwertvektor N *einzelne* Projektabläufe simuliert, und aus den individuellen Kapitalwerten wird ein Schätzwert für den erwarteten Kapitalwert ermittelt. Darüber hinaus können Schätzungen für vielfältige weitere Ergebnisse aus den individuellen Projektabläufen gewonnen werden, wobei sich diese nicht nur auf andere Erwartungswerte (z. B. Projektdauer), sondern auch auf ganze Verteilungen beziehen können (durchschnittliche Kapitalbindung der Perioden). Die einzelnen Schätzwerte werden dabei nach dem arithmetischen Mittel errechnet. Für die Schätzwerte können statistische Schätzfehler angegeben werden.

Das Verfahren 2 geht von vornherein davon aus, nur den Erwartungswert des Kapitalwertes zu schätzen. Dabei fallen zwar auch Schätzwerte für Start und Abschluß der Vorgänge sowie das Projektende an, es können aber keine detaillierten Verteilungen für weitere Größen wie Kapitalbindung usw. ermittelt werden. Als Schätzprinzip dient hierbei, die komplexe Funktion (5.04) durch ein vereinfachtes Modell (5.22) bis (5.24) anzunähern. Dadurch tritt eine systematische Verzerrung der Ergebnisse auf. Sie kann aber — wie numerische Ergebnisse zeigen — bei nicht sehr großem N für Verfahren 1 im Bereich dessen statistischen Schätzfehlers liegen.

Rechenaufwand:

Für Verfahren 1 hängt dieser pro Simulationsexperiment vom Verfahren zur Netzplanberechnung ab. Da hier neben den Zeiten auch (diskontierte) Kosten und Erlöse berechnet werden müssen, können i. a. sehr schnelle Standardverfahren zur Zeitrechnung nicht eingesetzt werden, sondern um die genannten Faktoren modifizierte Algorithmen. Damit fallen bei höherem Stichprobenumfang N erhebliche Rechenzeiten an.

Für Verfahren 2 ist vor allem die Geschwindigkeit zur Berechnung des Integrals entscheidend. Insgesamt beträgt bei den hier verwendeten Programmen die für Verfahren 2 benötigte Rechenzeit lediglich 5—10 % der Rechenzeit des Verfahrens 1[37]).

Das Zusammenwirken der beiden Verfahren mit dem Gradientenverfahren wird im nächsten Punkt anhand numerischer Ergebnisse gezeigt.

---

37) Dieses Ergebnis bezieht sich natürlich nur auf die hier gerechneten Beispiele (vgl. Abschnitt IV). Alle Programme sind vom Verfasser in ALGOL geschrieben worden. Die Rechnungen wurden auf einer TR 440 durchgeführt.

9*

IV. Zur Effizienz des Algorithmus

Der gesamte Optimierungsalgorithmus wird auf die Projektnetzpläne Nr. 1, 2 und 3 angewendet. Dabei werden Detailergebnisse lediglich für das Projekt Nr. 1 (mittlerer PERT-Fehler) dargestellt und die anderen Projekte (mit niedrigem und hohem PERT-Fehler), soweit sie keine anderen Ergebnisse zeigen, lediglich ergänzend angeführt.

An die Effizienz des Algorithmus werden zwei Forderungen gestellt:

(1) Bei einer weit vom Optimum entfernten Ausgangslösung muß er pro Iteration „große Schritte" hin zum Optimum machen, also robust sein.

(2) In der Nähe des Optimums muß er in der Lage sein, auch geringe Steigerungsmöglichkeiten zu erkennen, also sensibel reagieren.

Diese Forderungen werden vom Gradientenverfahren dadurch zu erfüllen versucht, daß die Steuergrößen q und GR „lernend" verändert werden.

Die numerische Wirkung wird geprüft, indem einmal eine weit vom Optimum entfernte und zum anderen eine bereits relativ nahe Ausgangslösung angesetzt wird.

Für die weit entfernte Lösung ist dieses die Planwertmindestlösung unter Ansatz der minimalen Vorgangsdauern ohne Planwertbeeinflussung. Hier entstehen in erheblichem Umfang Warte- und Kapitalbindungskosten, die gegen eine geringe Verlängerung der durchschnittlichen Projektdauer abgebaut werden können.

Die zweite Ausgangslösung sind die bei der PERT-Simulation errechneten durchschnittlichen Anfangstermine $\overline{FA}(i)_{SIM}$ der Vorgänge. Sie liegen bei der hier angesetzten Datensituation[38]) bereits in der Nähe der optimalen Planwerte.

Weiter wird getestet, wie sich die beiden Verfahren zur Berechnung der Funktionswerte auf Politik und Zielgröße auswirken. Ferner werden einige Kostenabhängigkeiten erörtert.

a) Die Projektdaten

Für die Zeitgrößen der Projektpläne gelten die gleichen Daten, wie sie bereits oben bei der Zeitrechnung eingeführt wurden. Bei allen Beispielen wird als Verteilungstyp für die Vorgangsdauern die Gleichverteilung angesetzt.

---

38) Vgl. dazu unten S. 136.

Zusätzlich werden folgende Kosten- und Erlösdaten verwendet:

Nettoerlöse:

Projekt Nr. 1:

$$NE(PE) = 350\,000 - 76 \cdot (PE - MINPE) - 0{,}331(PE - MINPE)^2$$

MINPE = minimale Projektdauer, errechnet unter Ansatz der minimalen Vorgangsdauern.

MINPE = 230 ZE.

Der Verlauf der Funktion ist in Abb. (5.14) eingezeichnet.

MAXPE = maximale Projektdauer, errechnet unter Ansatz der maximalen Vorgangsdauern.

MAXPE = 690 ZE

NE(MAXPE) = 245 000 GE

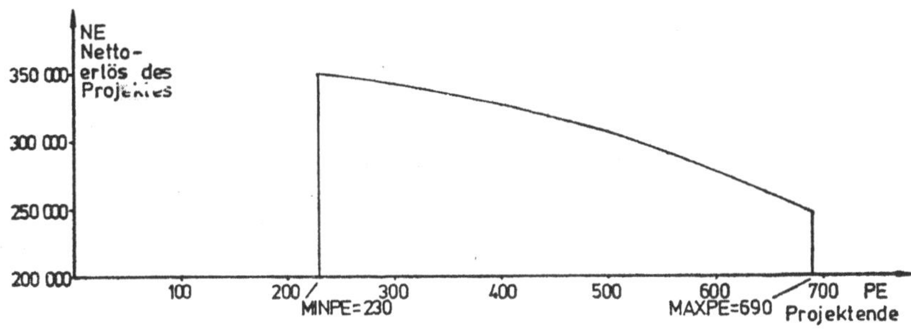

Abb. (5.14)

Projekt Nr. 2:

$$NE(PE) = 350\,000 - 179 \cdot (PE - MINPE) - 1{,}841 \cdot (PE - MINPE)^2$$

MINPE = 275 ZE; MAXPE = 470 ZE;

NE(MAXPE) = 245 000 GE

Projekt Nr. 3:

$$NE(PE) = 700\,000 - 5{,}67 (PE - MINPE) - 0{,}092 (PE - MINPE)^2$$

MINPE = 1133 ZE; MAXPE = 2367 ZE;

NE(MAXPE) = 490 000 GE

Die Erlösfunktionen bleiben selbst bei den maximalen Projektdauern noch auf sehr hohem Niveau. Sie sind jeweils zwischen MINPE und MAXPE definiert.

Für die Bearbeitungs- und Wartekosten werden für alle Projekte und Vorgänge die gleichen Werte angesetzt:

$$KF(i) = 5000 \text{ GE};$$

$$k(i) = 50 \text{ GE/ZE};$$

$$w(i) = 35 \text{ GE/ZE}$$

Die Kalkulationszinsfüße betragen pro ZE für Projekt 1 und 2 $Z = 0,0005$ und für Projekt 3 $Z = 0,0001$.

b) Numerische Ergebnisse

1. Ansatz Verfahren 1

Zunächst werden die Funktionswerte beim Gradientenverfahren mit Hilfe von Simulationsläufen (Verfahren 1) bestimmt.

Für die beiden Ausgangslösungen sind für $ITMAX = 20$ die Entwicklungen des durchschnittlichen Kapitalwerts $\overline{C}(PA_{IT})$ und der durchschnittlichen Projektdauer $\overline{PE}(PA_{IT})$ für Projekt 1 in Abb. (5.15) eingezeichnet[39]. Zur Abkürzung wird die Ausgangslösung $\overline{FA}(i)_{PERT\text{-}SIM}$ als Modell 1 und die Ausgangslösung Planwertmindestlösung als Modell 2 bezeichnet. Ein Punkt wird jeweils aus $N = 40$ Simulationsexperimenten berechnet. Mit jeder Iteration des Gradientenverfahrens wird ein neuer Planwertvektor PA_{IT} berechnet.

Die Entwicklung der Planwerte in Abhängigkeit von den Iterationen ist für beide Modelle in Abb. (5.16) dargestellt.

Den Abbildungen (5.15) und (5.16) sind die gleichen Folgerungen zu entnehmen:

— Bereits nach zwei bis drei Iterationsschritten sind unabhängig von der Ausgangslösung die Endergebnisse fast erreicht. Dieses spricht für die Effizienz des Verfahrens. Die restlichen 17 Iterationsschritte bringen dann nur noch geringe Verbesserungen.

— Die Endergebnisse beider Modelle stimmen nahezu überein. Dabei ist auch der grobe Maßstab in Abb. (5.15) zu beachten. Dies spricht wiederum für die Effizienz des Verfahrens. Darüber hinaus kann daraus geschlossen werden, daß von beiden Modellen das globale Optimum des Problems im Rahmen der Rechengenauigkeit erreicht wurde. Um diese Aussage zu unterstützen, wurde während des Ablaufs das Verfahren mehrfach mit geänderten Steuergrößen neu aufgesetzt. Dadurch wurde die Umgebung des Optimums abgesucht. Hierbei ergaben sich zwar kleinere Verbesserungen der Zielgröße, aber keine grundsätzlichen Richtungsänderungen bei der gefundenen Politik.

---

39) Der zugehörige Projektnetzplan wurde bereits in Abb. (4.05) vorgestellt.

C(PA_IT) PE(PA_IT)
(GE) (ZE)
(3)
125000 510
q(3) = 0,1
q(1)=0,1
(1)(2)
q(2)=0,1
(3)
(1)
q(4)=0,1
(4)
120000 500
(4)
115000 490
110000 480
(2)
91 808
105000 470
0 1 2 3 4 5 6 7 8 9 10 11 12 13 14 15 16 17 18 19 20   IT
C(PA_IT)
PE(PA_IT)
Geradenzug (1), (3): q = 0,05;
Ausgangslösung:
FA(i)_PERT-SIM
(Modell 1)
Geradenzug (2), (4): q = 0,1;
Ausgangslösung:
Planwertmindestlösung
(Modell 2)
q(∥) = ...Neuer Start des Algorithmus mit
veränderter Steuergröße q

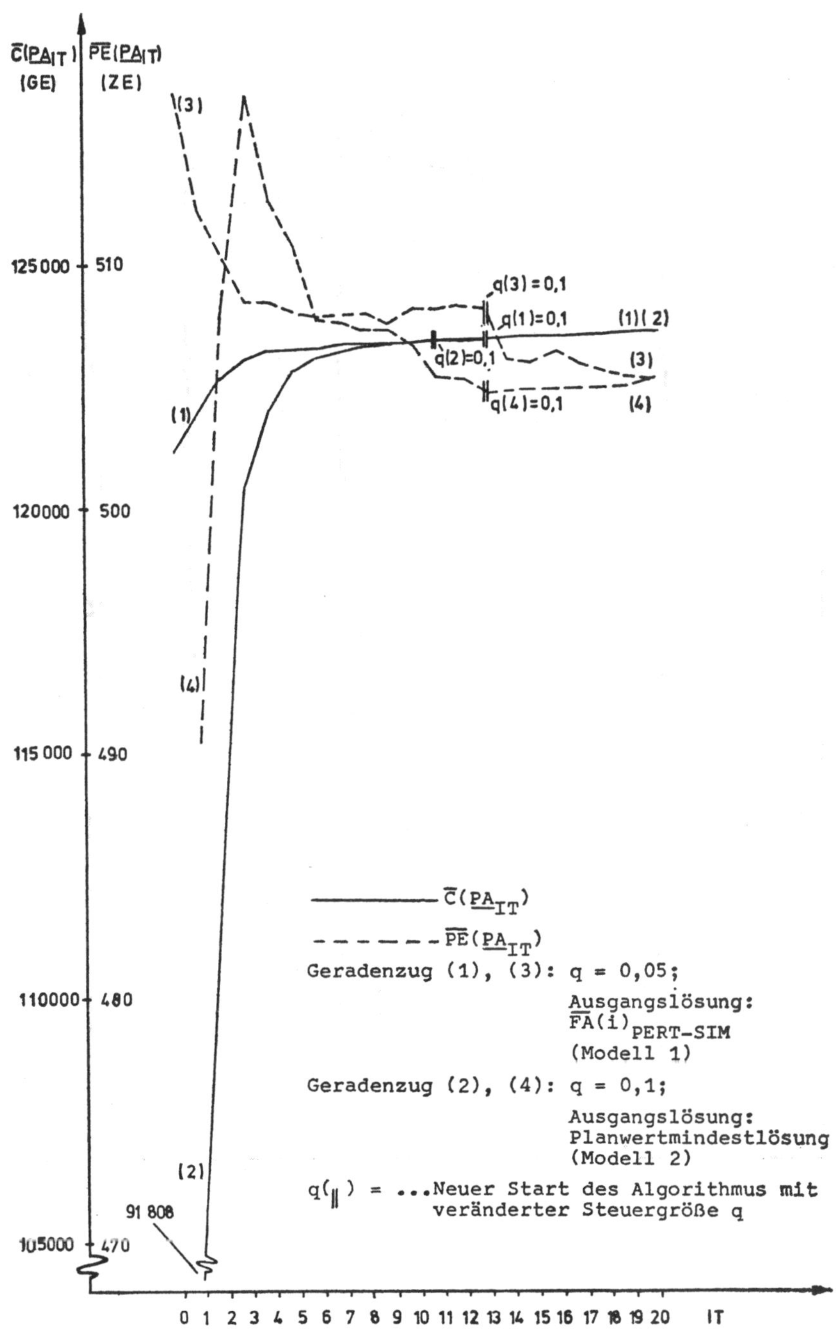

Abb. (5.15)

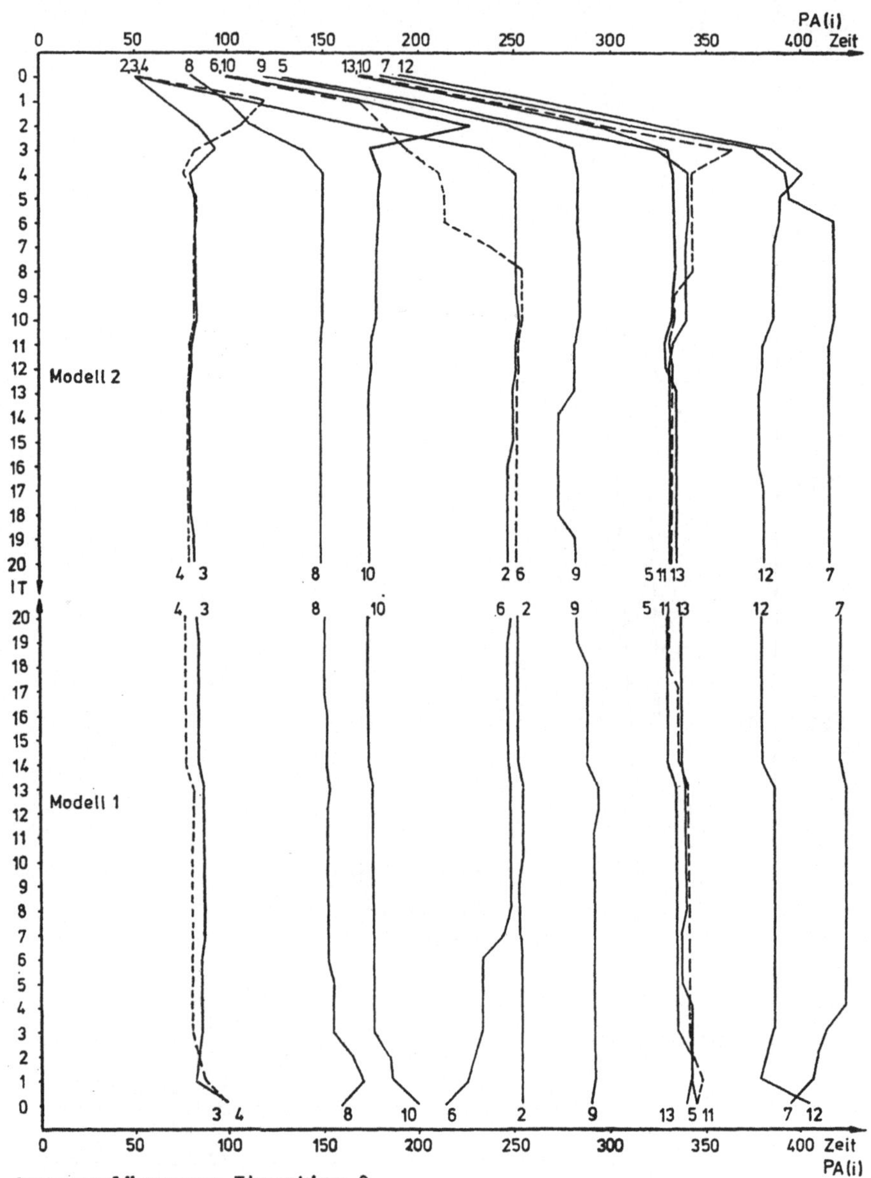

Ausgangslösungen: Iteration 0

Die Planwerte sind durch die zugehörenden
Vorgangsnummern i gekennzeichnet.

Abb. (5.16)

Die Entwicklung der Planwerte kann plausibel interpretiert werden. Dies soll an Modell 1 demonstriert werden.

Gegenüber der Ausgangslösung werden die Planwerte der Vorgänge 6 und 7 erhöht; die der Vorgänge 3, 4, 8, 10 und 12 verringert. Die übrigen Planwerte bleiben im wesentlichen unverändert. Die Vorgänge 6 und 7 besitzen nur einen geringen Einfluß auf das Projektende, wie z. B. ihre Indizes der Kritizität der Ausgangslösungen zeigen (vgl. Tabelle (5.02)). Die Wartezeit des Vorgangs 6 wird deshalb ohne Nachteil abgebaut. Damit die Erhöhung des Planwertes für V(6) nicht zu Wartezeiten für V(7) führt, wird dessen Planwert ebenfalls hinausgeschoben. Der Index der Kritizität des Vorgangs V(12) wird durch die Planwertänderung deutlich verringert. Daraus folgt, da der Vorgang 12 keinen Nachfolger besitzt, daß die mittlere Projektdauer verringert wird. Deshalb werden auch die Planwerte seiner Vorgänger V(8) und V(3) verringert.

Da eine isolierte Verkürzung eines Weges nur einen geringen Effekt besitzt, werden parallele Wege über die Planwerte der Vorgangskette V(4) und V(10) verkürzt.

Während bei der Ausgangslösung das Projekt bis zum Zeitpunkt 500 lediglich mit einer kumulierten relativen Häufigkeit von 0,25 abgeschlossen ist, beträgt diese bei der „optimalen" Lösung 0,525. Das Optimierungsverfahren geht also elastisch auf die besondere Struktur der einzelnen Vorgänge und der unterschiedlichen Kosten- und Erlösbeziehungen ein.

Vor-gang	Ausgangslösung		Ergebnis nach 20 Iterationen	
	Index der Kritizität	Durchschnittliche Wartezeit	Index der Kritizität	Durchschnittliche Wartezeit
1	0,350	0	0,525	0
2	0,000	0	0,000	0
3	0,257	13,5	0,275	22,17
4	0,275	13,5	0,325	25,4
5	0,000	0	0,025	1,0
6	0,000	11,6	0,000	1,1
7	0,000	0,74	0,025	0,65
8	0,300	18,0	0,325	20,7
9	0,000	0	0,025	0
10	0,375	19,6	0,400	32,8
11	0,225	25,8	0,325	28,2
12	0,825	28,4	0,750	39,8
13	0,225	28,2	0,250	24,4

Tabelle (5.02)

Die errechneten optimalen Werte für Kapitalwert und Projektdauer sind lediglich Schätzwerte für $E(C(\mathbf{PA}))$ und $E(PE)$.

Ihre Schätzfehler betragen (für Modell 1):

		Schätzfehler für die Erwartungswerte
$\overline{C}(\mathbf{PA}_{IT=20})$: 123 526 GE		$6808 \,/\, \sqrt{40} \;=\; 1075{,}5$ GE
$\overline{PE}(\mathbf{PA}_{IT=20})$: 505,36 ZE		$18{,}31 \,/\, \sqrt{40} \;=\; 2{,}89$ ZE

Um die Empfindlichkeit der Lösung hinsichtlich N zu untersuchen, wird das Modell mit N = 100 Netzplanrealisationen pro Simulationslauf gerechnet, wobei die gefundene „optimale" Lösung für N = 40 als Ausgangslösung angesetzt wird.

Für die Planwerte der Ausgangslösung errechnet sich bei N = 100 ein durchschnittlicher Kapitalwert in Höhe von 122 403 GE, d. h., der Gewinnwert ist um 1123 GE geringer als bei Ansatz von 40 Netzplanrealisationen.

Die weiteren vier Iterationen[40] des Verfahrens erhöhen den Gewinnwert lediglich um rund 150 GE. Auch die Planwerte bleiben stabil; nur die Planwerte der Vorgänge 7 und 10 ändern sich geringfügig. Obwohl die absolute Höhe des Kapitalwertes zwar auf eine Änderung von N reagiert, bleibt die als optimale erkannte Planwertlösung selbst stabil. Dieses Ergebnis ist ermutigend[41].

Die Schätzfehler für die Erwartungswerte belaufen sich bei N = 100 auf:

		Schätzfehler für die Erwartungswerte
$\overline{C}(\mathbf{PA}_{IT=4})$: 122 553 GE		$7788 \,/\, \sqrt{100} \;=\; 779$ GE
$\overline{PE}(\mathbf{PA}_{IT=4})$: 507,6 ZE		$19{,}84 \,/\, \sqrt{100} \;=\; 1{,}98$ ZE

Auch für N = 60 und N = 80 wurden mit der für N = 40 gefundenen Planwertlösung 4 bzw. 5 weitere Optimierungsiterationen durchgeführt. Obwohl Kapitalwert und Projektdauer jeweils gegenüber der Lösung für N = 40 ein etwas anderes Niveau zeigten, änderten sich die anfänglichen Planwerte nur unwesentlich[42].

Für die Projekte Nr. 2 und 3 wurden die gleichen Berechnungen wie für Projekt 1 durchgeführt. Die Entwicklungen der Planwerte in Abhängigkeit von den durchgeführten Iterationen sind in Abb. (A.06) und Abb. (A.07) des Anhangs aufgeführt. Dabei werden einmal die $\overline{FA}(i)_{SIM}$-Werte und zum anderen

---

40) Nach der 4. Iteration wurde keine Gewinnsteigerung mehr erzielt und der Algorithmus abgebrochen.

41) Die durchschnittliche Projektdauer ist bei 100 Netzplanrealisationen um 2,2 ZE höher als bei N = 40 und wird durch die weiteren Iterationsschritte ebenfalls kaum verändert.

42) Zu den Einzelergebnissen siehe A.-W. Scheer, Plantermine, a. a. O., S. 201.

die Werte der Planwertmindestlösung als Ausgangsplanwerte vorgegeben. Sie unterstützen die bisherigen Aussagen.

Während bei Ansatz der Planwertmindestlösungen für Projekt 2 der Kapitalwert lediglich von 75 626 auf 97 232 GE steigt, erhöht er sich bei Projekt 3 von 23 951 auf 125 467 GE. Hier wirken sich die unterschiedlich hohen Standardabweichungen der Vorgangsdauern der Projekte aus, wie sie sich auch im PERT-Fehler dokumentieren[43]).

2. Ansatz Verfahren 2

Um die Wirkung der beiden Verfahren zur Berechnung der Funktionswerte miteinander vergleichen zu können, werden für Projekt 1 für Verfahren 2 die gleichen Modelle 1 und 2 gerechnet wie für Verfahren 1.

In Abb. (5.17) und (5.18) sind entsprechend Abb. (5.15) die Entwicklungen von Kapitalwert und Projektdauer der beiden Modelle dargestellt. Dabei werden einmal Kapitalwert und Projektdauer entsprechend der Berechnungsweise des Verfahrens 2 eingezeichnet und zum anderen die berechneten Planwertvektoren PA_{IT} in das Simulationsmodell mit $N = 40$ eingesetzt. Die letzten Größen sind damit direkt mit den Ergebnissen des Verfahrens 1 vergleichbar, die jeweils zur Kontrolle aus Abb. (5.15) übernommen wurden. Die Kurvenzüge (1) und (5) bzw. (2) und (6) sind damit direkt miteinander vergleichbar. Aus diesen Werten werden die Differenzen zwischen den „optimalen" Kapitalwerten und den Kapitalwerten der Ausgangslösung gebildet. Der Quotient dieser Differenzen gibt dann an, wieviel Prozent der von Verfahren 1 erreichten Kapitalwertsteigerung unter Ansatz des Verfahrens 2 erreicht wurde. Er beträgt bei Modell 1 (122 605 — 121 117)/(123 526 — 121 117) = 59,2 % und für Modell 2 (122 800 — 91 808)/(123 500 — 91 808) = 97,8 %. Die Planwerte sind in Abb. (5.19) dargestellt. Auch hier ist zur Kontrolle die „optimale" Lösung aus Abb. (5.16) eingetragen.

Die wesentlichsten Ergebnisse sind:

— Das Verfahren 1 überschätzt den Kapitalwert gegenüber dem mit Hilfe der Simulation errechneten Wert (bei Ansatz der gleichen Planwerte), entsprechend umgekehrt verhält es sich bei der Projektdauer.

— Der Kapitalwert des ersten Verfahrens wird vom Verfahren 2 (bei Einsetzen der „optimalen" Lösung in das Simulationsmodell) nicht erreicht, d. h., das Verfahren 2 ermittelt ein Suboptimum.

— Die Planwert-Lösungen der Modelle 1 und 2 stimmen nicht in dem Maße überein wie bei Verfahren 1.

— Die Planwerte entwickeln sich von den Ausgangslösungen her in Richtung zu der Lösung von Verfahren 1, erreichen sie aber nicht ganz.

---

[43]) Vgl. dazu oben S. 76 ff.

C(PA,T)   PE(PA,T)
(6)
-(2)
(3)
125000 - 510
(3)
(4)
(1)
(6)
(2)
(5)
(1)
(5)
120000 - 500
115 000 - 490
(4)
110000 - 480
= Kapitalwert
= Projektdauer
(1), (2) entsprechen (1), (3) aus Abb. (5.15)
(3), (4) Werte des Verfahrens 2
(5), (6) Ergebnis-Planwerte des Verfahrens 2
in das Simulationsmodell (Verfah-
ren 1) eingesetzt
Modell 1: Ausgangslösung E(FA)PERT-SIM
105000 - 470
0 1 2 3 4 5 6 7 8 9 10 11 12 13 14 15 16 17 18 19 20   I T

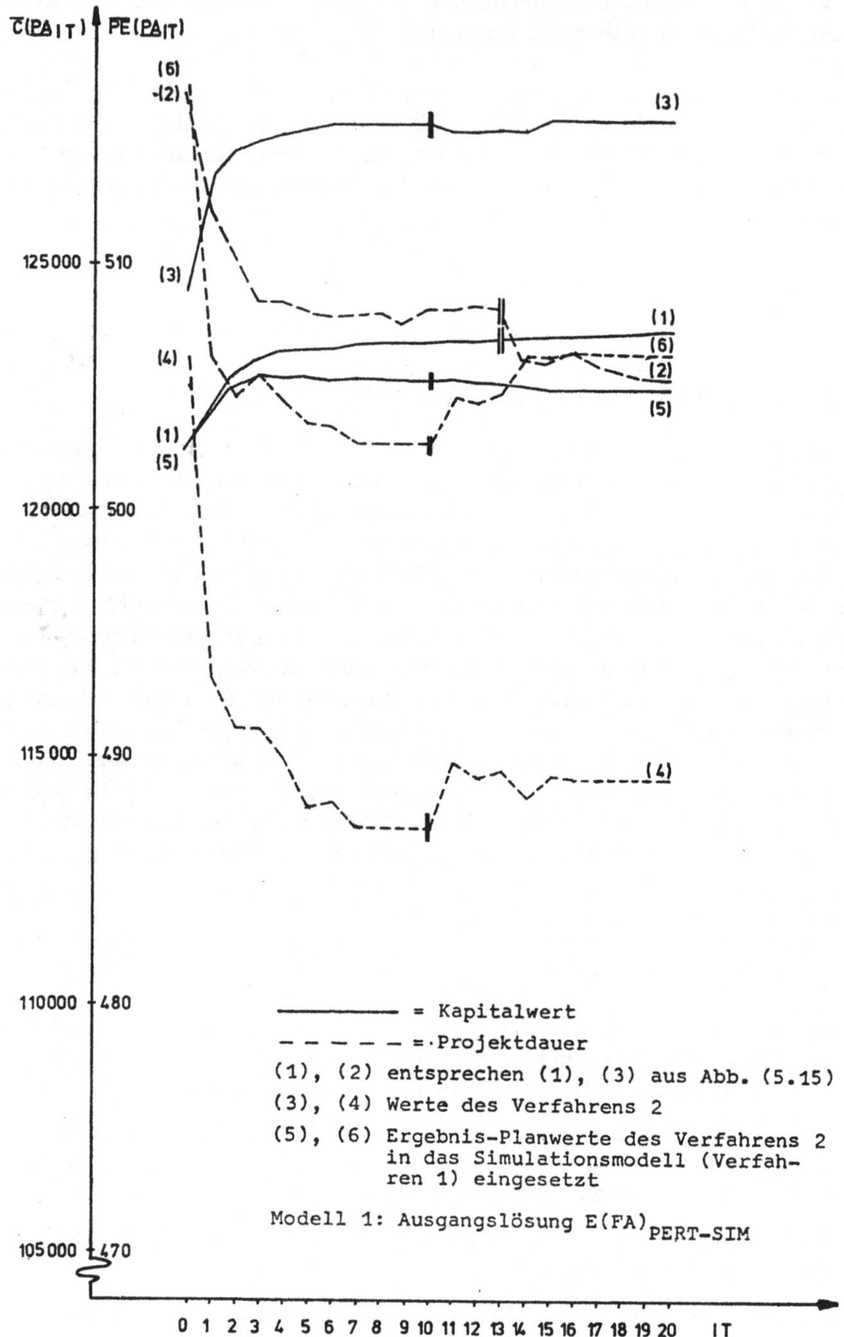

Abb. (5.17)

C(PA_IT) PE(PA_IT)
(3)
(1)
(5)
(2)
(6)
(4)
125000 510
120000 500
115000 490
110000 480
105000 470
(6)
(2)
(4)
(3)
(5)
93838
91808
91808
(1)
0 1 2 3 4 5 6 7 8 9 10 11 12 13 14 15 16 17 18 19 20 IT
= Kapitalwert
= Projektdauer
(1), (2) entsprechen (2), (4) aus Abb. (5.15)
(3), (4) Werte des Verfahrens 2
(5), (6) Ergebnis-Planwerte des Verfahrens 2
in das Simulationsmodell (Verfah-
ren 1) eingesetzt
Modell 2: Ausgangslösung Planwertmindestlösung

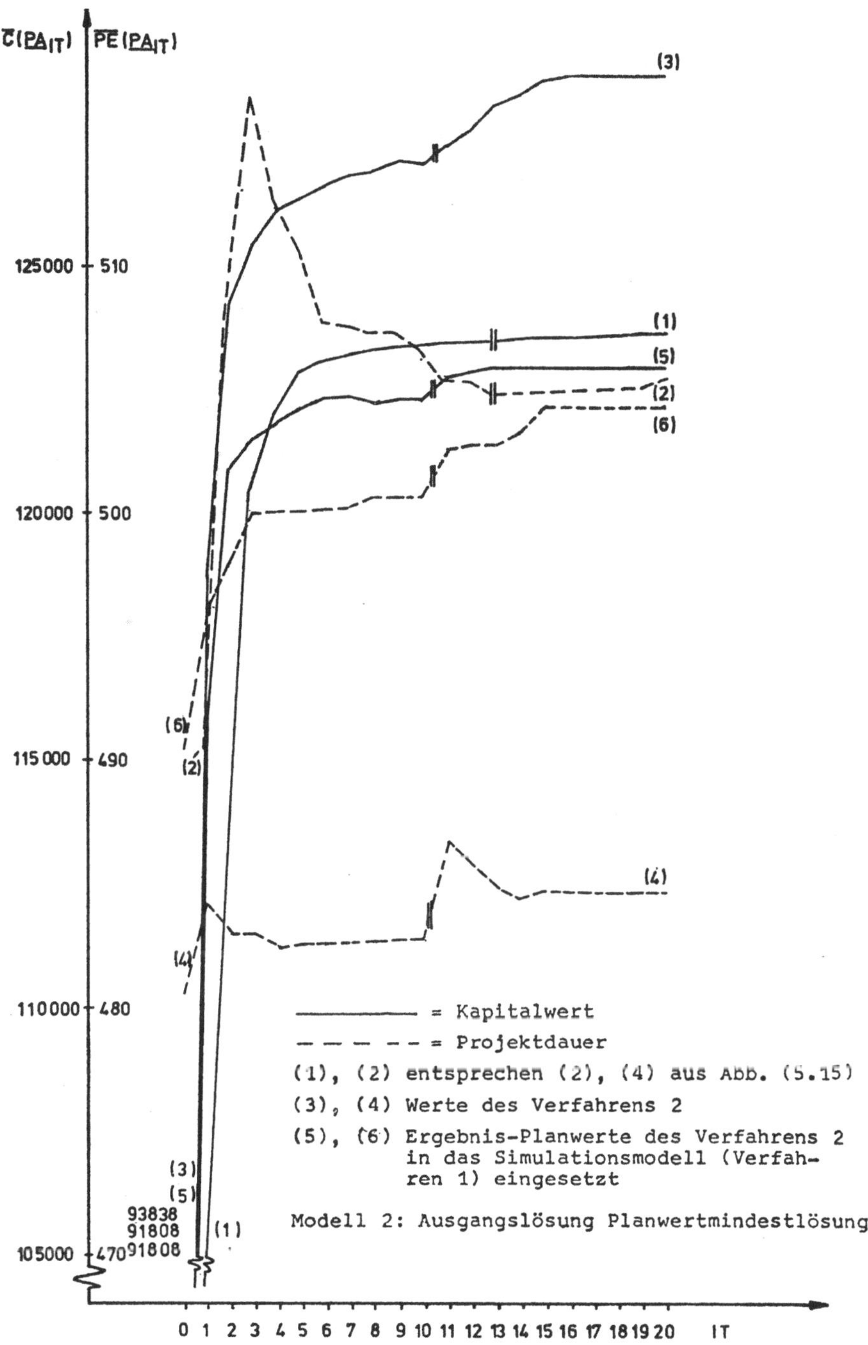

Abb. (5.18)

PA(i) Zeit
50 100 150 200 250 300 350 400
2,3,4 8 6,10 9 5 11,13 7 12
MODELL 1
IT
4 3 8 10 2 6 9 5,11,13 12 7
Ergebnis Verfahren 1
4 3 8 10 2 6 9 5,11 13 12 7
IT
4 3 8 10 2 6 9 5,11 13 12 7
MODELL 2
3,4 8 10 6 2 9 13 5,11 7 12
50 100 150 200 250 300 350 400 Zeit
PA(i)

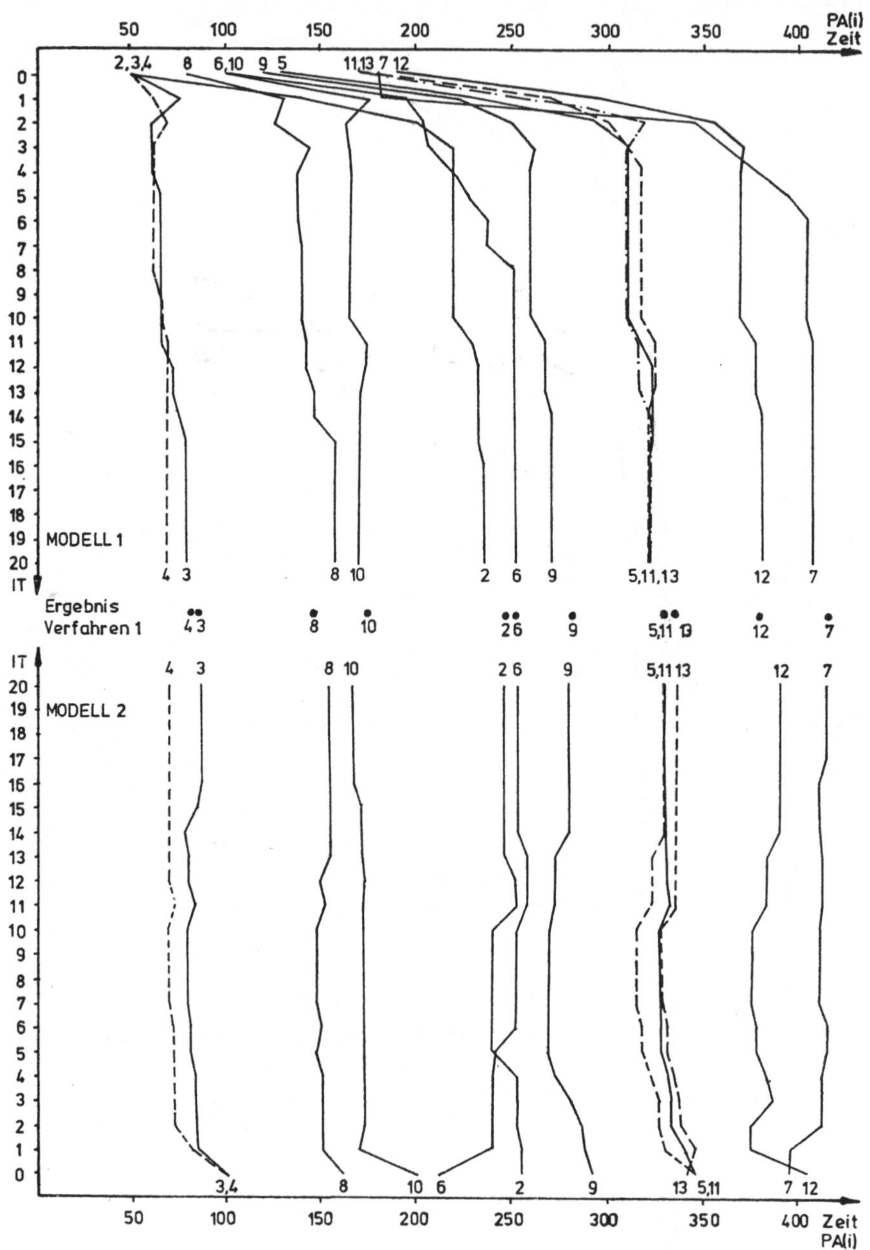

Abb. (5.19)

Zu dem letzten Punkt wird ein Signifikanztest durchgeführt. Damit soll geprüft werden, ob die Verfahren 1 und 2 zu signifikant verschiedenen Lösungen führen oder ob Differenzen der Kapitalwerte innerhalb des zufälligen Schätzfehlers liegen, d. h., ob die errechneten Mittelwerte aus der gleichen Grundgesamtheit stammen oder nicht.

Grundlage des Vergleichs sind die einzelnen Kapitalwerte der jeweils „optimalen" Lösungen der Kurvenzüge (1) und (5).

Da die Kapitalwerte jeweils aus den gleichen Projektrealisationen errechnet werden, handelt es sich um abhängige oder verbundene Stichproben. Ein Unterschied der Mittelwerte kann nicht auf unterschiedlichen Zufallszahlen für die Vorgangsdauern der Projektrealisationen beruhen, sondern nur auf den unterschiedlichen Planwerten. Aus diesem Grund werden die Paardifferenzen der 40 Kapitalwerte auf Signifikanz getestet. Die Nullhypothese hautet, daß beide Ergebnisse der gleichen Grundgesamtheit entstammen und die unterschiedlichen Kapitalwerte zufällig sind[44]).

Für beide Modelle kann diese Hypothese mit einer Irrtumswahrscheinlichkeit von $= 0,05$ nicht verworfen werden. Damit weichen die Ergebnisse des Verfahrens 2 bei den hier untersuchten Beispielen nicht signifikant von denen des Verfahrens 1 ab.

Trotzdem ist festzuhalten, daß das Verfahren 2 zu tendenziell schlechteren Lösungen geführt hat.

3. Weitere Kosten- und Erlösdaten

Bei der bisher angesetzten Datensituation liegen die $\overline{FA}(i)$-Werte der PERT-Simulation bereits in der Nähe der gewinnoptimalen Planwerte. Dieses Ergebnis kann aber keinesfalls verallgemeinert werden, wie weitere Rechnungen zeigen. Zunächst werden für die Projekte 1 und 2 die Wartekostensätze $w(i)$ in den Verhältnissen $w(i)/k(i) = 0, 0,1, 0,3, 0,5, 0,7$ und $1,0$ variiert und jeweils 6 Optimierungsiterationen bei Ansatz von Verfahren 1 durchgeführt.

Die Kapitalwertsteigerungen gegenüber der Ausgangslösung (Ansatz $\overline{FA}(i)_{\text{PERT-SIM}}$) sind in Abb. (5.20) eingetragen und geradlinig miteinander verbunden.

---

44) Der Signifikanztest lautet:

$$\left| \frac{M_d}{\sqrt{\dfrac{\sum\limits_{i=1}^{N} d_i^2 - N \cdot M_d^2}{N(N-1)}}} \right| \geq \left| t\left(1 - \frac{\alpha}{2}, N-1\right) \right|$$

M_d = Mittelwert der Paardifferenzen

d_i = Paardifferenz, α = Irrtumswahrscheinlichkeit

$t( )$ = Wert der t-Verteilung

Vgl. J. Kriz, Statistik in den Sozialwissenschaften, Reinbek bei Hamburg 1973, S. 139.

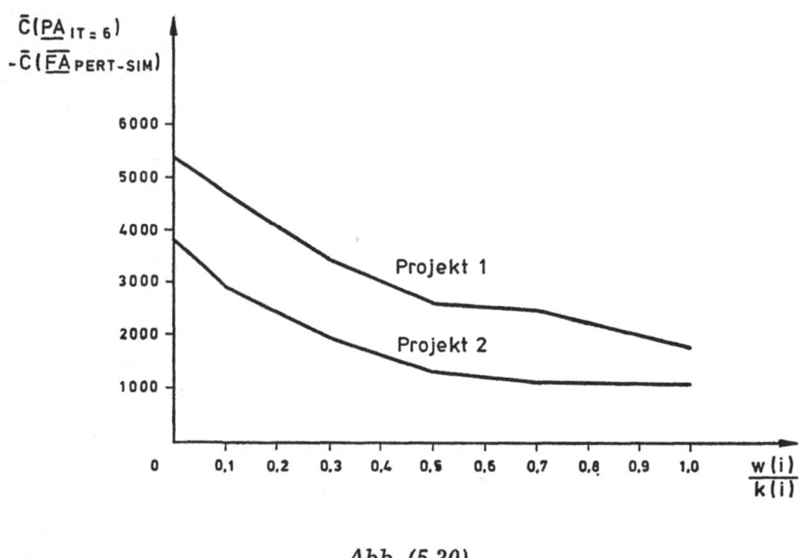

Abb. (5.20)

Bei niedrigen Wartekostensätzen sind die Differenzen am höchsten. Entsprechend stark unterscheiden sich die optimalen Planwerte von der Ausgangslösung[45]). Durch niedrigere Planwerte kann hier die Projektdauer verkürzt (und damit der Erlös gesteigert) werden, ohne daß erhebliche Wartekosten anfallen.

Die bisher angesetzte Relation w(i)/k(i) = 35/50 = 0,7 erklärt somit die relativ geringen Steigerungen der Kapitalwerte.

Die bei den bisherigen Beispielen angesetzten Kosten- und Erlösdaten werden als Datensituation 1 bezeichnet. Sie zeichnet sich aus durch ein geringes Niveau der Warte- und Bearbeitungskosten sowie ein hohes „fixes" Niveau des Nettoerlöses. Damit ist der Optimierungsspielraum gegenüber der $\overline{FA}(i)_{PERT\text{-}SIM}$-Lösung relativ gering.

Deshalb werden für Projekt 1 zwei weitere Datensituationen definiert, bei denen der Kapitalwert wesentlich sensibler auf Planwertänderungen reagiert. Sie werden, zusammen mit der bereits eingeführten Datensituation 1, in Tabelle (5.03) aufgeführt.

---

45) Die Planwerte werden bei niedrigen Wartekostensätzen erheblich vorgezogen, nähern sich bei mittleren w(i)-Werten der Ausgangslösung an und überschreiten sie bei höheren Wartekostensätzen.

Nettoerlösfunktion	Datensituation 1	Datensituation 2	Datensituation 3
	NE(PE) = 350 000 — 76 · (PE—230) — 0,331 · (PE—230)^2	NE(PE) = 5 000 000 — 2174 · (PE—230) — 2,36 · (PE—230)^2	NE(PE) = 5 000 000 — 1087 · (PE—230) — 9,45 · (PE—230)^2
KF(i)	5 000	50 000	50 000
k(i)	50	2 000	2 000
w(i)	35	2 000	1 000
Zinssatz pro ZE	0,0005	0,001	0,001

Tabelle (5.03)

Die durchschnittlichen Kapitalwerte steigen hier von 55 609 GE bei $\overline{\text{FA}}$(i)PERT-SIM als Ausgangslösung auf 164 390 GE bzw. von 9970 GE auf 43 830 GE. Als optimale Lösung wurde dabei die Lösung nach 10 Iterationen gewählt[46]). Die Ergebnisse sind in Tabelle (5.04) zusammengestellt, wobei zum Vergleich nochmals die Ergebnisse der Datensituation 1 aufgeführt sind.

Ergebnisgröße	Planwerte	Datensituation 1	Datensituation 2	Datensituation 3
$\overline{C}$**(PA)**	$\overline{\text{FA}}$PERT-SIM	121 117	55 609	9 970
	OPTIMAL	123 526	164 390	49 807
$\overline{\text{PE}}$	$\overline{\text{FA}}$PERT-SIM	517,2	517,2	517,2
	OPTIMAL	505,4	541,4	510,8

Tabelle (5.04)

Die Entwicklung der Planwerte gibt Abb. (5.21) wieder. Der Ausgangslösung $\overline{\text{FA}}$(i)PERT-SIM werden jeweils die optimalen Planwerte gegenübergestellt. Durch einen Vergleich mit Abb. (5.16) zeigt sich, daß die optimalen Planwerte erheblich weiter von der Ausgangslösung entfernt sind als bei der Datensituation 1.

Auch für die Datensituationen 2 und 3 wird das Gradientenverfahren mit dem Verfahren 2 zur Berechnung der Funktionswerte kombiniert. Wie bei Datensituation 1 werden die mit Verfahren 1 errechneten optimalen Kapitalwerte nicht erreicht[47]).

---

46) Auch bei diesen Datensituationen zeigte sich, daß bereits nach wenigen Iterationen vom Suchalgorithmus die spätere optimale Lösung sehr eng angenähert wurde und die restlichen Iterationen lediglich noch unwesentliche Beiträge lieferten.

47) Damit die Kapitalwerte vergleichbar sind, werden die errechneten Planwerte jeweils in das Simulationsmodell eingesetzt.

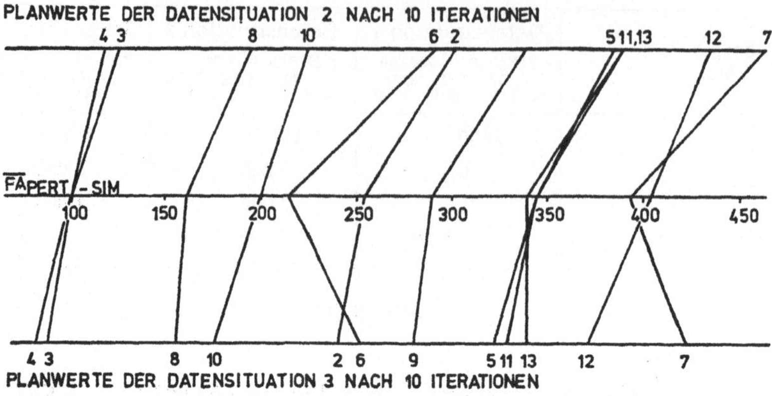

Abb. (5.21)

Die Prozentsätze, mit denen die Kapitalwertsteigerung bei Einsatz des Verfahrens 1 vom Verfahren 2 erreicht wurden, betragen für Datensituation 2: 61,4 % und für die Situation 3: 74,6 %. Diese Werte bestätigen die Aussagen zu der Datensituation 1.

Dritter Teil

Flexible Projektsteuerung

Kapitel VI

Ein exaktes Optimierungsmodell
zur flexiblen Projektsteuerung

A. Konzepte zur Projektsteuerung

In Kapitel V wurden die Planwerte aufgrund der vor dem Projektstart bekannten Informationen so festgelegt, daß der erwartete Kapitalwert maximiert wird. Nun gehört es zum Wesensmerkmal eines Projekts, daß es ein zeitverbrauchendes Geschehen ist. Daraus folgt, daß sich ein Teil der zum Projektstart bestimmten Plantermine auf relativ späte Projektabschnitte bezieht, und die Vorgänge deshalb noch nicht fest eingeplant werden müssen bzw. ihre Einplanung später noch zu korrigieren ist. Während sich zum Projektbeginn die Planung auf einen breiten Bereich möglicher Vorgangsdauern ausrichten muß, können während des Projektablaufs Informationen anfallen, die die Schätzbereiche für die noch nicht begonnenen Vorgänge einengen. Die Informationen sind insbesondere:

— Kenntnis der Fertigstellungstermine abgeschlossener Vorgänge. Damit sind auch die frühestmöglichen Starttermine ihrer direkten Nachfolger genauer abzuschätzen.

— Kenntnis der bisherigen Umweltbedingungen des Projekts, so daß die Dauern der noch nicht beendeten Vorgänge besser geschätzt werden können.

— Erfahrungen mit der Bearbeitung bereits begonnener Vorgänge, so daß ihr Abschluß genauer geschätzt werden kann.

— Erfahrungen, die zu einer Änderung der Projektstruktur führen (neue Vorgänge treten hinzu, andere erweisen sich als überflüssig, Anordnungsbeziehungen ändern sich)[1].

Zur Erfassung und Verarbeitung dieser Informationen wurde von anwendungsbezogenen Verfahren der Netzplantechnik ein umfangreiches Berichtswesen entwickelt[2].

---

[1] Dieser Punkt kann nur unter Anwendung probabilistischer Projektstrukturen behandelt werden und wird deshalb hier nicht weiter ausgeführt.

[2] Siehe z. B. A. M. Becker, Handbuch der Dynamischen Netzplantechnik für die Planung und Überwachung von Aufträgen, Winterthur 1969; D. Benz, H. Schelle und A. Schilinski, Sinetik 4004, Der Einsatz der Netzplantechnik bei großen Entwicklungsprojekten, Siemens-Schriftenreihe data praxis, o. Jg.; Südwestfunk et al. (Hrsg.), Netzplantechnik, a. a. O.

Durch Nutzung dieser Informationen können die anfangs ermittelten Planwerte verändert werden und eventuell der Kapitalwert des Projekts erhöht werden:

— Falls Vorgänge besonders frühzeitig beendet wurden, kann es sinnvoll sein, die Planwerte der Nachfolger, die einen hohen Index der Kritizität besitzen, vorzuziehen. Die dadurch ermöglichte Projektbeschleunigung führt zu einer Erhöhung des Projekterlöses.

— Falls Vorgänge sich so verspäten, daß ihre Nachfolger nicht zum geplanten Startzeitpunkt beginnen können, werden Warte- und Kapitalbindungskosten eingespart, wenn die Planwerte hinausgeschoben werden.

Im Rahmen anwendungsorientierter Verfahren wird deshalb vorgeschlagen, während der Durchführungsphase die Zeitrechnung regelmäßig zu Kontrollzeitpunkten neu durchzuführen. Allerdings wird bei diesen Ansätzen das Verfahren der deterministischen Netzplantechnik beibehalten: Zu jedem Kontrollzeitpunkt wird der Rest des Projekts methodisch wie die Planung eines neuen Projekts behandelt.

Auch mit Hilfe des in Kapitel V entwickelten Optimierungsalgorithmus für stochastische Vorgangsdauern könnte analog vorgegangen werden: Zu bestimmten Zeitpunkten wird der Algorithmus auf die noch nicht begonnenen Vorgänge unter Nutzung der neu angefallenen Informationen angesetzt. Dieses komparative Vorgehen würde aber die Interdependenzen zwischen den einzelnen Kontrollzeitpunkten nicht berücksichtigen. Zu jedem Kontrollzeitpunkt würden die Planwerte so bestimmt, als ob sie bis zum Projektende starr bestehenbleiben würden. Falls aber weitere Kontrollzeitpunkte folgen, so müssen auch deren Korrekturmöglichkeiten in die Optimierung mit einbezogen werden. Dieses Konzept entspricht dem Prinzip der flexiblen Planung, während das erste Vorgehen weiterhin als starre Planung bezeichnet wird[3]).

Kennzeichen der flexiblen Projektplanung ist, daß lediglich die im Zeitpunkt der Planerstellung zu ergreifenden Maßnahmen fest geplant werden, während für die späteren Kontrollzeitpunkte vorsorglich Eventualpläne aufgestellt werden[4]).

---

3) Zu der in der betriebswirtschaftlichen Literatur lebhaft geführten Diskussion um das Problem der flexiblen Planung vgl. H. Jacob, Flexibilitätsüberlegungen in der Investitionsrechnung, in: ZfB, Jg. 37 (1967), S. 1 ff.; ders., Zum Problem der Unsicherheit bei Investitionsentscheidungen, in: ZfB, Jg. 37 (1967), S. 153 ff.; ders., Unsicherheit und Flexibilität. Zur Theorie der Planung bei Unsicherheit, in: ZfB, Jg. 44 (1974), S. 299—326, 403—448, 505—526; H. Laux, Flexible Investitionsplanung, Opladen 1971; H. Hax, Investitionstheorie, Würzburg - Wien 1970; H. Hax, Entscheidungsmodelle in der Unternehmung/Einführung in Operations Research, Hamburg 1974, S. 79 ff.; W. Mellwig, Anpassungsfähigkeit und Ungewißheitstheorie, Tübingen 1972; D. Schneider, Anpassungstheorie und Entscheidungsregel unter Ungewißheit, in: ZfbF, Jg. 24 (1972), S. 747—757 und die dort weiter angeführte Literatur; H. Hax und H. Laux, Zur Diskussion um die flexible Planung, in: ZfbF, Jg. 24 (1972), S. 477—479; H. Hax und H. Laux, Flexible Planung — Verfahrensregeln und Entscheidungsmodelle für die Planung bei Ungewißheit, in: ZfbF, Jg. 24 (1972), S. 318—340.

4) Vgl. H. Laux, Flexible Investitionsplanung, a. a. O., S. 13.

Diese Eventualpläne beruhen auf den zu den späteren Zeitpunkten aufgrund der anfangs ergriffenen Maßnahmen und der Zufallsprozesse eingetretenen Zuständen. Gleichzeitig werden die anfangs zu ergreifenden Maßnahmen bereits unter Beachtung der späteren Eventualpläne optimiert. Dadurch werden die Interdependenzen — auch unter Beachtung der stochastischen Einflußgrößen — zwischen bindenden Entscheidungen und Entscheidungen mit Eventualcharakter beachtet. Eine flexible Projektplanung setzt voraus, daß mehrere Entscheidungszeitpunkte (Kontrollzeitpunkte) bestehen. Nur dann können während der Planungsrealisation neue Informationen anfallen und Korrekturmaßnahmen durchgeführt werden. Eine flexible Projektplanung ist damit auch immer eine dynamische Planung.

Mit der Möglichkeit, Plantermine während des Projektablaufs zu ändern, müssen auch die Kosten des Kontrollprozesses berücksichtigt werden. Diese bestehen aus den Kosten des installierten Projekt-Informationssystems und den Kosten der Planwertänderung, den Dispositionskosten.

Im folgenden wird zunächst ein exaktes Modell der flexiblen Projektplanung auf Grundlage der Dynamischen Optimierung entwickelt. Dieses soll vor allem dazu dienen, die vielfältigen Einflußfaktoren in ihrem Zusammenwirken zu erfassen. Es ist aber für numerische Anwendungen nicht operational.

Von diesem Modell ausgehend, wird in Kapitel VII ein heuristisches operationales Verfahren zur flexiblen Projektplanung entwickelt. Das Lösungsverfahren kombiniert dabei die in Kapitel V entwickelten Verfahren der heuristischen Optimierung durch ein Gradientenverfahren mit den *beiden* Verfahren zur Berechnung der Funktionswerte.

B. Das Modell

I. Kostenabhängigkeiten des Kontrollprozesses

Die Kosten des Kontrollprozesses setzen sich zusammen aus den Kosten des installierten Projekt-Informationssystems und den Dispositionskosten[5].

Die *Kosten des Informationssystems* hängen ab von der Art des Systems und von der Häufigkeit der Informationsabfrage und -verarbeitung. Bei der Art des Informationssystems ist zwischen einer periodischen und einer fallweisen Informationserhebung zu unterscheiden. Weiter ist festzulegen, ob die Infor-

---

[5] Diese Faktoren werden hier nur kurz vorgestellt. Konkrete Kosten- und Informationsmodelle werden in Kapitel VIII entwickelt.

mationen von der Projektleitung erfragt oder von den ausführenden Abteilungen selbständig gemeldet werden. Nach diesen Entscheidungen richten sich die personellen und sachlichen Anforderungen. Zu den sachlichen Voraussetzungen gehört z. B. auch die Bereitstellung der benötigten EDV-Kapazität, die Vorbereitung der benötigten Programme sowie die Aufarbeitung der Daten. Ein wesentlicher Teil dieser Kosten hängt allein von der Entscheidung über die Einrichtung des Informationssystems zum Projektbeginn ab. Daneben entstehen zu jedem Kontrollzeitpunkt Kosten, die von der Zahl der in die Kontrolle einbezogenen Vorgänge abhängen (z. B. die Rechenkosten für die erneute Optimierung) sowie von der Anzahl der geänderten Planwerte für die Informationsweitergabe. Auch die Wahl der Kontrollzeitpunkte, die Festlegung des Informationshorizontes, bis zu dem Informationen über Vorgänge eingeholt bzw. weitergegeben werden, beeinflussen die Kosten des Informationssystems.

Die Höhe der *Dispositionskosten* kann davon abhängen, ob Planwerte vorgezogen oder hinausgeschoben werden sollen. Weiter kann das Ausmaß der Planwertänderung die Kosten beeinflussen.

Bei einer Planwertverlegung müssen beispielsweise Rohstoffe früher beschafft werden. evtl. bereits begonnene andere Aufträge unterbrochen werden usw. Häufig kann ein Planwert nicht beliebig nah an den Dispositionszeitpunkt (Kontrollzeitpunkt) vorgezogen werden, weil z. B. Beschaffungszeiten für Rohstoffe dies verhindern, so daß ein Mindestabstand eingehalten werden muß.

Die aufgezeigten Probleme der Gestaltung des Informationssystems sind mit der Planwertoptimierung verknüpft. Sie müssen deshalb simultan gelöst werden, um ein Projekt optimal zu steuern. Wegen der Interdependenzen zwischen den zum Projektbeginn bestimmten Planwerten und der Optimierung zu den Kontrollzeitpunkten müssen die Größen flexibel geplant werden.

Abernathy und Demski[6]) haben für das Problem der optimalen Kostenzuweisung zur Beeinflussung der Vorgangsdauern ein Modell der Dynamischen Programmierung formuliert. Auf diesem Ansatz aufbauend, wird ein Modell für das hier betrachtete Problem entwickelt.

II. Modellformulierung

Der Ausführungszeitraum eines Projektes wird in Zeitintervalle T, mit T = 0, 1, 2, ..., T*, unterteilt. Der Anfang des Zeitintervalls T = 0 bezeichnet den Projektstart. T* ist die maximale Projektdauer. Am Anfang jedes Zeitintervalls T wird aufgrund der vorliegenden Informationen darüber ent-

---

6) W. J. Abernathy und J. S. Demski, Simplification Activities in a Network Scheduling Context, in: MS, Vol. 19 (1973), S. 1052—1062.

schieden, welche Plankorrekturen durchgeführt werden sollen und über welche Vorgänge Informationen bis zum nächsten Kontrollzeitpunkt, dem Anfang des Zeitintervalls T + 1, eingeholt werden sollen[7]).

In dem Modell werden folgende Größen verwendet:

Entscheidungsgrößen:

PA(T)   = Vektor der im Kontrollzeitpunkt[8]) des Intervalls T berechneten Planwerte. Dabei werden nur Planwerte von Vorgängen neu berechnet, die noch nicht begonnen sind.

NI(T)   = Vektor der Vorgänge, über die bis zum nächsten Kontrollzeitpunkt, also dem Beginn des Intervalls T + 1 Informationen eingeholt werden sollen (hier vor allem Schätzwerte für die Dauern der nicht beendeten Vorgänge).

Zustandsgrößen:

PA*(T)   = Vektor der (vor der Neuberechnung) zu Beginn des Zeitintervalls T bestehenden Planwerte, wie sie zum Kontrollzeitpunkt T — 1 bestimmt wurden.

Z(T)   = Vektor des zu Beginn von T bestehenden Projektzustandes. Ein Wechsel des Projektzustandes ist nur diskret von Anfang zu Anfang der Intervalle möglich. **Z(T)** beinhaltet neben dem Ist-Projektzustand auch alle zu Beginn von T bestehenden Schätzungen aller noch nicht abgeschlossenen Vorgänge. Der Vektor **Z(T)** ist der Projektleitung nicht direkt bekannt, sondern sie kann nur indirekt über die Wahl des Vektors **NI(T—1)** Informationen über den Projektzustand erhalten.

I(T)   = Vektor der Informationen, die der Projektleitung aufgrund der Wahl von **NI(T — 1)** zu Beginn von T neu zugehen.

I*(T)   = Vektor aller Informationen, die bis T insgesamt der Projektleitung zugegangen sind. Die Informationen umfassen auch die zu Beginn von T bestehenden Planwerte **PA(T)**.

$$\mathbf{I^*(T)} = \{\mathbf{I^*(T - 1)}, \mathbf{I(T)}\}.$$

PA(T, I*(T)) = Menge aller in T zulässigen Planwerte. Diese sind abhängig von den in T vorliegenden Informationen, insbesondere von den bestehenden Ober- und Untergrenzen der Planwerte.

IS(T, I*(T)) = Menge der in T zulässigen Alternativen für die Informationseinholung.

---

7) Es wird vorausgesetzt, daß ein Zeitintervall ausreicht, die Informationen zu erheben. Andernfalls müßten time-lags einbezogen werden.

8) Aus Gründen der Einfachheit wird angenommen, daß der Kontrollzeitpunkt jeweils der Beginn eines Zeitintervalls T ist.

(6.01) $C_T(\mathbf{I^*}(T), \mathbf{PA^*}(T)) =$

Maximaler Kapital-
wert des Projekts
von T bis T*, bezo-
gen auf den Informa-
tionszustand in T und
unter Verfolgung ei-
ner optimalen Poli-
tik von T bis T*

$$\underset{\substack{\mathbf{PA}(T)\,\epsilon\,\mathbf{PA}(T,\,\mathbf{I^*}(T))\\ \mathbf{NI}(T)\,\epsilon\,\mathbf{IS}(T,\,\mathbf{I^*}(T))}}{\mathrm{MAX}} \left\{ \int\limits_{Z(T)} [NE(\mathbf{Z}(T)) - DK(\mathbf{PA}(T), \mathbf{PA^*}(T)) \right.$$

                     Nettoerlös   Dispositionskosten

$$- WK(\mathbf{PA}(T), \mathbf{Z}(T)) - KI(\mathbf{NI}(T)) - KIV(\mathbf{I^*}(T), \mathbf{PA^*}(T))$$

    Wartekosten   Kosten der   Kosten der Informa-
                     Informa-   tionsverarbeitung
                     tions-
                     erhebung

$$+ \int\limits_{Z(T+1)} f_Z(\mathbf{Z}(T+1)\,|\,\mathbf{PA}(T), \mathbf{Z}(T)) \;\cdot\; \int\limits_{I^*(T+1)} C_{T+1}(\mathbf{I^*}(T+1), \mathbf{PA}(T))$$

        Bedingte Dichtefunktion, daß   Maximaler Kapitalwert
        sich das Projekt in T+1 im   des Projektes, bezogen auf
        Zustand Z(T+1) befindet   den Projektzustand in
                                        T+1, von T+1 bis T*

$$\cdot\; f_{I^*}(\mathbf{I^*}(T+1)\,|\,(\mathbf{NI}(T), \mathbf{Z}(T+1)))\; d\mathbf{I^*}(T+1)\, d\mathbf{Z}(T+1)]$$

        Bedingte Dichtefunktion, daß in
        T+1 die Informationen I*(T+1)
        zur Verfügung stehen

$$\cdot\; f_{\overline{Z}}(\mathbf{Z}(T)\,|\,\mathbf{I^*}(T)) \cdot d\mathbf{Z}(T) \Big\}$$

        Bedingte Dichtefunk-
        tion, daß sich das Pro-
        jekt in T im Zustand
        Z(T) befindet

Für $T = T^*, T^* - 1, \ldots, 0$

mit $C_{T^*+1}(\quad) = 0$

In (6.01) ist der mathematische Zusammenhang der Einflußgrößen beschrieben. Aus Gründen der Übersichtlichkeit sind die Kosten- und Erlöskomponenten nur global mit ihren Abhängigkeiten erfaßt. Bei einer vollständigen
Modellformulierung müssen formelmäßige Ausdrücke eingesetzt werden[9]).

Die Integrationsgrenzen werden durch die Vektoren, über deren mögliche
Ausprägungen integriert werden muß, gekennzeichnet. Falls die Größen nicht
kontinuierlich sind, können, ohne daß das Modell sich inhaltlich verändert,
anstelle der Integrale Summenzeichen gesetzt werden. Da das Modell ohnehin

---

9) Siehe dazu die in Kapitel V und VII entwickelten Modelle.

nur dazu dienen soll, die Zusammenhänge der Projektsteuerung zu zeigen, wird auf mit ihm verbundene mathematische Probleme nicht näher eingegangen.

Die Abhängigkeiten der einzelnen Komponenten werden kurz kommentiert.

Der *Projekterlös* NE fällt an, wenn das Projekt tatsächlich beendet ist, d. h. in demjenigen Zeitintervall T, in dem der Vektor $Z(T)$ den Projektabschluß ausdrückt.

Die *Dispositionskosten* DK des Kontrollzeitpunktes T hängen ab von dem Vektor der bestehenden und der geänderten Planwerte.

Wartekosten WK des Intervalls T hängen ab von dem am Anfang von T neu bestimmten Vektor $PA(T)$ und der tatsächlichen Projektsituation $Z(T)$. Dem Intervall T dürfen dabei nur Wartekosten bis zum Ende des Intervalls zugerechnet werden, da in $T + 1$ ein Planwert, der in T zu Wartekosten geführt hat, geändert werden kann.

Die *Kosten der Informationserhebung* KI hängen ab von den in T bestimmten Vorgängen, über die Informationen eingeholt werden sollen.

Die *Kosten der Informationsverarbeitung* KIV, insbesondere die Berechnungskosten für die neue Planwertbestimmung hängen von den bestehenden Planwerten und den Informationen ab.

Das Modell (6.01) ist als Modell der stochastischen dynamischen Programmierung formuliert. In dem Modell sind zwei stochastische Einflüsse enthalten: die stochastischen Vorgangsdauern und die Fehler bei der Informationserhebung, insbesondere bei der Vorgangsdauerschätzung.

Die stochastischen Vorgangsdauern bewirken, daß die Zustandsänderung des Projekts von T nach $T + 1$ eine Zufallsvariable ist. Die Dichtefunktion $f_Z(Z(T + 1) \mid PA(T), Z(T))$ ist die (bedingte) Wahrscheinlichkeitsdichte, daß sich das Projekt zum Anfang des Intervalls $T + 1$ im Zustand $Z(T + 1)$ befindet, wenn es im Intervall T im Zustand $Z(T)$ war und die Planwerte $PA(T)$ festgelegt wurden. Der tatsächlich vorliegende Zustand $Z(T)$ ist der Projektleitung aber in T nicht direkt bekannt, sondern über ihn gibt nur der Informationsvektor $I^*(T)$ Auskunft. Dabei kann es vorkommen, daß ein bestimmter Informationsvektor mehrere tatsächlich vorhandene Projektzustände — wenn auch mit unterschiedlichen Wahrscheinlichkeiten — zuläßt. Aus diesem Grund muß in (6.01) über alle in T möglichen Projektzustände integriert werden. Die bedingte Dichtefunktion $f_{\bar{Z}}(Z(T) \mid I^*(T))$ hängt dabei von den vorliegenden Informationen über den Projektzustand einschließlich den bestehenden Planwerten $PA^*(T)$ ab.

Die in $T + 1$ vorliegenden Informationen $I^*(T + 1)$ hängen davon ab, welcher Projektzustand in $T + 1$ besteht $(Z(T + 1))$ und von dem in T entschiedenen Umfang der Informationserhebung $NI(T)$. Weiter werden sie vom Fehler, der bei der Beurteilung des tatsächlichen Projektzustandes durch die informierenden Stellen entsteht, beeinflußt. Dieser Zusammenhang wird durch die bedingte Dichtefunktion $f_{I*}(\mathbf{I}^*(T + 1) \mid \mathbf{NI}(T), \mathbf{Z}(T + 1))$ ausgedrückt.

Das Modell legt nun dynamisch in jedem Zeitintervall T die Kontroll- und Planungsentscheidungen optimal fest. Dabei werden jeweils alle später möglichen Projektzustände mit ihren Korrekturmöglichkeiten erfaßt. Insbesondere werden auch in $T = 0$ die Ausgangsplanwerte des Projekts unter Beachtung aller möglichen folgenden Plankorrekturen optimal bestimmt.

Dieses Modell umfaßt demnach die flexible Projektsteuerung. Es ist zu beachten, daß die Entscheidungsgrößen $\mathbf{PA}(T)$ und $\mathbf{NI}(T)$ Vektoren sind und bei der Maximierungsvorschrift in (6.01) alle zulässigen Kombinationen zwischen ihnen betrachtet werden. Dieses führt bereits bei (trivial) kleinen Modellen zu einer extrem hohen Zahl von Entscheidungsalternativen. Die Zustandsvariablen $\mathbf{I}^*(T)$ und $\mathbf{PA}^*(T)$ sind ebenfalls Vektoren, so daß auch die Anzahl der Zustandsvariablen inoperational groß wird. Damit ist das Modell numerisch nicht zu behandeln. Es soll deshalb nur zur Verdeutlichung der Komplexität der Entscheidungssituationen bei flexibler Projektsteuerung dienen. Es ist Ausgangspunkt der weiteren, notwendigen Vereinfachungen der Problemstellung, um ein operationales Modell zu entwickeln.

Kapitel VII

Ein operationales Verfahren zur flexiblen Projektsteuerung

A. Das Verfahren

Um das Modell (6.01) zu operationalisieren, werden Vereinfachungen vorgenommen. Diese sollen anhand der Abb. (7.01) und (7.02) graphisch verdeutlicht werden, wobei zur Vereinfachung nur die Planwerte als Variablen angenommen werden. Die Art der Informationsgewinnung wird bereits als festgelegt betrachtet. Weiter werden aus Darstellungsgründen die Entscheidungsalternativen (Planwertvektoren) und Projektzustände im Gegensatz zum Modell (6.01) als diskrete Größen angesetzt. Die Entscheidungsstruktur des so veränderten Modells (6.01) ist in Abb. (7.01) als Entscheidungsbaum abgebildet. Projektzustände zu Kontrollzeitpunkten werden durch Kästchen dargestellt.

Ein Projektzustand Z umfaßt die zu dem Zeitpunkt tatsächlich bestehende Projektsituation, ausgedrückt z. B. in der Zahl der abgeschlossenen Vorgänge mit ihren tatsächlichen Start- und Endzeitpunkten, die darauf basierenden Schätzwerte für die zukünftigen Vorgänge und den *bestehenden* Planwertvektor $PA^*(Z)$.

Von diesem Zustand gehen die Entscheidungsalternativen, also die möglichen neuen Planwertvektoren $PA(Z)$, aus. Jede Alternative wird durch eine Kante, die zu einem Kreis hinführt, dargestellt. Wegen der stochastischen Vorgangsdauern und stochastischer Einflüsse bei der Informationserhebung sind für jede gewählte Alternative am nächsten Kontrollzeitpunkt mehrere Projektzustände möglich. Diese sind dann wiederum Ausgangspunkt neuer Entscheidungsalternativen.

Abb. (7.01) ist Ausgang der notwendigen Vereinfachungen, um das Entscheidungsproblem lösen zu können.

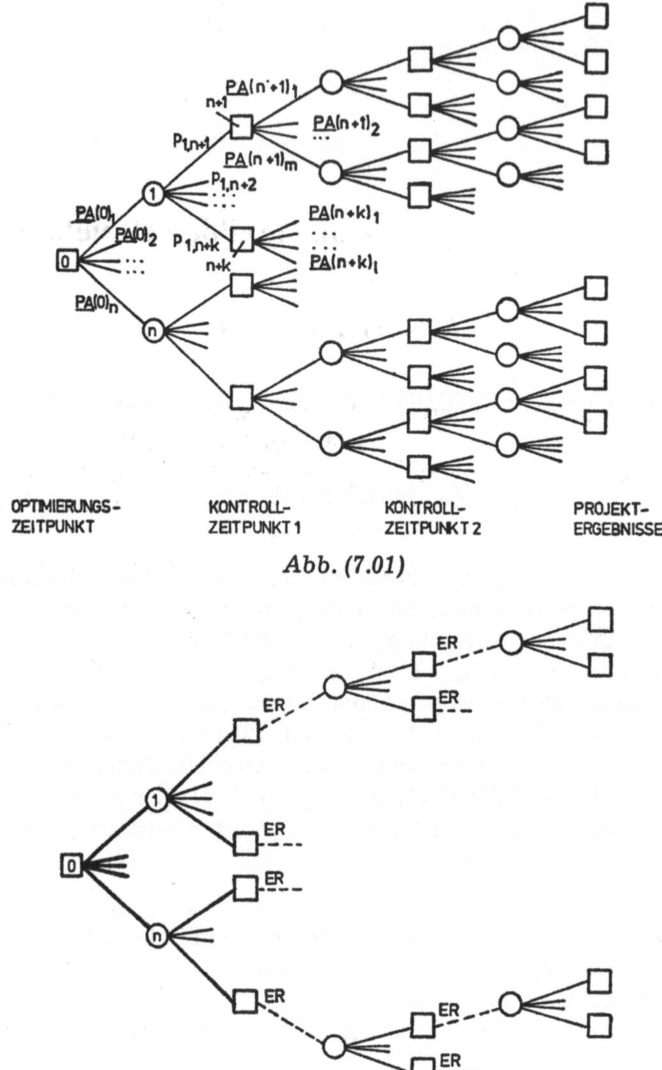

Abb. (7.01)

Abb. (7.02)

☐   = Projektzustand

◯   = durch eine Planwertänderung sich ergebender Ausgangszustand eines Übergangsprozesses

Hinweis: In den Abbildungen sind aus technischen Gründen die Vektoren nicht fett gesetzt, sondern unterstrichen.

PA(0)ⱼ = j-te Entscheidungsalternative zum Optimierungszeitpunkt 0

PA(Z)ⱼ = j-te Entscheidungsalternative (hier Planwertvektor) im Kontrollzeitpunkt bezogen auf den Projektzustand $Z > 0$

p_{jz} = Übergangswahrscheinlichkeit von Situation j zum Projektzustand Z. (Der Projektzustand beinhaltet die zum Kontrollzeitpunkt realisierten Vorgänge sowie die aufgrund des Lernmodells sich ergebenden Informationen)

——— = Aktion, die in den Zuständen ab Kontrollzeitpunkt 1 durch Anwendung der starren Entscheidungsregel ER festgelegt wird

ER = Entscheidungsregel

I. Vereinfachung 1: Einführung einer starren Entscheidungsregel in den Kontrollzeitpunkten

Im Entscheidungsbaum werden alle Interdependenzen zwischen den Kontrollzeitpunkten und dem Entscheidungszeitpunkt, dem Projektbeginn $T = 0$ erfaßt.

Eine Lösung des dargestellten Problems würde somit eine (bedingte) Handlungsstrategie sein, die für alle in der Zukunft liegenden Kontrollzeitpunkte und alle möglichen Projektzustände jeweils die auszuführende Aktion vorgibt[1]). Diese Eventualpläne sind, wenn die zugehörenden Zustände eingetreten sind, *bindend.*

Demgegenüber wird hier nun unter flexibler Planung lediglich die Berücksichtigung späterer Korrekturmaßnahmen bei der *gegenwärtigen* Entscheidungsfindung verstanden. Dabei können die Korrekturmaßnahmen auch mit gröberen Entscheidungsregeln antipiziert werden als die bei einem realen Projektablauf eingesetzten. Deshalb *binden* die entwickelten Eventualpläne den Entscheidenden zu den späteren Kontrollzeitpunkten *nicht.*

Damit gelten für diese Arbeit folgende Charakteristika der starren bzw. flexiblen Projektsteuerung:

(1) Bei starrer Projektsteuerung werden alle Planwerte zum Optimierungszeitpunkt unter Beachtung aller möglichen Projektentwicklungen so festgelegt, als ob sie bis zum Projektende bindend sein würden. Spätere Korrekturmöglichkeiten werden nicht beachtet. Nach dieser Definition

---

1) Dies ist auch das Ergebnis der flexiblen Planung, wie sie z. B. von H. Hax und H. Laux verstanden wird, vgl. z. B. H. Hax und H. Laux, Flexible Planung — Verfahrensregeln und Entscheidungsmodelle für die Planung bei Ungewißheit, in: ZfbF, Jg. 24 (1972), S. 318—340, hier S. 319 ff. Es handelt sich hier aber, wie die Verfasser (S. 325) selbst betonen, nicht um ein neuartiges Planungsprinzip, sondern es entspricht dem üblichen Vorgehen der mehrstufigen Planung unter Unsicherheit, für das zahlreiche Modellansätze bestehen. Ein Beispiel dafür ist die Bestimmung optimaler vorbeugender Ersatzzeitpunkte bei stochastisch ausfallenden Produktionsanlagen, vgl. z. B. A.-W. Scheer, Instandhaltungspolitik, Wiesbaden 1974, S. 64 ff.

Zur weiteren Diskussion um ein Konzept der flexiblen Planung vgl. auch: H. Jacob, Unsicherheit und Flexibilität. Zur Theorie der Planung bei Unsicherheit, in: ZfB, Jg. 44 (1974), S. 299—326, 403—448, 505—526.

gelten auch solche Planwerte als starr bestimmt, die fortlaufend (rollierend) zu Kontrollzeitpunkten nach dieser Maxime festgelegt werden.

(2) Bei der flexiblen Projektsteuerung werden zu den Entscheidungszeitpunkten mögliche Anpassungsentscheidungen zu späteren Entscheidungszeitpunkten (Kontrollzeitpunkten) bereits in die gegenwärtige Bestimmung der Planwerte einbezogen. Dabei brauchen die so antizipierten Korrekturmaßnahmen nicht notwendig mit dem gleichen Verfahren ermittelt zu werden wie die bindenden Entscheidungen. Aus diesem Grund können die bei einem realen Kontrollzeitpunkt für einen bestimmten Projektzustand tatsächlichen Korrekturen von den antizipierten abweichen.

Die Eventualpläne zu den Kontrollzeitpunkten sind also nur insofern von Bedeutung, wie sie die zum Entscheidungszeitpunkt $T = 0$ zu treffenden Entscheidungen beeinflussen. Diese Einschränkung führt zur ersten Vereinfachung des Modells. Da nur die Auswirkungen des gesamten Kontrollprozesses auf die gegenwärtige Entscheidung wichtig sind, werden lediglich die Planwerte zum Entscheidungszeitpunkt unter Beachtung späterer, antizipierter Korrekturmöglichkeiten flexibel bestimmt. Dazu müssen die optimalen Reaktionsmöglichkeiten zu den späteren Kontrollzeitpunkten in die Optimierung der Ausgangslösung mit einbezogen werden. Dieses geschieht, indem für den Kontrollprozeß eine starre Entscheidungsregel angesetzt wird, d. h., es wird unterstellt, daß zu den Kontrollzeitpunkten jeweils die Planwerte so angepaßt werden, als ob sie bis zum Projektende unverändert bestehenbleiben würden. Interdependenzen *zwischen* den Kontrollzeitpunkten selbst werden mithin nicht mehr betrachtet. Für die Optimierung wird der antizipierte Kontrollprozeß stark vereinfacht, obwohl die wesentlichen Interdependenzen zwischen der Ausgangslösung und dem *gesamten* Kontrollprozeß einbezogen bleiben.

Die Implementierung eines starren Kontrollprozesses führt dazu, daß im Entscheidungsbaum zu den Kontrollzeitpunkten die Verzweigungen an den Kästchen fortfallen können, weil die *starre* Entscheidungsregel allein anhand des vorliegenden Projektzustands einen neuen Planvektor bestimmt. Damit ergibt sich Abb. (7.02). Die in den Kontrollzeitpunkten durch die starre Entscheidungsregel festgelegte Veränderung der Planwerte wird durch die gestrichelten Kanten graphisch ausgedrückt. Auf den durch die Entscheidungsregel veränderten „Projektzustand" setzen dann die stochastischen Einflüsse bei der Realisation der Vorgangsdauern ein[2]).

Bei mehr als einem Kontrollzeitpunkt wird die Anzahl der Zustände, der zu betrachtenden Wege und Projektergebnisse durch die Einführung der starren

---

2) Daß die Vereinfachung ausschließlich für den Kontrollprozeß gilt, wird dadurch deutlich, daß bis zum Kontrollzeitpunkt 1 Abb. (7.01) und Abb. (7.02) übereinstimmen.

Entscheidungsregel sehr stark reduziert[3]). Das Problem (7.01) besteht nun darin, die Ausgangsplanwerte **PA**(0) gewinnoptimal für ein vorgegebenes Projekt-Informationssystem (IS) und eine für den Kontrollprozeß definierte starre Entscheidungsregel (ER) zu bestimmen.

(7.01) $E[C(\mathbf{PA}(0) \mid IS, ER)] \rightarrow Max$

Die Anzahl der Entscheidungsalternativen zum Projektstart und die Anzahl der Zustandsänderungen bleibt aber weiter nicht operational. Die exakte Berechnung des erwarteten Kapitalwertes einer Entscheidungsalternative $\mathbf{PA}(0)_j$, also einer der vom Projektstart ausgehenden Kanten, ist deshalb und wegen der komplizierten stochastischen Einflußgrößen weiterhin analytisch nicht möglich.

II. Vereinfachung 2: Unvollständige Enumeration durch Simulation

Zur exakten Berechnung des erwarteten Kapitalwertes einer Planwertalternative $\mathbf{PA}(0)_j$ des Problems (7.01) müssen in Abb. (7.02) alle für diese Alternative möglichen Wege und Projektergebnisse einbezogen werden. Mit Hilfe der Simulation kann aber ein Schätzwert $\overline{C}(\mathbf{PA}(0)_j \mid IS, ER)$ für den Erwartungswert $E[C(\mathbf{PA}(0)_j \mid IS, ER)]$ ermittelt werden. Das Problem (7.01) wird deshalb zum Problem (7.02) umgeformt.

(7.02) $\overline{C}(\mathbf{PA}(0) \mid IS, ER) \rightarrow Max$

Da nun ein Verfahren zur Berechnung des Funktionswertes $\overline{C}(\mathbf{PA}(0)j \mid IS, ER)$ eines vorgegebenen Planwertvektors $\mathbf{PA}(0)j$ gegeben ist, kann das in Kapitel V entwickelte Gradientenverfahren zur Ermittlung der Maximalstellen von Funktionen angewendet werden. Dieses Verfahren tastet sich durch geeignete Berechnung von Punkten der Funktion iterativ an das Maximum heran.

Ein Funktionswert wird errechnet, indem N Wege, die von einer Entscheidungsalternative ausgehen, verfolgt und die zugehörenden Kapitalwerte ermittelt werden. Das arithmetische Mittel dieser N Kapitalwerte ist ein erwartungstreuer Schätzwert des Erwartungswertes. Jeder Weg wird dabei durch ein Simulationsexperiment erzeugt. Dazu wird für die Vorgangsdauern eine Folge von Zufallszahlen gemäß den gegebenen Verteilungen gezogen. Anhand dieser Dauern kann der Projektablauf quasi deterministisch verfolgt und Kosten, Erlöse sowie der Kapitalwert ermittelt werden. Auch die zu den Kontrollzeitpunkten zur Verfügung stehenden Informationen können dadurch

---

3) Auch bei einer flexiblen Planung, bei der zu allen Entscheidungsknoten die Entscheidungen unter Beachtung aller späteren Entscheidungsmöglichkeiten ermittelt werden, wird als E r g e b n i s zu jedem Ausgangszustand e i n e Alternative als optimal erkannt, so daß sich dann der Ausgangsentscheidungsbaum formal auf die gleiche Struktur reduziert, wie sie in Abb. (7.02) ab Kontrollzeitpunkt 1 dargestellt ist. (Vgl. H. Laux, Flexible Investitionsplanung, Opladen 1971, S. 43.) Der Unterschied zu dem hier entwickelten Ansatz liegt darin, daß hier von v o r n h e r e i n zu den Kontrollzeitpunkten e i n e Alternative allein aufgrund des vorliegenden Zustands bestimmt wird.

ermittelt werden. Für das Problem (7.02) besitzt die Simulation des Projektablaufs eine besondere Bedeutung, weil sie es erst ermöglicht, die Entscheidungsregel ER bei der Berechnung des Kapitalwertes zu berücksichtigen. Zu den vorgegebenen Kontrollzeitpunkten wird unter Nutzung der vom Informationssystem erhobenen und verarbeiteten[4]) Daten der Bereich der weiteren Projektentwicklung enger in Richtung der wahren Vorgangsdauern eingegrenzt, wobei diese „wahren" Vorgangsdauern die vorab erzeugten Zufallszahlen der Projektsimulation sind.

Die Entscheidungsregel ER optimiert dann die bestehenden Planwerte entsprechend diesem Projektzustand neu.

Das Ergebnis des k-ten Simulationsexperimentes ist der auf den Ausgangsplanvektor $PA(0)_j$ bezogene und unter Berücksichtigung der Korrekturmöglichkeiten ermittelte Kapitalwert $C_k(PA(0)_j \mid IS, ER)$. In ihm ist die Wirkung des Kontrollprozesses auf die Ausgangsplanwerte enthalten und umgekehrt.

Aus N derartigen Projektabläufen ergibt sich der Schätzwert $\bar{C}(PA(0)_j \mid IS, ER)$.

Durch Kombination der in Kapitel V entwickelten Verfahren zur heuristischen Optimierung und Berechnung der Projektkapitalwerte ist nun zur Lösung des Problems (7.02) folgendes Vorgehen möglich[5]):

(1) Der Planwertvektor $PA(0)$ wird mit Hilfe des Gradientenverfahrens optimiert, wobei die benötigten Funktionswerte jeweils durch N Projektsimulationen, also durch Verfahren 1, berechnet werden.

(2) Bei der Simulation der Projektabläufe werden in den Kontrollzeitpunkten die zu korrigierenden Planwerte ebenfalls mit Hilfe des Gradientenverfahrens optimiert, wobei die benötigten Funktionswerte nun aber durch das analytische Näherungsverfahren[6]), also Verfahren 2, bestimmt werden. Hier wird vor allem auf eine große Rechengeschwindigkeit dieses Verfahrens Wert gelegt, weil es innerhalb jeder Projektrealisation mehrfach angesetzt werden muß. Das Verfahren plant die Korrekturen allein aufgrund des vorliegenden Zustands starr, d. h. ohne zu beachten, daß sie eventuell später nochmals korrigiert werden können.

Damit werden zum Projektstart die Planwerte unter etwas vereinfachter Beachtung späterer Korrekturmöglichkeiten optimal bestimmt. Während in Punkt (2) das Verfahren 1 (Simulation) während des Kontrollprozesses lediglich wegen des Rechenaufwands nicht eingesetzt wird[7]), würde das Verfahren

---

4) Dieses geschieht, indem in das Informationssystem ein Lernmodell zur Vorgangsdauerschätzung implementiert wird, vgl. S. 173 ff.

5) Vgl. oben S. 115 ff.

6) Der Ansatz dieses gegenüber Verfahren 1 vereinfachten, aber auch wie oben erkannt wurde, ungenaueren Verfahrens kann als eine dritte Vereinfachung angesehen werden.

7) Würde Verfahren 1 (Simulation) auch zur Berechnung der Funktionswerte innerhalb des Kontrollprozesses eingesetzt, ergibt sich folgende überschlägige Berechnung der Anzahl durchzuführender Simulationsexperimente:

2 in Punkt (1) aus grundsätzlichen Gründen heraus scheitern, weil hier keine einzelnen Projektabläufe betrachtet und der zweite Vereinfachungsschritt demnach nicht angewendet werden kann. Damit besitzt die Simulation für das hier entwickelte Planungsprinzip eine besondere Bedeutung.

Bei einem realen Projektablauf kann das gesamte Verfahren zu den echten Kontrollzeitpunkten jeweils neu angesetzt werden, so daß dort wiederum die Planwerte unter Beachtung der *noch folgenden* Korrekturmöglichkeiten optimal angepaßt werden. Der neue reale Entscheidungszeitpunkt wird dann als Zeitpunkt 0 bezeichnet. Das entwickelte flexible Steuerungsprinzip wirkt sich dann zu jedem Kontrollzeitpunkt aus.

III. Der Algorithmus

Die vom Algorithmus erfaßten Abhängigkeiten werden an den Abb. (7.03) bis (7.05) verdeutlicht. Dabei werden neben dem eigentlichen Optimierungszeitpunkt, z. B. dem Projektstart, zwei weitere Kontrollzeitpunkte betrachtet.

Abb. (7.03) stellt die Beziehungen zwischen den Kontrollzeitpunkten entsprechend Modell (6.01) dar. Es werden alle Beziehungen zwischen den Kontrollzeitpunkten in ihrer Wirkung auf den Optimierungszeitpunkt erfaßt.

Abb. (7.04) charakterisiert den Fall der starren Planung, wie er in Kapitel V behandelt wurde. Bei der Planung werden keine späteren Kontrollzeitpunkte berücksichtigt[8]).

Pro simulierten Projektablauf müssen

$$S = 1 \cdot n \cdot \left(\frac{VN}{2} + 3 \right) \cdot M$$

Simulationen des untergeordneten Verfahrens durchgeführt werden. Es bedeutet:

   1 = Anzahl der Kontrollzeitpunkte

   n = Anzahl der Iteration des untergeordneten Gradientenverfahrens

VN/2 = durchschnittliche Anzahl der in einem Kontrollzeitpunkt noch nicht begonnenen Vorgänge

   M = Anzahl der Simulationen zur Berechnung eines Funktionswertes des untergeordneten Verfahrens

Für den gesamten Algorithmus wären dies mithin: S* Netzplanrechnungen.

$$S* = n* \cdot (VN+3) \cdot N \cdot [1 \cdot n \cdot \left(\frac{VN}{2} + 3 \right) \cdot M]$$

   n* = Anzahl der Iterationen des übergeordneten Gradientenverfahrens

   N = Anzahl der Simulationsexperimente zur Berechnung eines Funktionswertes des übergeordneten Verfahrens

Selbst bei relativ kleinen VN wird S* sehr groß. Dabei muß beachtet werden, daß eine Simulation nicht nur die relativ einfache Zeitrechnung der Netzplantechnik umfaßt, sondern darüber hinaus die Kosten und Erlöse ermittelt und auf den Bezugspunkt abgezinst.

8) Dieses Verfahren kann bei einem realen Projektablauf zu den Kontrollzeitpunkten unter Berücksichtigung der neuen Informationen ebenfalls jeweils neu aufgesetzt werden. Es bleibt damit aber ein starres Planungsinstrument, da bei j e d e r Anwendung die Planwerte so bestimmt werden, als ob sie bis zum Ende des Planungszeitraums bestehenbleiben würden. Abernathy und Demski wenden ein solches Vorgehen bei der optimalen Mittelzuweisung an. Vgl. W. J. Abernathy und J. S. Demski, a. a. O., S. 1055 ff.

11*

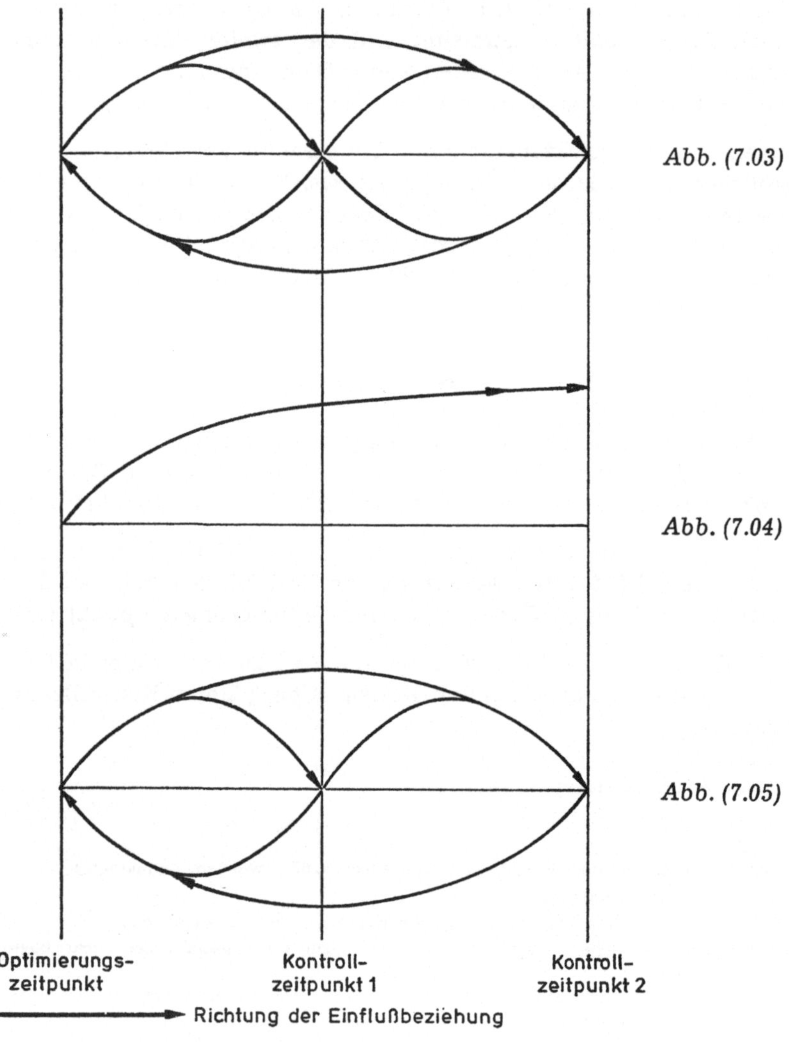

Abb. (7.05) entspricht dem hier entwickelten Ansatz zur flexiblen Planung. Es wird deutlich, daß die erfaßten Beziehungen gegenüber der starren Planung erheblich ausgeweitet sind, während gegenüber (7.03) lediglich die Wirkung späterer Kontrollzeitpunkte auf frühere fehlt.

Der gesamte Planungsalgorithmus wird in Abb. (7.06) zusammenfassend in einer Art Ablaufdiagramm dargestellt, wobei deutlich werden soll, wie das Gradientenverfahren der (starren) Optimierung zu den Kontrollzeitpunkten *eines* simulierten Projektablaufs in das übergeordnete Gradientenverfahren zur flexiblen Optimierung eingebettet ist. Programmtechnisch ist es dabei sinnvoll, das Gradientenverfahren zweimal zu programmieren, weil es sonst

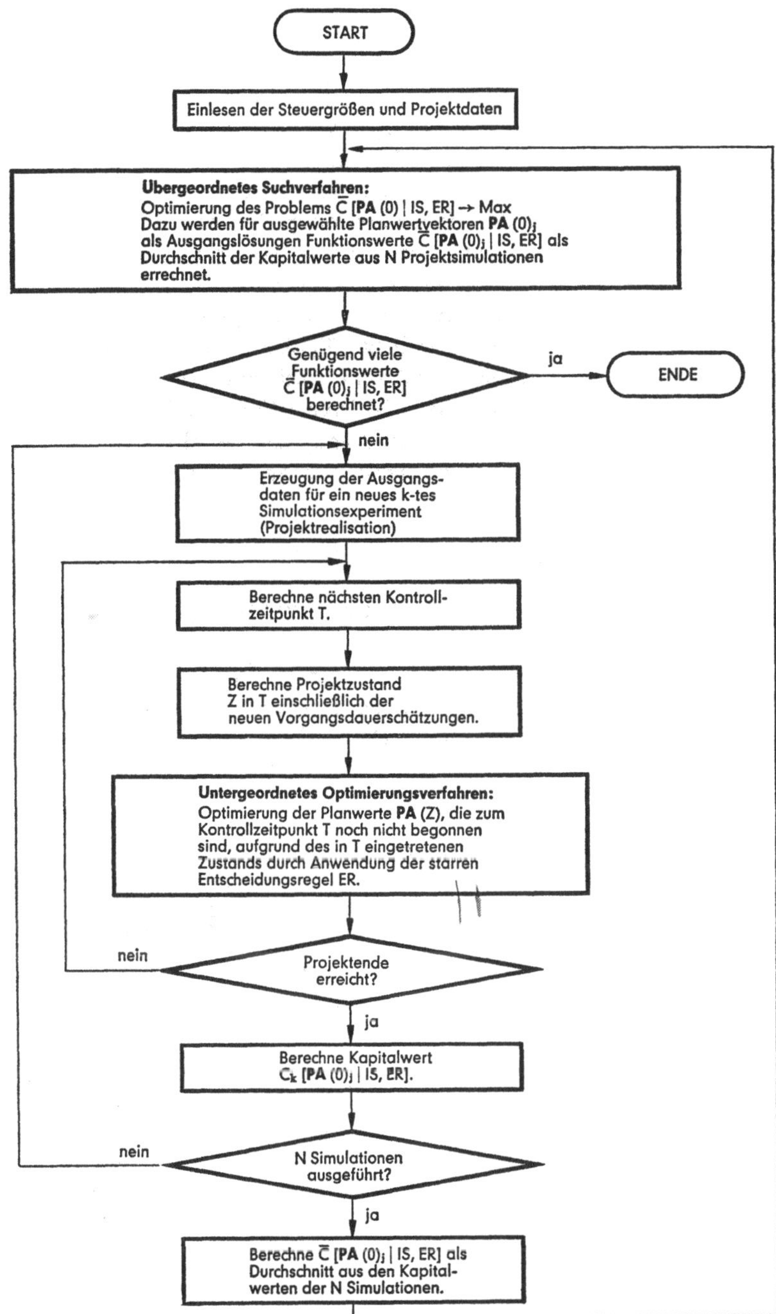

START
Einlesen der Steuergrößen und Projektdaten
Übergeordnetes Suchverfahren:
Optimierung des Problems $\bar{C}$ [PA (0) | IS, ER] → Max
Dazu werden für ausgewählte Planwertvektoren PA (0)ⱼ
als Ausgangslösungen Funktionswerte $\bar{C}$ [PA (0)ⱼ | IS, ER] als
Durchschnitt der Kapitalwerte aus N Projektsimulationen
errechnet.
Genügend viele Funktionswerte $\bar{C}$ [PA (0)ⱼ | IS, ER] berechnet?
ja
ENDE
nein
Erzeugung der Ausgangsdaten für ein neues k-tes Simulationsexperiment (Projektrealisation)
Berechne nächsten Kontrollzeitpunkt T.
Berechne Projektzustand Z in T einschließlich der neuen Vorgangsdauerschätzungen.
Untergeordnetes Optimierungsverfahren:
Optimierung der Planwerte PA (Z), die zum
Kontrollzeitpunkt T noch nicht begonnen
sind, aufgrund des in T eingetretenen
Zustands durch Anwendung der starren
Entscheidungsregel ER.
nein
Projektende erreicht?
ja
Berechne Kapitalwert C_k [PA (0)ⱼ | IS, ER].
nein
N Simulationen ausgeführt?
ja
Berechne $\bar{C}$ [PA (0)ⱼ | IS, ER] als Durchschnitt aus den Kapitalwerten der N Simulationen.

Abb. (7.06)

rekursiv aufgerufen werden muß. Ein weiterer Grund dafür besteht darin, daß jeweils unterschiedliche Steuergrößen sinnvoll sein können.

Das hier entwickelte flexible Planungsprinzip kann auch auf andere Planungsprobleme angewendet werden. Als verallgemeinertes Verfahren benötigt es einmal ein Optimierungsverfahren in Form eines Suchalgorithmus, wobei die Funktionswerte durch Simulationen errechnet werden. Dabei ist es unerheblich, ob Verfahren der diskreten oder der kontinuierlichen Simulation (z. B. System Dynamics) angewendet werden. In den Ablauf der Simulationsexperimente können dann weitere (evtl. vereinfachte) Entscheidungsregeln eingebaut werden, so daß die übergeordnete Optimierung diese späteren Korrekturmöglichkeiten berücksichtigt. Typische Anwendungsfälle, deren Planungsablauf sich in der Zeit erstreckt und somit die Möglichkeit zur Plananpassung bieten, können z. B. die Investitionsplanung und die langfristige Produktions- und Absatzplanung sein. Die Wirksamkeit des vorgeschlagenen Verfahrens hängt dabei stark von den Möglichkeiten der Suchverfahren ab[9]).

B. In den Kontrollprozeß implementierte Modelle

Um das entwickelte Verfahren zur flexiblen Projektplanung konkret ansetzen zu können, müssen Modelle für das Informationssystem, insbesondere für den Lernprozeß der Vorgangsdauerschätzung und die Berechnung der Dispositionskosten, in den simulierten Kontrollprozeß implementiert werden.

I. Dispositionskosten

Wie oben bereits angedeutet wurde[10]), hängen die Dispositionskosten pro Vorgang von vielen Einflußfaktoren[11]), wie z. B. der Kapazitätssituation der betreffenden Abteilung, der zeitlichen Differenz zwischen Kontrollzeitpunkt und bestehendem Starttermin, dem Ausmaß der Planänderung usw. ab.

---

9) Zu neueren Entwicklungen von Suchverfahren vgl. z. B. H. Krallmann, Heuristische Optimierung von Simulationsmodellen mit dem Razor Search-Algorithmus, Basel - Stuttgart 1976; H.-P. Schwefel, Numerische Optimierung von Computer-Modellen mittels der Evolutionsstrategie, Basel - Stuttgart 1976; G. Schrack u. M. Choit, Optimal Relative Step Size Random Searches, in: Mathematical Programming, Amsterdam 1976, S. 230—240; L. D. Stone, Theory of Optimal Search, New York - San Francisco - London 1975.

10) Vgl. oben S. 151 f.

11) Viele dieser Faktoren, wie z. B. die Kapazitätssituation in der Zukunft, sind selbst zufallsabhängig. Deshalb können als Kosten nur Durchschnittswerte angesetzt werden. Bei einem realen Projektablauf können dann in die Optimierung zu einem Kontrollzeitpunkt der bestehenden Situation besser angepaßte Werte eingehen. Hinweise auf Kosten der Plananpassung (wenn auch in anderem Zusammenhang) und die Problematik ihrer Berechnung geben A. Madansky, Linear Programming under Uncertainty, in: R. L. Grawes und Ph. Wolfe (Hrsg.), Recent Advances in Mathematical Programming, New York - London 1963, S. 103-110; V. Jääskeläinen, Optimal Financing and Tax Policy of the Corporation, Helsinki 1966, S. 160 f.

Weiter können die Kosten auch davon abhängen, ob ein Termin vorgezogen oder hinausgeschoben wird. Häufig kann ein Mindestabstand G1(i) zwischen Kontrollzeitpunkt und neuem Planwert bestehen.

Um diese Einflüsse zu berücksichtigen, müssen entsprechende Kostenmodelle entwickelt werden. Die Plantermine und Vorgangsdauerschätzungen hängen nun auch vom Kontrollzeitpunkt T ab. Da für einen Weg durch den Entscheidungsbaum der Abb. (7.02), also für eine Projektsimulation, jedem Kontrollzeitpunkt T *ein* Projektzustand eindeutig zugeordnet ist, wird ein weiterer Index für diesen nicht benötigt.

Die *Vorziehkosten* VK(i, T) für den Vorgang V(i) zum Kontrollzeitpunkt T sollen dem bestehenden Plananfangszeitpunkt[12]) PA*(i, T), dem neuen Plananfangszeitpunkt PA(i, T), der mittleren Vorgangsdauer MD(i) sowie der Zeitspanne G1(i) abhängen nach:

$$(7.03) \qquad VK(i, T) = \frac{c1}{[PA(i, T) - (T + G1(i))]^{g1}} + c2 \cdot (PA^*(i, T) - PA(i, T))^{g2}$$
$$+ \; c3 \cdot MD(i)$$

mit c1, c2, c3   = Kostenparameter

   $0 \leq g1, g2$ = Gewichtungsfaktoren

Voraussetzungen: PA*(i, T) > PA(i, T) > T + G1(i)

Zur Erläuterung von (7.02) wird Abb. (7.07) herangezogen.

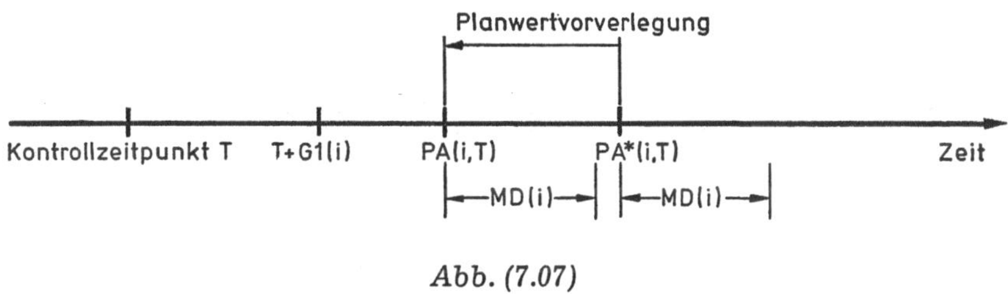

Abb. (7.07)

Der erste Term in (7.03) besagt, daß die Dispositionskosten um so höher sind, je näher der neue Planwert an seiner Untergrenze T + G1(i) liegt.

Der zweite Term gibt an, daß die Dispositionskosten um so höher sind, je größer die Zeitspanne der Planwertänderung ist.

Der dritte Term beinhaltet Kosten der Disposition, die nur von der mittleren Vorgangsdauer abhängen. Je länger diese ist, um so mehr können andere Aufträge der Abteilung von der Planwertänderung beeinflußt werden.

---

12) PA*(i, T) ist der zum Kontrollzeitpunkt T bestehende Planwert, wie er zum vorhergegangenen Kontrollzeitpunkt T' als PA(i, T') bestimmt wurde.

In (7.03) sind die drei Kostenkomponenten additiv miteinander verknüpft. Es ist aber auch eine multiplikative Verknüpfung denkbar.

Soll ein Planwert *hinausgeschoben* werden, müssen evtl. andere Aufträge vorgezogen werden, um keine Leerzeiten entstehen zu lassen. Dieses bedeutet z. B., daß Rohstofflieferungen umdisponiert werden müssen. Dadurch können zusätzliche Kosten auftreten. Ein vorstellbarer Kostenverlauf für die Dispositionskosten HK(i) ist in (7.04) angegeben.

$$(7.04) \qquad HK(i, T) = \frac{d1}{[Max\{1, PA^*(i, T) - T\}]^{g3}} + d2 \cdot (PA(i, T) - PA^*(i, T))^{g4}$$
$$+ \; d3 \cdot MD(i)$$

mit d1, d2, d3 $=$ Kostenparameter

$\quad 0 \leq g3, g4 \; = \;$ Gewichtungsfaktoren

Voraussetzung: $PA(i, T) > PA^*(i, T)$

In Abb. (7.08) ist die Lage der einzelnen Größen schematisch angedeutet.

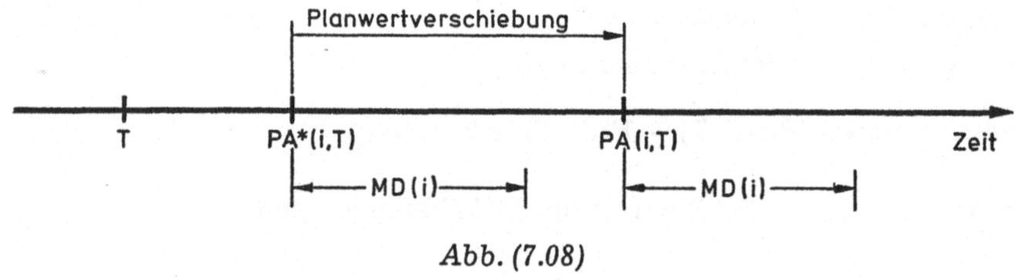

Abb. (7.08)

Das erste Glied aus (7.04) besagt, daß die Kosten um so größer sind, je näher der aktuelle Planwert PA*(i, T) dem gegenwärtigen Kontrollzeitpunkt liegt. Falls der Planwert bereits überschritten wurde (T $>$ PA*(i, T)), so wird der Ausdruck innerhalb der eckigen Klammer des Nenners gleich 1 gesetzt.

Das zweite Glied gibt die Kosten an, die vom Ausmaß der Planwertänderung abhängen und der dritte Term beinhaltet wieder Kosten, die nur von der mittleren Vorgangsdauer abhängen.

Auch für (7.04) kann im konkreten Fall eine multiplikative Verknüpfung der Kostengrößen sinnvoll sein.

II. Modelle zur Informationsgewinnung und -verarbeitung

a) Lernmodelle zur Vorgangsdauerschätzung

Ein wesentliches Motiv zur Veränderung der Planwerte während des Projektablaufs liegt in dem Gedanken, daß die Vorgangsdauern aufgrund des erhöhten Informationsstandes genauer geschätzt werden können als zum Projektstart. Sobald mit der Bearbeitung eines Vorgangs begonnen wird, werden aus geplanten (Soll-)Werten Ist-Werte. Dieses betrifft den Startzeitpunkt, den Anfall der Kosten, die beanspruchte Kapazität und endet mit dem tatsächlichen Abschlußzeitpunkt. Darüber hinaus fallen Informationen über generelle Bedingungen an, unter denen das Projekt durchgeführt wird, z. B. über die Wirtschaftslage, das Klima usw. Wenn zu einem bestimmten Zeitpunkt der Zustand des Projektes erhoben wird, so können viele Daten, z. B. die Abschlußzeitpunkte der beendeten Vorgänge, als sicher gelten. Falls die Informationen nicht exakt weitergegeben werden, können auch Daten über Geschehnisse der Vergangenheit und Gegenwart mit Unsicherheit behaftet sein.

Trotzdem kann gesagt werden, daß Informationen über Geschehnisse der Vergangenheit und Gegenwart einen größeren Sicherheitsgrad besitzen als Informationen über zukünftige Abläufe[13]). Aus diesem Grund werden die zu einem Kontrollzeitpunkt T bekannten Informationen über abgelaufene bzw. angefangene Vorgänge als Ist-Werte bezeichnet, die als „sicher" betrachtet werden[14]).

Die zu einem Kontrollzeitpunkt erhobenen Ist-Werte bilden einmal einen neuen Ausgangszustand für die weitere Projektplanung, zum anderen können sich daraus neue Schätzwerte für den zukünftigen Projektablauf ergeben[15]). Diese können z. B. aus der Abweichungsanalyse von Soll-Ist-Vergleichen resultieren. Falls sich dabei systematische Schätzfehler zeigen, können diese zu einer Überprüfung der Schätzungen führen.

Dabei sind zwei Lernvorgänge bei dem Schätzprozeß zu unterscheiden:

(1) Grundsätzliche Eigenschaften des Projekts werden mit dem Projektfortschritt bekannter und ihr Einfluß kann bei den weiteren Vorgangsdauerschätzungen berücksichtigt werden *(Projektlernen)*.

(2) Mit fortschreitender Bearbeitung eines Vorganges werden die speziellen Schwierigkeiten des Vorgangs deutlicher und die noch benötigte Bearbeitungszeit kann genauer geschätzt werden *(Vorgangslernen)*.

Die Existenz beider Lernarten wird in anwendungsnahen Systemen der Netzplantechnik vorausgesetzt, da der dort vorgesehene Änderungsdienst Korrekturen von Vorgangsdauerschätzungen zu Kontrollzeitpunkten ausdrücklich vorsieht. Trotzdem finden sich erst wenige empirische Untersuchungen über das Ausmaß von Lerneffekten.

---

13) Vgl. W. Wittmann, Unternehmung und vollkommene Information, Köln und Opladen 1959, S. 13 ff.

14) Die späteren Modelle können aber leicht auf Fälle, die auch zu unsicheren Informationen über Vergangenheitswerte führen (z. B. aufgrund von Fehlern bei der Datenerhebung), erweitert werden.

15) Vgl. D. I. Cleland u. W. R. King, Systems Analysis and Project Management, New York 1968, S. 246 ff.

1. Empirische Untersuchungen

W. R. King hat mehrere empirische Untersuchungen über Lerneffekte bei Vorgangsdauerschätzungen durchgeführt[16]).

Gegenstand der Untersuchungen sind die Fragenkreise:

(1) Sind bei der Zeitschätzung Lernvorgänge der oben beschriebenen Art (Projektlernen und Vorgangslernen) zu beobachten?

(2) Gibt es konsistente Schätzeigenschaften bei Individuen?

Der erste Fragenkreis wird von King an einem einzelnen Projekt[17]), später an vier weiteren Projekten[18]) erörtert. Bei den Projekten handelt es sich um große Entwicklungsvorhaben, bei denen die Vorgänge von Kontraktoren ausgeführt werden und die Projektleitung im wesentlichen Überwachungsfunktionen ausübt. Zunächst ist festzuhalten, daß die Kontraktoren bei den fünf Projekten zwischen 11,1 % bis 46,8 % der korrigierbaren Vorgänge korrigierten[19]).

Bezüglich des Projektlernens konnte keine signifikante generelle Verbesserung der Schätzungen mit zunehmender Annäherung des Kontrollzeitpunkts an den effektiven Start des Vorgangs festgestellt werden. Allerdings wurden anfänglich überschätzte Vorgangsdauern mit der Annäherung an den Startzeitpunkt korrigiert. Auch konnte bezüglich des Vorganglernens bei den untersuchten Projekten keine wesentliche Verbesserung der Vorgangsdauerschätzung während der Bearbeitung festgestellt werden.

Die Autoren sind aber selbst sehr vorsichtig, ihre Ergebnisse als repräsentativ anzusehen, da sie sich ausschließlich auf staatliche Aufträge beziehen mit z. T. unterschiedlichen Abrechnungsmodalitäten.

Für diese Arbeit ist insbesondere wesentlich, daß lediglich Punktschätzungen erhoben wurden, so daß Aussagen über eine Veränderung der Schwankungsbreiten der Schätzwerte nicht vorliegen.

---

16) Vgl. W. R. King und T. A. Wilson, Subjective Time Estimates in Critical Path Planning — A Preliminary Analysis, in: MS, Vol. 13 (1967) Serie A, S. 307—320; W. R. King, D. M. Wittevrongel und K. D. Kezel, On the Analysis of Critical Path Time Estimating Behavior, in: MS, Vol. 14 (1968), Serie A, S. 79—84; W. R King und P. A. Lukas, An Experimental Analysis of Network Planning, in: MS, Vol. 19 (1974), S. 1423—1432. Vgl. auch J. B. Kidd und J. R. Morgan, The Use of Subjective Probability Estimates in Assessing Project Completion Time, in: MS, Vol. 16 (1969), S. 266—269.

17) Vgl. W. R. King und T. A. Wilson, a. a. O.

18) Vgl. W. R. King, D. M. Wittevrongel und D. Kezel, a. a. O.

19) Es wurde alle 2 Wochen ein Kontrollzeitpunkt gesetzt, zu dem die Schätzwerte der noch nicht beendeten Vorgänge korrigiert werden konnten.

Zu dem Fragenkreis der Existenz eines individuellen Schätzverhaltens wurden neben den Projekten auch Experimente herangezogen. Es sollten im wesentlichen folgende (positiv formulierte) Hypothesen geprüft werden[20]):

(1) Personen unterscheiden sich in ihrem Schätzverhalten.

(2) Das Schätzverhalten einer Person ist von Projekt zu Projekt stabil.

(3) Werden von einer Person die Dauern einer Folge serieller Vorgänge geschätzt, so verbessern sich die Schätzungen der noch ausstehenden Vorgänge, je mehr Vorgänge bereits abgeschlossen sind (sequentielles Lernen).

(4) Die Schätzungen von Vorgängen, die bereits einmal ausgeführt wurden, sind genauer als die von neuartigen Tätigkeiten.

Diese Hypothesen wurden geprüft, indem einer Gruppe von Studenten eine bestimmte Aufgabe der elementaren Statistik gestellt wurde und für die einzelnen Rechenschritte Zeitschätzungen erhoben wurden.

Zur Untersuchung der Hypothese (3) konnten die Schätzungen der noch ausstehenden Vorgänge nach jedem Rechenschritt neu vorgenommen werden. Für Hypothese (2) und (4) wurden die Aufgaben erneut gerechnet und die Zeitschätzungen wiederholt. Es ergaben sich folgende Ergebnisse[21]):

Zu (1): Die Hypothese konnte nicht abgelehnt werden.

Zu (2): Die Hypothese konnte nicht abgelehnt werden.

Zu (3): Es ergab sich eine negative Korrelation der Schätzungen serieller Vorgänge, d. h. eine Überschätzung führte zu einer Unterschätzung des folgenden Vorgangs und umgekehrt.

Zu (4): Die Hypothese konnte nicht abgelehnt werden — die Mittelwerte der Schätzungen waren signifikant unterschiedlich.

Für die in dieser Arbeit anstehenden Probleme ergibt sich aus diesen Ergebnissen die Folgerung:

Wenn es während des Projektablaufs gelingt, das spezielle Schätzverhalten (Neigung zu Über- bzw. Unterschätzung) der Schätzpersonen festzustellen, so können die Schätzwerte noch ausstehender Vorgänge der Projektleitung nach Formel (7.05) korrigiert werden.

$$(7.05) \qquad s'(i) = s(i) \cdot \frac{A}{D}$$

$s'(i)$ = korrigierter Schätzwert der Dauer des Vorgangs $V(i)$

$s(i)$ = ursprünglicher Schätzwert

A = Mittel der effektiven Dauern ausgeführter Vorgänge

D = Mittel der Schätzwerte der ausgeführten Vorgänge

---

20) Vgl. W. R. King und P. A. Lukas, a. a. O.

21) Die Hypothesen wurden jeweils daraufhin statistisch geprüft, ob sie abgelehnt werden konnten.

In diesem Vorgehen kommt die Wirkung des Projektlernens zum Ausdruck.

Insgesamt lassen die Untersuchungen von W. R. King aber noch Raum für weitere empirische Arbeiten, um Modelle über das Schätzverhalten empirisch abzusichern.

Ein weiteres Modell zur Erfassung des Schätzprozesses während des Projektablaufs, das ebenfalls auf empirischen Ergebnissen basiert, ist von Abernathy und Demski entwickelt worden.

2. Modell von Abernathy und Demski

Der (Punkt-)Schätzwert $s(i, T)$ für den noch nicht begonnenen Vorgang V(i) zum Kontrollzeitpunkt T ergibt sich nach der Formel (7.06)[22].

$$(7.06) \qquad s(i, T) = q(i) + [-h_1 - h_2 \cdot z(i, \tilde{T}) + h_3 \cdot R(\tilde{T})] + R$$

$s(i, T)$ = Schätzwert der Dauer des Vorgangs V(i) zum Kontrollzeitpunkt T

$q(i)$ = wahrer nomineller Wert der Vorgangsdauer[23])

$\tilde{T}$ = Schätzzeitpunkt; eine Zeitspanne zwischen Kontrollzeitpunkt T und dem Schätzzeitpunkt T mit $T \geq \tilde{T}$ gibt den Time-lag an, der zwischen der Informationserhebung (Schätzzeitpunkt) und -verarbeitung (Kontrollzeitpunkt) besteht

$z(i, \tilde{T})$ = Zeitraum zwischen Schätzzeitpunkt $\tilde{T}$ und dem tatsächlichen Vorgangsstart

$R(\tilde{T})$ = Bearbeitungsstand des Projekts zum Schätzzeitpunkt, gemessen in der Zahl der bis $\tilde{T}$ abgeschlossenen Vorgänge

R = Zufallsvariable mit den Ausprägungen r

h_1, h_2, h_3 = Konstante

Der Ausdruck innerhalb der eckigen Klammer gibt den systematischen Schätzfehler des Schätzenden an; er hängt ab von der Entfernung des Schätzzeitpunktes zum Vorgangsbeginn, dem Bearbeitungszustand des Projekts und den Konstanten h_1, h_2 und h_3.

Sind die Konstanten h_1, h_2, h_3 positiv, so besteht eine (optimistische) Unterschätzung der Vorgangsdauer; bei negativen Werten besteht eine (pessimistische) Überschätzung[24]).

---

22) Vgl. W. J. Abernathy und J. S. Demski, a. a. O., S. 1059. Das Modell beruht auf empirischen Studien von Abernathy, die er bei einem Raumfahrtprojekt angestellt hat. Vgl. W. J. Abernathy, Subjective Estimates and Scheduling Decisions, in: MS, Vol. 18 (1971), S. B 80—B 88.

23) Die effektiv realisierte Vorgangsdauer D(i) setzt sich nach diesem Modell aus der nominellen Dauer q(i) und einer Zufallsvariablen R zusammen: D(i) = q(i) + R.

24) Durch geeignete Wahl der Konstanten kann auch ein Wechseln zwischen Über- und Unterschätzung ausgedrückt werden.

Mit dem Projektfortschritt und der Annäherung an den Start des Vorgangs verringert sich der systematische Schätzfehler. Das Modell beruht damit auf dem „Projektlernen"; ein „Vorgangslernen" für bereits begonnene Vorgänge wird nicht erfaßt. Allerdings wird in dem Term $h_2 \cdot z(i, \widetilde{T})$ ein vorgangsindividuelles Lernen erfaßt[25].

Das Modell bezieht sich auf eine Punkt-Schätzung und soll deshalb in dieser Arbeit nicht übernommen werden. Vielmehr wird ein eigenes Modell zur Vorgangsdauerschätzung entwickelt, das die Lernvorgänge auf Intervallschätzungen überträgt und beide Lernvorgänge (Projektlernen und Vorgangslernen) enthält.

3. Entwicklung eines Schätzmodells

Gegenüber dem vorhergehenden Modell wird zu den Kontrollzeitpunkten T für jeden Vorgang der *Bereich* der für möglich gehaltenen Dauer eines Vorgangs erhoben.

Dies geschieht, indem die geschätzten minimalen und maximalen Vorgangsdauern MIND(i, T) und MAXD(i, T) erhoben werden.

Das Modell bleibt damit bewußt bei der einfachen Informationsabfrage, wie sie das klassische PERT-Konzept vorsieht: es werden lediglich neue Schätzwerte der optimistischen und pessimistischen Vorgangsdauern erhoben. Diese bilden die Grenzen der neuen Vorgangsdauerverteilung. Hierbei ist es auch möglich, den neuen Verteilungstyp zu ändern. Davon wird in dieser Arbeit abgesehen. Alle entwickelten Modelle können aber leicht um die Möglichkeit der Veränderung der Vorgangsdauerverteilung erweitert werden.

Zu Beginn des Projektes bestehen die Schätzwerte MIND(i, 0) und MAXD(i, 0), die bei der Planwertoptimierung des Kapitels IV allein einbezogen wurden. Aus diesem Bereich werden bei dem Projekt die Vorgangsdauern d(i) realisiert.

Grundgedanke des Modells ist nun, daß sich mit fortschreitender Bearbeitung des Projektes bzw. des Vorgangs selbst die Grenzen in Richtung zur wahren Vorgangsdauer d(i) verändern. Dabei wird zwischen einer Einengung aufgrund des Projekt- und des Vorgangslernens unterschieden[26].

---

25) Die Größe $z(i, \widetilde{T})$ ist nicht unproblematisch, da sie den effektiven Startzeitpunkt des Vorgangs bereits zum Zeitpunkt T als bekannt voraussetzt. Da dieses aber in der Regel nicht der Fall ist, muß ein Schätzwert für $z(i, \widetilde{T})$ angesetzt werden.

26) Die Unsicherheit der Vorgangsdauer beruht allgemein auf dem unsicheren Umfang der Arbeit und/oder der unsicheren Bearbeitungsintensität. Ist der Arbeitsumfang bekannt und lediglich die Bearbeitungsgeschwindigkeit eine Zufallsvariable, so fällt mit jeder Zeiteinheit der Bearbeitung ein Wert der effektiven Intensität an. Dieser Stichprobenwert kann zu einer Modifizierung der ursprünglichen (a priori) Wahrscheinlichkeitsverteilung der Intensität herangezogen werden und daraus die neue (a posteriori) Verteilung der Vorgangsdauer abgeleitet werden. Als methodisches Instrument können bei dieser Problemstellung Schätzverfahren nach dem Prinzip von Bayes herangezogen werden. Vgl. z. B. J. Griese, Adaptive Verfahren im betrieblichen Entscheidungsprozeß, Würzburg - Wien 1972; A.-W. Scheer, Instandhaltungspolitik, a. a. O., S. 39 ff. Ein solches Vorgehen ermöglicht auch eine Messung der zum Kontrollzeitpunkt erhobenen Information, vgl. J. Drukarczyk, Zum Problem der Bestimmung des Wertes von Informationen, in: ZfB, 44. Jg. (1974), S. 1—18.

Zunächst wird das *Projektlernen* betrachtet[27]). Die Konstanten co bzw. cu mit co, cu $\in$ [0, 1], geben Prozentsätze an, um die sich die Schätzwerte durch das Projektlernen maximal den wahren Vorgangsdauern annähern können[28]). Je nachdem, wieweit das Projekt fortgeschritten ist, also welcher Kontrollzeitpunkt betrachtet wird, errechnen sich daraus die aktuellen maximalen Prozentsätze[29]):

$$(7.07) \qquad co(T) = co \cdot \left[\frac{L(T)}{VN}\right]^{\alpha 1} \quad \text{bzw.} \quad cu(T) = cu \cdot \left[\frac{L(T)}{VN}\right]^{\alpha 2}$$

mit L(T)   = Anzahl der Vorgänge, die in T beendet sind

o $\leq \alpha 1, \alpha 2$ = Gewichtungskonstante

Ob diese Prozentsätze tatsächlich erreicht werden, hängt ab von der Relation des Kontrollzeitpunktes T zum bestehenden Plantermin des Vorgangs PA*(i, T) und einem Zufallseinfluß, ausgedrückt durch die Fehlervariable R.

Der erste Punkt berücksichtigt, daß mit zunehmender Annährung an den Startzeitpunkt des Vorgangs Informationen über spezielle Bedingungen des Vorgangs, z. B. die Kapazitätssituation der ausführenden Abteilung, anfallen, so daß die Vorgangsdauer genauer eingegrenzt werden kann[30]).

Die Fehlervariable beeinflußt den Schätzwert sowohl in Richtung einer verstärkten Annäherung an den wahren Wert als auch in Richtung einer verstärkten Abweichung.

Die Formeln für die neuen Schätzwerte im Kontrollzeitpunkt T sind[31]):

$$(7.08) \qquad MAXD(i, T) = [MAXD(i, 0) - co(T) \cdot (T/PA^*(i, T))^{\alpha 3}$$
$$\cdot [MAXD(i, 0) - d(i)]] \cdot (1 + R)$$

$$(7.09) \qquad MIND(i, T) = [MIND(i, 0) + cu(T) \cdot (T/PA^*(i, T))^{\alpha 4}$$
$$\cdot [d(i) - MIND(i, 0)]] \cdot (1 + R)$$

mit o $\leq \alpha 3, \alpha 4$ = Gewichtungskonstante

R   = Zufallszahl; $-1 \leq R \leq +1$

---

27) Die Annahme des Projektlernens bedeutet nicht, daß die Vorgangsdauern stochastisch voneinander abhängig sein müssen. Das Lernen bezieht sich hier auf die Kenntnis der Projektumwelt, die die einzelnen Vorgangsdauern unabhängig voneinander determiniert.

28) In dem Modell wird aus Gründen der Einfachheit unterstellt, daß alle Parameter nicht vorgangsabhängig sind.

29) Der Projektfortschritt wird also durch den Prozentsatz der abgeschlossenen Vorgänge ausgedrückt.

30) Falls PA*(i, T) im Zeitpunkt T bereits überschritten wurde, weil sich Vorgänger von V(i) verspätet haben, so wird er gleich T gesetzt. Damit ist T/PA*(i, T) $\leq$ 1.

31) Falls der Schätzfehler R auch durch Lernvorgänge beeinflußt wird, kann dieses in den Modellen durch folgenden Ansatz berücksichtigt werden:

$$R(T) = \begin{cases} o & \text{für } T = o \\ R \cdot [1 - (T/PA(i, T))^{\nu}], & \text{sonst} \end{cases}$$

Der Fehler hängt dann vom Kontrollzeitpunkt T ab.

Ist ein Vorgang zum Zeitpunkt T bereits begonnen, so wird der Prozeß des *Vorgangslernens* wirksam. Der Lerneffekt ist hier um so höher, je weiter die Bearbeitung gediehen ist, d. h. je mehr sich der Quotient d*(i, T)/d(i) dem Wert 1 nähert, wobei d*(i, T) die im Zeitpunkt T bereits verstrichene Bearbeitungszeit für den Vorgang V(i) ist.

Die Lernfunktionen für die maximale und minimale Vorgangsdauer bestimmen sich nach:

$$(7.10) \quad \text{MAXD*(i, T, d*(i, T))} = [\text{MAXD*(i, T)} - [\text{MAXD*(i, T)} - \text{d(i)}]$$
$$\cdot (\text{d*(i, T)/d(i)})^{a5}] \cdot (1 + R)$$

$$(7.11) \quad \text{MIND*(i, T, d*(i, T))} = [\text{MIND*(i, T)} + [\text{d(i)} - \text{MIND*(i, T)}]$$
$$\cdot (\text{d*(i, T)/d(i)})^{a6}] \cdot (1 + R)$$

$o \leq a5, a6$ = Gewichtungskonstante

Die Größen MAXD*(i, T) und MIND*(i, T) sind die zu Beginn des Vorgangslernens bestehenden Ausgangsschätzwerte und berechnen sich nach:

$$(7.12) \quad \text{MAXD*(i, T)} = \text{MAXD(i, T =PA*(i, T))} = \text{MAXD(i, 0)}$$
$$- \text{co(T)} \cdot [\text{MAXD(i, 0)} - \text{d(i)}]$$

$$(7.13) \quad \text{MIND*(i, T)} = \text{MIND(i, T = PA*(i, T))} = \text{MIND(i, 0)}$$
$$+ \text{cu(T)} \cdot [\text{d(i)} - \text{MIND(i, 0)}]$$

Die Formeln (7.10) und (7.11) stellen sicher, daß bei der Beendigung des Vorgangs V(i), also d*(i, T) = d(i), die Schätzwerte für die minimale und maximale Vorgangsdauer gleich der effektiven Vorgangsdauer d(i) sind.

Durch die Wahl der Größen $a3$ bis $a6$ können die Verläufe der Lernkurven für die Zeitschätzungen variiert werden. Haben alle Größen den Wert 1, ergibt sich ein linearer Lernverlauf.

Das Lernmodell wird zur Verdeutlichung an einem einfachen Zahlenbeispiel demonstriert, wobei Formel (7.07) nicht berücksichtigt wird, d. h. der Quotient gleich 1 gesetzt wird.

R = o; $a3 = a4 = a5 = a6 = 1$

MAXD(i, 0) = 105, MIND(i, 0) = 45

co = cu = cu(T) = co(T) = 0,5; d(i) = 70

Es wird ein kontinuierlicher Kontrollprozeß unterstellt, d. h., die Vorgangsdauern werden in jedem Zeitpunkt neu geschätzt. Bis zum Zeitpunkt T = 95 haben sich die Grenzen entsprechend co(T) = cu(T) = 0,5 jeweils um die Hälfte dem wahren Wert genähert. Da der Lernprozeß durch keine Störgrößen beeinflußt wird (R = o), verlaufen die Vorgangsdauergrenzen in Abb. (7.09) linear.

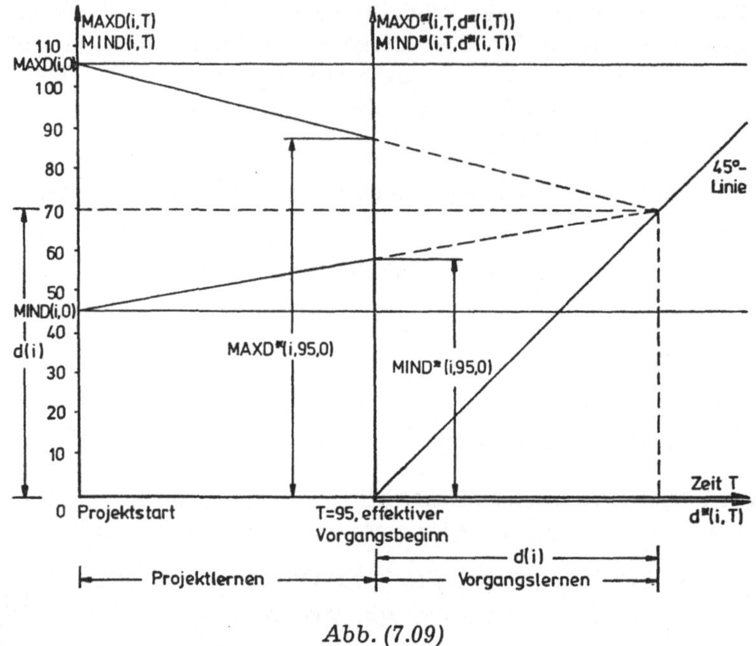

Abb. (7.09)

b) Systeme zur Informationserhebung

Fast alle von EDV-Herstellern angebotenen Software-Systeme zur Projektplanung enthalten Verfahren zur Erfassung des Änderungsdienstes während
des Projektablaufs. Dadurch wird noch einmal die praktische Bedeutung
dieses Problems unterstrichen, mit dessen Bewältigung bei großen Projekten
ein erheblicher organisatorischer und finanzieller Aufwand verbunden ist.

Im folgenden sollen kurz grundsätzliche Möglichkeiten der Informationsgewinnung aufgezeigt werden.

Zunächst ist zu unterscheiden, ob die ausführenden Stellen von sich aus
autonom Ist-Werte oder korrigierte Schätzwerte melden oder ob sie von der
Projektleitung abgefragt werden müssen.

1. Autonomes Meldesystem

Ein solches System stellt hohe Anforderungen an die Kooperationsbereit-
schaft der ausführenden Abteilungen. Sie müssen bereit sein, von sich aus
ständig ihre Vorgangsdauerschätzungen zu überprüfen, gegebenenfalls zu
korrigieren und der Projektleitung zu melden.

Im allgemeinen hat sich aber in der Praxis gezeigt, daß der Kooperationswille
nicht sehr hoch eingeschätzt werden sollte[32]). Ein weiterer Nachteil dieses

---

32) Vgl. z. B. R. Behn, Der Hamburger Fernmeldeturm, in: Anwendung der Netzplantechnik
im Betrieb, SzU, Band 9, Wiesbaden 1969, S. 115—124.

Systems liegt darin, daß auch der Meldezeitpunkt den ausführenden Stellen überlassen bleibt und deshalb bei der Projektleitung ein unregelmäßiger Strom von Meldungen eingeht. Zum Zeitpunkt einer Neurechnung bestehen dann bei den Vorgängen unterschiedlich lange time-lags zwischen den Informationsmeldungen und dem Berechnungszeitpunkt.

Aus diesen Gründen erscheint grundsätzlich ein Informationsabfragesystem besser geeignet. Allerdings muß auch dort vorgesehen werden, daß die ausführenden Abteilungen aufgefordert sind, wichtige außergewöhnliche Vorkommnisse der Projektleitung zwischen den Abfragezeitpunkten sofort zu melden.

Ebenso ist es notwendig, daß die Abteilungen den effektiven Beginn- und Endzeitpunkt der Vorgänge unverzüglich der Projektleitung mitteilen. Nur so wird gewährleistet, daß die Nachfolger rechtzeitig über das Ende ihrer Vorgänger informiert werden und wissen, ob sie zu ihrem geplanten Anfang beginnen können[33]).

In dem hier entwickelten Modell zur flexiblen Projektsteuerung wird vorausgesetzt, daß zum geplanten Startzeitpunkt eines Vorgangs bekannt ist, ob seine Vorgänger beendet sind oder nicht. Ist der Plantermin bereits überschritten, so wird unverzüglich gemeldet, wenn die Vorgänger beendet sind.

2. Abfragesysteme

Die ausführenden Stellen werden von der Projektleitung aufgefordert, zu bestimmten Kontrollzeitpunkten den Bearbeitungsstand ihres Vorgangs zu melden und evtl. neue Vorgangsdauerschätzungen anzugeben[34]). Zu diesen Kontrollzeitpunkten wird dann anhand der gemeldeten Datensituation eine Neuplanung des noch ausstehenden Projektes durchgeführt. Bei der Gestaltung eines solchen Kontrollsystems treten folgende drei Problemkreise auf:

(1) Bestimmung der Kontrollzeitpunkte,

(2) Bestimmung der Art der Informationseinholung,

(3) Festlegung des Informationshorizontes (Auswahl der abzufragenden Vorgänge).

(a) Bestimmung der Kontrollzeitpunkte

Eine *kontinuierliche* (z. B. tägliche) Informationsabfrage mit einer sich anschließenden Verarbeitung ist wegen der Kosten höchstens in besonders kritischen Situationen zu vertreten.

---

33) Dieses kann auch dadurch erreicht werden, daß die Ende-Information von den Abteilungen den direkten Nachfolgern (dezentral) mitgeteilt wird.

34) Dieses Vorgehen wird z. B. von folgenden Netzplan-Systemen angewendet: vgl. PPS, a. a. O., S. 1—45; SINETIK, vgl. D. Benz, H. Schelle und A. Schilinsky, a. a. O., S. 11; Dynamische Netzplantechnik, vgl. A. M. Becker, a. a. O., S. II 31 ff.

In praktischen Systemen zur Netzplantechnik werden deshalb *periodische* Kontrollzeitpunkte vorgeschlagen, wobei sich die Zeitspanne zwischen zwei Kontrollzeitpunkten nach der Art des betrachteten Projektes richtet, insbesondere nach der Höhe der mittleren Vorgangsdauer sowie der erwarteten Projektdauer. Konkrete Verfahren zur Berechnung der Kontrollintervalle fehlen aber bislang[35]).

Der Vorteil der periodischen Informationsabfrage liegt in der relativ einfachen organisatorischen Durchführung — der Nachteil besteht darin, daß unterschiedlich wichtige Phasen des Projektes genauso behandelt werden wie andere.

Diesem Einwand kann eine *sequentielle* Festlegung der Kontrollzeitpunkte Rechnung tragen. Hier liegen die Kontrollzeitpunkte nicht von vornherein fest, sondern zu jedem Kontrollzeitpunkt wird der nächste Kontrollzeitpunkt (bzw. die nächsten Kontrollzeitpunkte) aufgrund der vorliegenden Datensituation bestimmt.

Dabei kann z. B. berücksichtigt werden, wann Vorgangsabschlüsse zu erwarten sind, die zu einer Datensituation führen, die eine baldige Neuplanung sinnvoll erscheinen lassen[36]).

Bei EDV-Systemen zur Netzplantechnik besteht die Möglichkeit, für die zu einem Kontrollzeitpunkt zu befragenden Vorgänge Änderungskarten zu stanzen oder bestimmte Formulare zu drucken[37]). Dabei muß durch ein Mahnwesen darauf geachtet werden, daß alle ausgegebenen Vordrucke zum Kontrollzeitpunkt wieder zurückgegeben werden.

In den Planungsansatz zur flexiblen Projektsteuerung können sowohl periodische als auch sequentielle Kontrollzeitpunkte implementiert werden.

---

35) Die Angaben in der Literatur sind sehr allgemein gehalten. So finden sich Formulierungen wie: Die Kontrollzeitpunkte „sind vom Auftragsleiter nach seinem Ermessen" festzulegen, vgl. A. M. Becker, a. a. O., S. I/7; W. R. King und T. A. Wilson geben für ein Beispiel eine Kontrollperiode von 2 Wochen bei einer Projektdauer von rund 50 Wochen an, d. h., es werden 25 Kontrollzeitpunkte gesetzt, vgl. W. R. King und T. A. Wilson, a. a. O., S. 309; D. Benz et al., a. a. O., nennen eine Kontrollperiode von 4—8 Wochen, allerdings ohne Angabe der Projektdauer; vgl. ferner I. Travnik, A Simulation Technique for Estimation of the Length of the Control Interval, in: Project Planning by Network Analysis, Proceedings of the Second International Congress Amsterdam 1969, Amsterdam 1969, S. 216—219.

36) Ein Hinweis auf ein solches Verfahren findet sich bei dem Programmsystem der „Dynamischen Netzplantechnik", wenn auch eine konkrete Berechnung der Kontrollperioden fehlt. Vgl. A. M. Becker, a. a. O., S. II/35; ein Verfahren zur sequentiellen Bestimmung des Abfragezeitpunktes eines Vorgangs gibt D. J. Golenko, a. a. O., S. 214 ff. Das Verfahren von Golenko bestimmt jeweils für einen gegebenen Kontrollzeitpunkt den spätesten Termin für den nächsten Kontrollzeitpunkt eines Vorgangs. Dieser wird so bestimmt, daß von ihm aus unter Ansatz der optimistischen Vorgangsdauern für die noch nicht ausgeführte Arbeit ein vorgegebener Endtermin noch erreicht werden kann. Das Verfahren bewirkt, daß die Länge der Kontrollintervalle mit der Annäherung an das Vorgangsende abnimmt.

37) Mustervordrucke zum Abfragen des Bearbeitungsstandes und der Änderung von Vorgangsdauerschätzungen sind z. B. angegeben in: Forschungsgemeinschaft für das Straßenwesen (Hrsg.), Leitfaden zur Anwendung der Netzplantechnik im Bauwesen, Köln 1972, S. 901 ff.

Bei der ersten Politik kann das Kontrollintervall formal genauso als Variable von dem Planungsansatz behandelt werden wie ein Planwert des Planwertvektors **PA**(0). Bei der periodischen Politik[38]) sind mit dem Kontrollintervall alle Kontrollzeitpunkte bestimmt. Im zweiten Fall wird zum Projektstart nur der erste Kontrollzeitpunkt ermittelt, der nächste wird dann fortlaufend aufgrund der vorliegenden Datensituation bestimmt. Hier müßte die Optimierung in die „untergeordnete" Optimierung des Kontrollprozesses eingefügt werden.

Da die Variablen des Informationssystems eng mit schwer zu quantifizierenden organisatorischen Problemen verknüpft sind, kann es für sie sinnvoll sein, aufgrund von Vorüberlegungen heuristische Strategien zu entwickeln und in den Kontrollprozeß zu implementieren. Eine solche Regel könnte für eine sequentielle Bestimmung der Kontrollzeitpunkte darin bestehen, das nächste Kontrollintervall jeweils gleich der durchschnittlichen Dauer der noch nicht beendeten Vorgänge zu wählen.

(b) *Festlegung des Informationshorizontes*

Mit der Festlegung des nächsten Kontrollzeitpunktes T2 muß zum Kontrollzeitpunkt T1 auch entschieden werden, von welchen Vorgängen bis zum nächsten Kontrollzeitpunkt Informationen erhoben werden sollen.

Für die bis dahin beendeten Vorgänge liegen die Ende-Informationen vor[39]), vgl. Vorgänge V(1) und V(2) in Abb. (7.10). Für den begonnenen Vorgang V(3) hat der Prozeß des Vorgangslernens eingesetzt, so daß von ihm eine neue Zeitschätzung erwartet werden kann. Es müssen damit mindestens alle Vorgänge abgefragt werden, deren Plananfangszeitpunkte zwischen T1 und T2 liegen, vgl. V(2) und V(3) in Abb. (7.10).

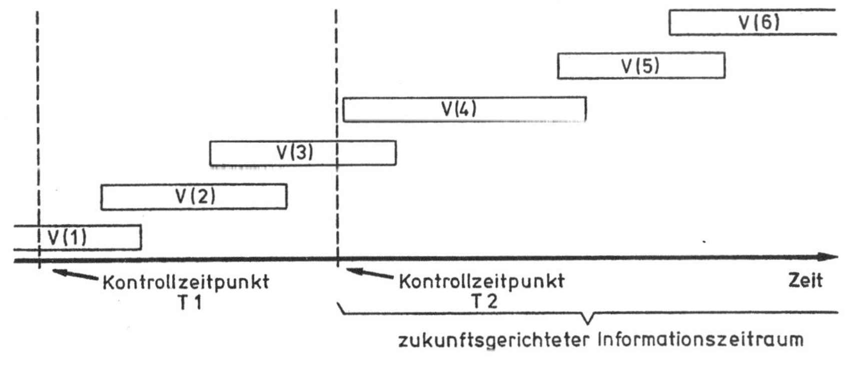

Abb. (7.10)

---

38) Nach Voraussetzung werden periodische Kontrollzeitpunkte zum Projektstart für das gesamte Projekt festgelegt.

39) Diese Informationen werden von den Abteilungen sofort an die Projektleitung gegeben.

Problematisch ist die Frage, in welchem Umfang bis T2 noch nicht begonnene Vorgänge ebenfalls abgefragt werden sollen, vgl. V(4), V(5) und V(6). Bei diesen kann sich zwar die Zeitschätzung zwischen T1 bis T2 aufgrund des Projektlernens ändern, aber die Änderung ist entsprechend dem oben entwickelten Lernmodell um so geringer, je weiter die Vorgänge noch in der Zukunft liegen. Die Zahl der zu befragenden Vorgänge hängt somit entscheidend von dem zukunftsbezogenen Informationszeitraum ab.

Er kann z. B. bis zum übernächsten Kontrollzeitpunkt T3 gewählt werden. Dadurch können zum Kontrollzeitpunkt T2 die in der folgenden Kontrollperiode geplanten Vorgänge mit den aktuellen Schätzwerten bei einer eventuellen Planwertänderung berücksichtigt werden. Dieses ist besonders bei einem Ansatz der flexiblen Planung sinnvoll. Gerade für dieses Verfahren ist es aber günstig, auch später liegende Vorgänge bei der Informationseinholung mit einzubeziehen, wenn erwartet wird, daß ihr Plantermin zum Zeitpunkt T2 wesentlich geändert wird. Die umfassendste Informationserhebung ergibt sich dann, wenn als Informationszeitraum jeweils die restliche Projektdauer bis zum Projektende gewählt wird. Auf diese Weise werden alle zu einem Kontrollzeitpunkt möglichen Informationen vom Steuerungsmodell genutzt. Andererseits entstehen dann erhebliche Erhebungskosten.

In den späteren numerischen Beispielen wird aber diese umfassende Erhebung angesetzt.

c) Probleme der Informationsverarbeitung

Die erhobenen Informationen werden in dem Kontrollzeitpunkt zur Ermittlung neuer Planwerte verarbeitet. Dabei treten zwei weitere Problemkreise auf:

(1) Sollen alle Planwerte der noch ausstehenden Vorgänge neu optimiert werden?

(2) Sollen alle neu errechneten Planwertänderungen den Abteilungen mitgeteilt werden?

Falls zur Planwertbestimmung lediglich einfache Berechnungsverfahren angesetzt werden, so ist der erste Punkt nicht von großer Bedeutung. Falls aber, wie bei den in dieser Arbeit angewendeten Optimierungsverfahren, mit einer Neubestimmung ein erheblicher Rechenaufwand anfällt, so ist dieser nur vertretbar, wenn von der Planwertänderung ein entsprechend hoher Erfolg erwartet wird. Dieses ist aber nur dann der Fall, wenn eine Ist-Situation eingetreten ist, die stark von der erwarteten Situation abweicht oder sich die Zeitschätzungen erheblich geändert haben[40]).

---

40) Abernathy und Demski prüfen deshalb in ihrem Modell vor einer neuen Optimierung, ob die veränderten Informationen bestimmte Grenzwerte überschreiten. Vgl. W. Abernathy und J. S. Demski, a. a. O., S. 1060. Dieses Vorgehen kann auch leicht in den Kontrollprozeß des hier entwickelten Algorithmus eingefügt werden.

Für den zweiten Fragenkreis ergeben sich ähnliche Überlegungen. Im Kontrollzeitpunkt neu optimierte Planwerte sollen den ausführenden Stellen mitgeteilt werden, so daß diese sich darauf einstellen können. Für noch weit in der Zukunft liegende Vorgänge kann es vorkommen, daß die Planänderung gering ist. Zudem besteht die Möglichkeit, daß die Planwerte an den noch folgenden Kontrollzeitpunkten wiederum geändert werden.

Nach dem oben entwickelten Kostenmodell (7.03) und (7.04) ist es zwar am günstigsten, Planwerte so früh wie möglich zu ändern; das Lernmodell (7.10) und (7.11) läßt aber bei einer noch großen Entfernung bis zum Vorgangsbeginn den geringsten Lerneffekt bei der Vorgangsdauerschätzung zu. Weiter kann es bei den ausführenden Stellen auch zu Verwirrungen führen, wenn die Planwerte ständig (geringfügig) geändert werden. Aus diesen Gründen kann es günstiger sein, nur solche Planwertänderungen weiterzugeben, die bei späteren Kontrollzeitpunkten nicht mehr oder nur zu wesentlich höheren Kosten korrigiert werden können. In das Modell zur flexiblen Projektplanung werden sowohl die Möglichkeit, daß alle veränderten Planwerte weitergegeben als auch die Möglichkeit der Auswahl implementiert.

Im letzten Fall werden nur solche Planwertänderungen den ausführenden Stellen mitgeteilt, bei denen der Planwert kleiner ist als der nächste Kontrollzeitpunkt zuzüglich einer vorgegebenen Größe DK(i).

III. Ablaufdiagramm zur Simulation des Kontrollprozesses

Der gesamte Kontrollprozeß einer Projektsimulation wird im Ablaufdiagramm der Abb. (7.11) zusammengefaßt. Es erklärt, wie der Kapitalwert einer Projektsimulation berechnet wird, wobei zum Projektbeginn ein Planwertvektor vorgegeben ist, der aufgrund der implementierten Kosten- und Lernmodelle sowie der Verfahren zur Informationserhebung und -weitergabe zu Kontrollzeitpunkten geändert werden kann.

In Abb. (7.11) werden folgende Größen verwendet:

BOOL	= logische Hilfsgröße
C	= Größe zur Errechnung des Kapitalwertes; zu Beginn werden die bis zum ersten Kontrollzeitpunkt T1 effektiv angefallenen diskontierten Kosten übergeben.
cu, co	= Maximale Prozentsätze für das Projektlernen; vgl. (7.07).
cu(T), co(T)	= Aktuelle Werte für das prozentuale Ausmaß des Projektlernens; vgl. (7.07).

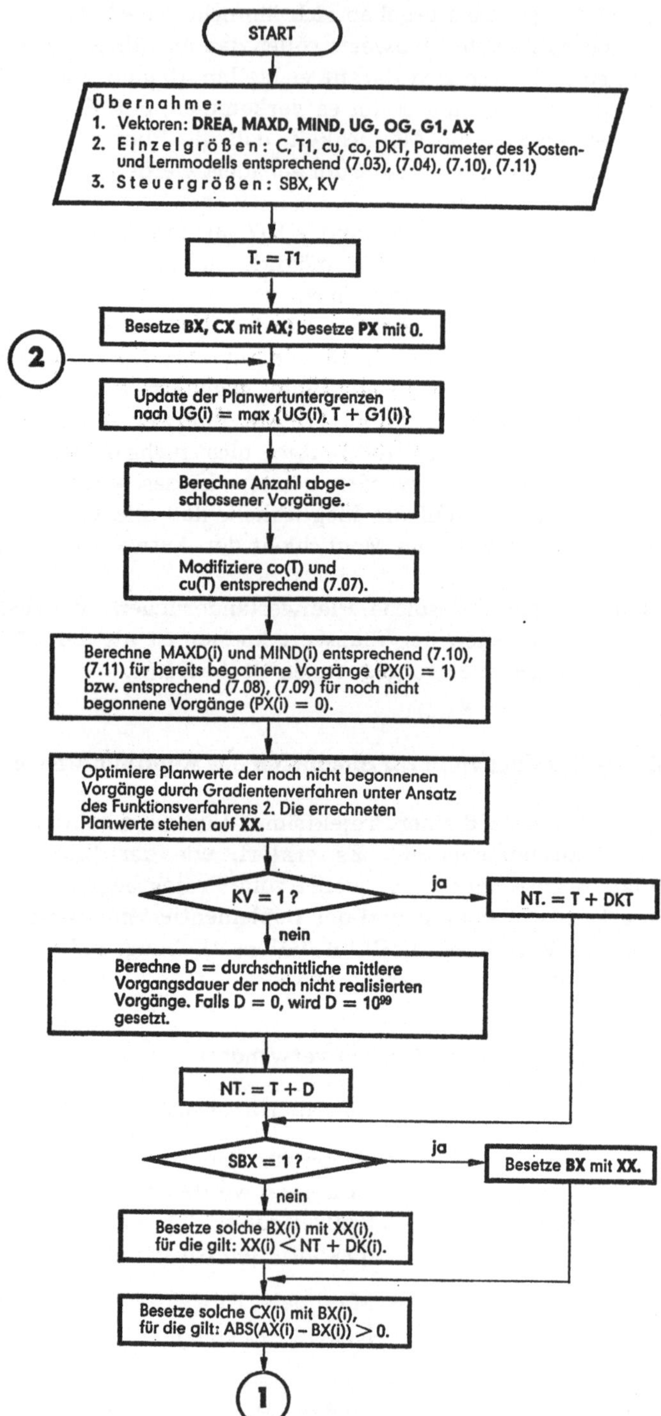

START

Übernahme:
1. Vektoren: DREA, MAXD, MIND, UG, OG, G1, AX
2. Einzelgrößen: C, T1, cu, co, DKT, Parameter des Kosten- und Lernmodells entsprechend (7.03), (7.04), (7.10), (7.11)
3. Steuergrößen: SBX, KV

T. = T1

Besetze BX, CX mit AX; besetze PX mit 0.

2

Update der Planwertuntergrenzen nach UG(i) = max {UG(i), T + G1(i)}

Berechne Anzahl abgeschlossener Vorgänge.

Modifiziere co(T) und cu(T) entsprechend (7.07).

Berechne MAXD(i) und MIND(i) entsprechend (7.10), (7.11) für bereits begonnene Vorgänge (PX(i) = 1) bzw. entsprechend (7.08), (7.09) für noch nicht begonnene Vorgänge (PX(i) = 0).

Optimiere Planwerte der noch nicht begonnenen Vorgänge durch Gradientenverfahren unter Ansatz des Funktionsverfahrens 2. Die errechneten Planwerte stehen auf XX.

KV = 1 ?
ja
nein

NT. = T + DKT

Berechne D = durchschnittliche mittlere Vorgangsdauer der noch nicht realisierten Vorgänge. Falls D = 0, wird D = 10^99 gesetzt.

NT. = T + D

SBX = 1 ?
ja
nein

Besetze BX mit XX.

Besetze solche BX(i) mit XX(i), für die gilt: XX(i) < NT + DK(i).

Besetze solche CX(i) mit BX(i), für die gilt: ABS(AX(i) – BX(i)) > 0.

1

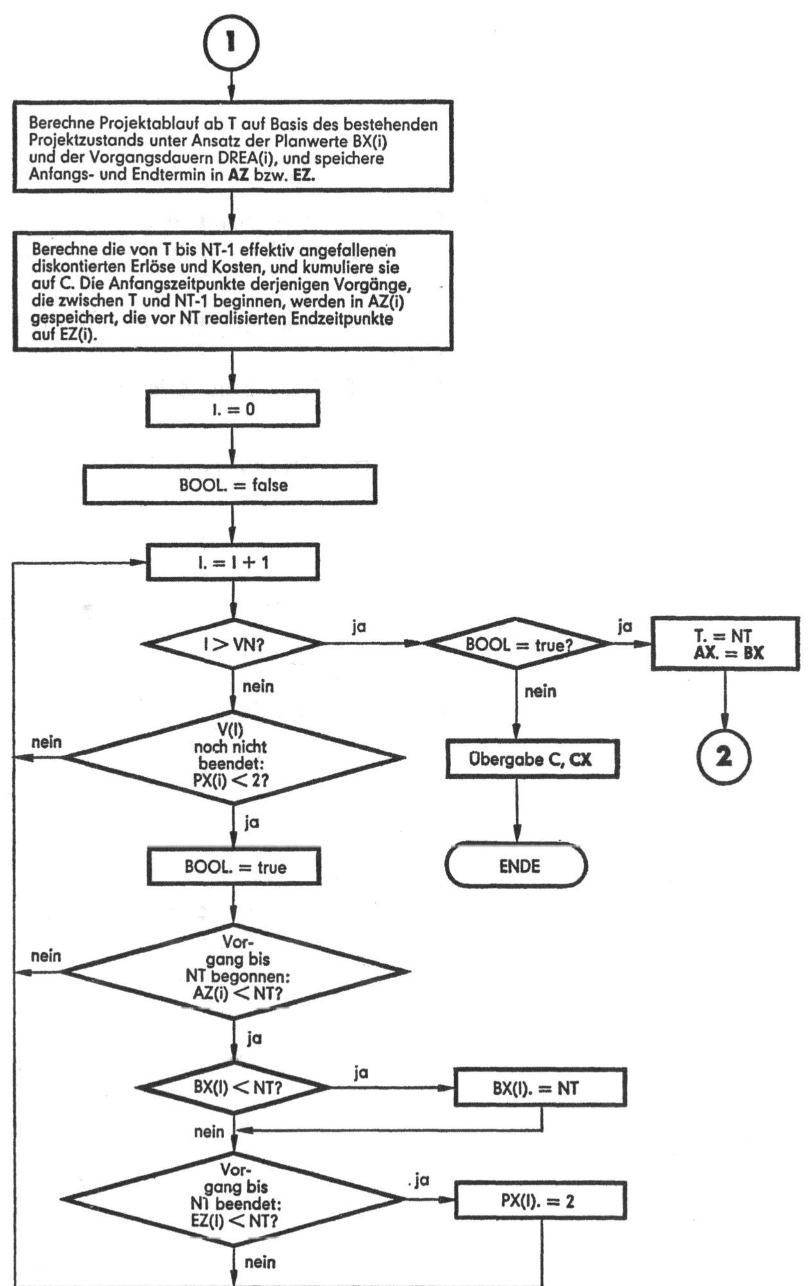
1
Berechne Projektablauf ab T auf Basis des bestehenden Projektzustands unter Ansatz der Planwerte BX(i) und der Vorgangsdauern DREA(i), und speichere Anfangs- und Endtermin in AZ bzw. EZ.
Berechne die von T bis NT-1 effektiv angefallenen diskontierten Erlöse und Kosten, und kumuliere sie auf C. Die Anfangszeitpunkte derjenigen Vorgänge, die zwischen T und NT-1 beginnen, werden in AZ(i) gespeichert, die vor NT realisierten Endzeitpunkte auf EZ(i).
I. = 0
BOOL. = false
I. = I + 1
I > VN?
ja
nein
BOOL = true?
ja
nein
T. = NT
AX. = BX
2
V(I) noch nicht beendet: PX(i) < 2?
nein
ja
Übergabe C, CX
ENDE
BOOL. = true
Vorgang bis NT begonnen: AZ(i) < NT?
nein
ja
BX(I) < NT?
ja
nein
BX(I). = NT
Vorgang bis NT beendet: EZ(I) < NT?
ja
nein
PX(I). = 2

Abb. (7.11)

D = Durchschnittliche erwartete Dauer der noch nicht realisierten Vorgänge.

DKT = Dauer der Kontrollperiode (Differenz zweier aufeinanderfolgender Kontrollzeitpunkte).

I = Zählindex für die Vorgänge.

KV = Größe zur Steuerung des Verfahrens zur Berechnung des nächsten Kontrollzeitpunktes.
KV = 1, falls periodische Kontrollzeitpunkte
KV = 2, falls sequentielle Kontrollzeitpunkte.

NT = In T ermittelter nächster Kontrollzeitpunkt nach T.

SBX = Größe zur Steuerung der Strategie zur Informationsweitergabe
SBX = 1, falls alle vom Optimierungsalgorithmus geänderten Planwerte weitergegeben werden
SBX = 2, falls sequentielle Weitergabe.

T = Kontrollzeitpunkt.

T1 = erster Kontrollzeitpunkt, ab dem der Kontrollprozeß beginnt.

AX(1 : VN) = Vektor der zu Beginn eines Kontrollzeitpunktes T bestehenden Planwerte. Für T = o wird **AX** extern übernommen.

AZ(1 : VN), **EZ**(1 : VN) = Hilfsvektoren zur Speicherung der effektiven Anfangs- und Endzeitpunkte der Vorgänge der untersuchten Projektrealisation.

BX(1 : VN) = Vektor der geänderten Planwerte, die im Kontrollzeitpunkt an die ausführenden Stellen weitergegeben werden.

CX(1 : VN) = Vektor der endgültigen Planwerte des Projektes.

DK(1 : VN) = Vektor der Grenzen für die Weitergabe geänderter Planwerte.

DREA(1 : VN) = Vorgegebener Vektor der Vorgangsdauern der zu untersuchenden Projektrealisationen.

G1(1 : VN)	= Vektor der Mindestdauern zwischen Kontrollzeitpunkt und neuem Planwert entsprechend (7.03).
MAXD(1 : VN), **MIND**(1 : VN)	= Vektoren der Schätzwerte für die maximalen bzw. minimalen Vorgangsdauern.
PX(1 : VN)	= Vektor zur Beschreibung der Zustände der einzelnen Vorgänge in einem Kontrollzeitpunkt

$PX(I) = o$, falls Vorgang $V(I)$ noch nicht begonnen

$PX(I) = 1$, falls Vorgang $V(I)$ bereits begonnen, aber noch nicht beendet

$PX(I) = 2$, falls Vorgang $V(I)$ beendet.

UG(1 : VN), **OG**(1 : VN)	= Vektoren der Planwertunter- bzw. -obergrenzen. Die Untergrenzen werden während des Projektablaufs zu jedem Kontrollzeitpunkt aktualisiert nach:

$UG(i) = Max \{bestehende\ UG(i), T + G1(i)\}$.

XX(1 : VN)	= Vektor der in T vom Optimierungsalgorithmus bestimmten Planwerte.

C. Ausweitung des Verfahrens

Die Problemstellungen bei der Projektsteuerung wurden in dieser Arbeit bewußt einfach gehalten[41]), um die Verfahren leichter entwickeln zu können und ihre Wirkung durchschaubar zu halten. Im folgenden soll deshalb angedeutet werden, wie einige der ausgeklammerten Probleme in den entwickelten Planungs- und Steuerungsalgorithmus eingefügt werden können.

I. Korrelierte Vorgangsdauern

Für die Vorgangsdauern wurde die Einschränkung gemacht, daß sie voneinander stochastisch unabhängig sind. Mit der Einbeziehung stochastisch abhängiger Vorgangsdauern sind folgende Konsequenzen verbunden:

(1) Bei der Simulation der Projektabläufe müssen die Zufallszahlen zur Berechnung der Vorgangsdauern gemäß den Abhängigkeiten bestimmt werden.

---

41) Vgl. dazu die eingeführten Prämissen auf S. 37 ff.

(2) In dem Lernmodell zur Vorgangsdauerschätzung müssen die stochastischen Abhängigkeiten erfaßt werden.

(3) Bei dem analytischen Näherungsverfahren zur Berechnung der Funktionswerte müssen die stochastischen Abhängigkeiten berücksichtigt werden.

Die Erzeugung *korrelierter Vorgangsdauern* in dem Simulationsmodell bereitet keine prinzipiellen Schwierigkeiten. Eine mögliche Korrelation besteht darin, daß die Dauer eines Vorgangs von den Dauern seiner direkten Vorgänger abhängt. Diese kann z. B. für zwei serielle Vorgänge V(1) und V(2) entsprechend einem Vorschlag von Ringer nach Formel (7.14) erfaßt werden[42].

$$(7.14) \qquad d'(2) = d(2) + a \cdot [d(1) - E(D(1))]$$

$$\boxed{V(1)} \longrightarrow \boxed{V(2)}$$

E(D(1)) = Erwartungswert der Dauer des ersten Vorgangs

d(1) = tatsächliche Dauer des ersten Vorgangs

d(2) = Wert der Zufallsvariablen der Dauer des zweiten Vorgangs ohne Beachtung der Abhängigkeit vom Vorgänger

d'(2) = Wert der Zufallsvariablen der Dauer des zweiten Vorgangs unter Beachtung der Abhängigkeit vom Vorgänger

a = Maß der Abhängigkeit des zweiten Vorgangs vom Vorgänger

Werden die Zufallszahlen für die Vorgänge in einer Reihenfolge gezogen, daß jeweils die Dauern der Vorgänger eines Vorgangs bekannt sind, dann kann Formel (7.14) direkt bei dem Simulationsmodell angewendet werden. Ebenso kann ein Vorschlag Ringers zur Berücksichtigung der Abhängigkeit der Dauer eines Vorgangs von den Dauern seiner parallelen Vorgänge übernommen werden[43].

Im Lernmodell kann die Korrelation zwischen den Vorgängen ebenfalls relativ leicht erfaßt werden.

Da die Vorgangsdauern des Simulationsexperiments bereits unter Beachtung der Korrelationen erzeugt werden, engen sich die Schätzbereiche aufgrund der Lerneffekte ohnehin in Richtung zu diesen Werten ein.

Darüber hinaus kann der besondere Lerneffekt für diejenigen Vorgänge, deren Vorgänger bereits abgeschlossen sind und deren effektive Dauer somit feststeht, erfaßt werden, indem sich die Grenzen dort besonders eng den

---

42) Vgl. L. J. Ringer, A Statistical Theory for PERT in which Completion Times of Activities are Inter-dependent, in: MS, Vol. 17 (1971), S. 717—723.

43) L. J. Ringer, A Statistical Theory, a. a. O.

wahren Werten annähern. Das Modell müßte nur durch einen entsprechenden Term, der in seiner Struktur der Formel (7.14) entsprechen könnte, erweitert werden.

Schwieriger ist es, die stochastischen Abhängigkeiten in dem analytischen Näherungsverfahren zu erfassen. Hier könnten zwar die von Ringer entwickelten Reduktionsoperatoren eingefügt werden, sie müßten aber um die Planwerte sowie deren Kosten- und Erlöswirkungen erweitert werden.

Eine andere Lösung wäre, zur Berechnung der Funktionswerte für die Optimierung der Kontrollentscheidungen ebenfalls die Simulation einzusetzen. Allerdings müßte dann der erhöhte Rechenaufwand in Kauf genommen werden.

Eine dritte Möglichkeit besteht darin, den Ansatz für unkorrelierte Vorgangsdauern auch hier zu übernehmen. Bei denjenigen Vorgängen, deren Vorgänger zum Kontrollzeitpunkt bereits beendet oder fast beendet sind, kann die Korrelation vom Lernmodell durch sehr enge Grenzwerte der Dauern erfaßt werden. Damit geht sie auch in das analytische Modell ein. Lediglich die Korrelation zwischen noch nicht begonnenen Vorgängen wird nicht berücksichtigt.

II. Stochastische Projektstruktur

Die Bestimmung von Planterminen bei GERT-stochastischen Projektstrukturen führt bei zwei Strukturmerkmalen zu neuen Problemen. Da analytische Verfahren bei GERT-stochastischen Netzplänen versagen[44], muß wohl für beide benötigten Verfahren zur Berechnung der Funktionswerte die Simulation vorgeschlagen werden. Aber auch bei der Simulation führen die neuen Strukturelemente zu besonderen Schwierigkeiten.

Treten sogenannte Schleifen oder Loops (vgl. Abb. (7.12)) auf, dann kann eine Vorgangsfolge mehrfach durchlaufen werden, wobei die Wahrscheinlichkeit für ein n-maliges Durchlaufen mit größer werdendem n abnimmt.

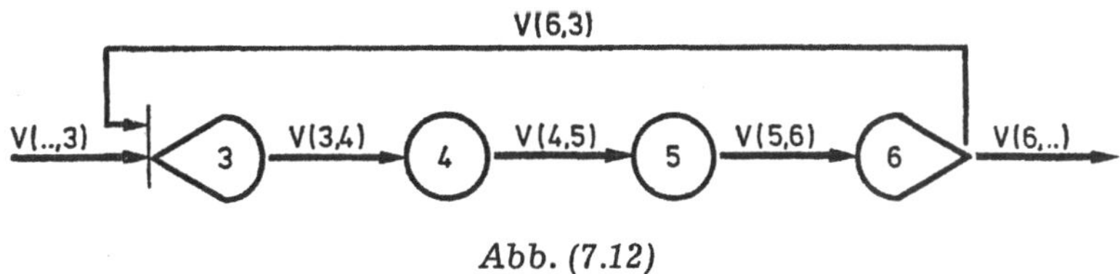

Abb. (7.12)

Für einen konkreten Projektablauf steht zum Planungszeitpunkt nicht fest, wie häufig die Vorgangsfolge des Loops bearbeitet werden muß. Damit erhebt sich die Frage, wie oft die Vorgänge eingeplant werden sollen, d. h. wieviel Plantermine für jeden Vorgang eines Loops ermittelt werden sollen.

---

44) Vgl. C. Helber, a. a. O.

Sind lediglich Plantermine für den ersten und sicheren Durchlauf vorgesehen, müßten bei einer erforderlichen zweiten Bearbeitung die Vorgänge ad hoc eingeplant werden. Dieses könnte zu erhöhten Dispositionskosten und Zeitverzögerungen führen.

Wird dagegen die Vorgangsfolge von den Abteilungen mehrfach in ihrer Planung berücksichtigt und dann aber nicht realisiert, können bei den Abteilungen Kosten in Form von Opportunitätskosten für aus Kapazitätsgründen abgelehnte Aufträge entstehen oder Dispositionskosten für das Einplanen anderer Aufträge.

Methodisch können diese Probleme in den Steuerungsalgorithmus eingefügt werden, indem für jeden Vorgang V(i) eines Loops mehrere Planwerte $P\check{A}(i)_j$ mit $j = 1, 2, 3, \ldots$ ermittelt werden, wobei j die Anzahl der Durchläufe zählt. Es gilt also: $PA(i)_j > PA(i)_{j-1}$. Die Planwerte werden zunächst auf einen extrem späten Wert gesetzt (z. B. gleich dem vermuteten maximalen Projektende PEM). Dieser Wert entspricht dem Tatbestand, daß der betreffenden Abteilung für den Vorgang kein Planwert gesetzt wird.

Vom Algorithmus können nun die Planwerte gewinnmaximal festgelegt werden, wobei entsprechend den obigen Ausführungen sich zwei Kostenwirkungen entgegensetzen.

Da die Dispositionskosten entsprechend dem Modell (7.03) wesentlich von der Differenz zwischen Kontrollzeitpunkt und dem zu korrigierenden Planwert abhängen, verursacht das plötzliche Einfügen eines Planwertes hohe Dispositionskosten.

Werden deshalb für den n-ten Durchlauf ($n > 1$) Planwerte gesetzt, so ist dieses günstig, wenn der n-te Durchlauf realisiert wird. Ist die Vorgangskette dagegen bereits vorher abgeschlossen, dann entstehen Dispositionskosten für die Stornierung der Planung.

Diese Kosten sind um so geringer, je weiter diese Planwerte vom Kontrollzeitpunkt entfernt sind. Damit können Loops grundsätzlich von dem entwickelten Planungsverfahren behandelt werden. Dieses gilt in ähnlicher Weise auch für Projektteile, die nur mit einer gewissen Wahrscheinlichkeit < 1 bearbeitet werden.

In Abb. (7.13) werden ab Knoten 3 die Projektteile P1 und P2 mit gewissen Wahrscheinlichkeiten $P_{3,4}$ bzw. $P_{3,10}$ mit $P_{3,4} + P_{3,10} = 1$ alternativ realisiert[45].

---

[45] Diese Wahrscheinlichkeiten müssen zum Projektstart geschätzt werden. Fallen während des Projektablaufs Informationen an, die diese Werte beeinflussen, dann kann für sie ein ähnlicher Lernprozeß wie für die Vorgangsdauerschätzung angesetzt werden.

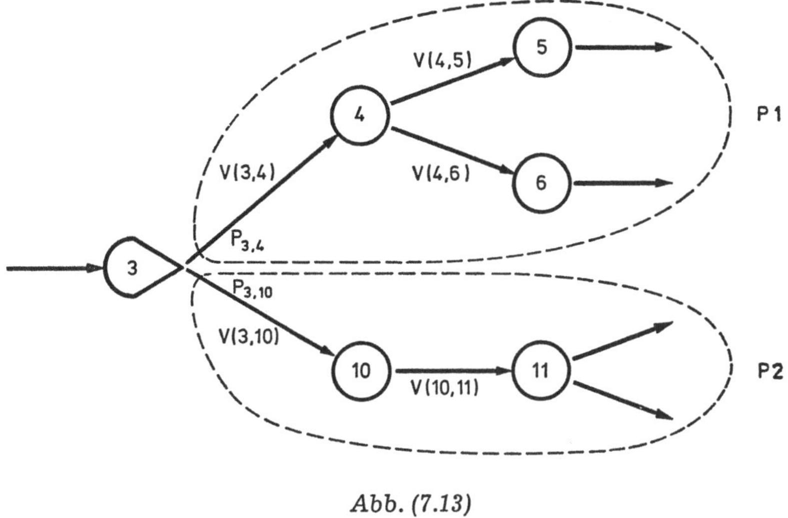

Abb. (7.13)

Werden sowohl für die Vorgangsfolgen V(3, 4), V(4, 5), V(4, 6) usw. als auch
für die Vorgangsfolgen V(3, 10), V(10, 11) usw. Planwerte ermittelt, dann
müssen für eines der Teilprojekte die Planwerte mit entsprechenden Kosten-
konsequenzen storniert werden. Werden die Vorgänge erst eingeplant, wenn
bekannt ist, welches Teilprojekt realisiert werden soll, kann dies zu Ver-
zögerungen des Projektablaufs führen, wenn die Abteilungen ihre Kapazitäten für andere Aufträge gebunden haben. Vom Algorithmus kann dieses
Problem analog dem Vorgehen bei Loops behandelt werden: die Planwerte
der Vorgänge werden auf einen extrem späten Wert PEM gesetzt, der den
Zustand beschreibt, daß der Vorgang nicht eingeplant ist. Diese „Planwerte"
können dann vom Algorithmus entweder so belassen oder kontinuierlich
vorgezogen werden. Die Dispositionskosten zu Kontrollzeitpunkten hängen
dann wieder davon ab, ob ein bestehender Planwert < PEM verändert, neu
eingeführt (also kleiner PEM gesetzt) oder storniert werden soll.

III. Kapazitätsprobleme

Im entwickelten Ansatz zur flexiblen Projektsteuerung wurden Kapazitäts-
überlegungen nur sehr global berücksichtigt. So werden sie zur Begründung
der Warte- und Dispositionskosten herangezogen. Würden die Kapazitätsprobleme im Rahmen einer Simultanplanung in den Ansatz einbezogen,
brauchte ein Teil der Warte- und Dispositionskosten nicht mehr extern vorgegeben zu werden.

Die Behandlung von Kapazitätsproblemen führt aber bereits bei deterministischen Ansätzen zu erheblichen Problemen, die bei stochastischen Vorgangsdauern noch verstärkt werden.

Durch die Festlegung der Planwerte wird bei knappen Kapazitäten auch die Reihenfolge, in der die Vorgänge von einer Abteilung (Kapazitätsart) bearbeitet werden, bestimmt.

Bei stochastischen Vorgangsdauern bleiben die zum Projektstart festgelegten Planwerte aber nicht während des Projektablaufs optimal. Vielmehr kann z. B. die Reihenfolge geändert werden, wenn ein Vorgang besonders frühzeitig fertig wird, sein vorgesehener Nachfolger aber noch nicht beginnen kann, weil dessen Vorgänger noch nicht vollständig abgeschlossen sind. Hier kann es sinnvoll sein, den Planwert eines anderen Vorgangs, der sofort beginnen kann, vorzuziehen, um die Kapazität nicht leerstehen zu lassen[46]. Eine flexible Projektsteuerung würde demnach bei Kapazitätsproblemen besonders sinnvoll und wirksam sein.

Der Einsatz des Gradientenverfahrens zur Optimierung der Planwerte bereitet hier aber Schwierigkeiten. Bisher wurden die von den Planwerten abhängigen Kosten- und Erlösfunktionen als stetig vorausgesetzt. Wenn aber Reihenfolgeprobleme auftreten, werden die Funktionen unstetig. Deshalb muß zunächst ein Verfahren zur (heuristischen) Optimierung der Planwerte für diesen Fall entwickelt werden. Das grundsätzliche Prinzip der flexiblen Projektsteuerung kann dann darauf aufbauend wirksam eingesetzt werden.

Dagegen kann das Problem der optimalen Mittelzuweisung an Vorgänge zur Beeinflussung ihrer Dauer direkt mit dem entwickelten Ansatz behandelt werden. Das von Abernathy und Demski entwickelte Modell[47] braucht dazu lediglich um das hier entwickelte Schätzmodell erweitert zu werden. Darauf kann dann das flexible Steuerungsprinzip angesetzt werden.

---

46) In dem bisherigen Modell würden nun für den eigentlich vorgesehenen Vorgang Wartekosten entstehen.

47) Vgl. W. J. Abernathy und J. S. Demski, a. a. O.

Kapitel VIII

Wirkung der flexiblen Projektsteuerung

In diesem Kapitel wird zunächst allgemein untersucht, unter welchen Bedingungen eine flexible Ausgangslösung erheblich von einer starren abweicht und zu entsprechend unterschiedlichen Kapitalwerten führt.

Anschließend wird dann der entwickelte Algorithmus auf einige Projektbeispiele angewendet, um seine Wirkung zu demonstrieren und einige der allgemein aufgezeigten Probleme auch numerisch zu zeigen.

A. Flexible Ausgangslösung und Kontrollprozeß

Gegenüber der starren Planwertlösung, wie sie in Kapitel V entwickelt wurde, ergeben sich bei der flexiblen Projektplanung, die auch immer eine dynamische Planung ist, zwei Abweichungen:

(1) Die Ausgangsplanwerte werden während des Projektablaufs zu Kontrollzeitpunkten den veränderten Informationen angepaßt. Dieses wird als Kontrollprozeß bezeichnet.

(2) Die Ausgangslösung selbst wird bereits unter Beachtung späterer Korrekturmöglichkeiten bestimmt. Diese wird als flexible Ausgangslösung bezeichnet.

Um den Einfluß der Ausgangslösung auf den Projekterfolg zu untersuchen, muß er vom Kontrollprozeß abgegrenzt werden. Grundsätzlich kann jede beliebige Ausgangslösung — also z. B. auch die optimalen starren Planwerte — Basis des Kontrollprozesses sein.

I. Einflußfaktoren für die flexible Ausgangslösung

Wie stark die flexible von der starr-optimalen Ausgangslösung abweicht[1]), hängt dabei von mehreren Einflußfaktoren ab, wie die folgenden Überlegungen zeigen sollen. Die Ausführungen beziehen sich dabei auf die zum Projektstart bestimmte Ausgangslösung, sie gelten aber entsprechend für die

---

1) Die Abweichung kann sich sowohl auf die Planwerte als auch auf den erwarteten Kapitalwert des Projekts beziehen, wobei allerdings der zweite Aspekt wichtiger ist.

Optimierung zu jedem Kontrollzeitpunkt eines *realen* Projektablaufs, da hier jeweils der gleiche Algorithmus zur flexiblen Projektplanung angesetzt werden kann.

Je stärker die Dispositionskosten von den zu den Kontrollzeitpunkten bestehenden Planwerten abhängen, um so wichtiger ist die Ausgangslösung. Eine flexible Ausgangslösung kann deshalb von vornherein kostengünstig zu korrigierende Planwerte liefern, die von den starr-optimalen abweichen.

Je früher oder je mehr Kontrollzeitpunkte während des Projektablaufs bestehen, um so unwichtiger wird eine Ausgangslösung, da sie leicht korrigiert werden kann[2]). Falls also nur wenige Kontrollzeitpunkte vorgesehen sind, wird die flexible Ausgangslösung von der starr-optimalen stärker abweichen und damit zu anderen Ergebnissen führen.

Wenn die starr-optimalen Planwerte jeweils sehr stark von den Erwartungswerten des frühesten Abschlusses aller Vorgänger $\bar{U}(i)$ abweichen, würde es in der Mehrzahl der Fälle zu extremen Planwertunter- bzw. -überschreitungen kommen, so daß sehr häufig ein Anlaß zur Korrektur besteht. Eine flexible Lösung kann Dispositionskosten vermeiden, indem sie weniger extreme Ausgangswerte wählt. Dieser Effekt wird anhand der Abb. (8.01) verdeutlicht.

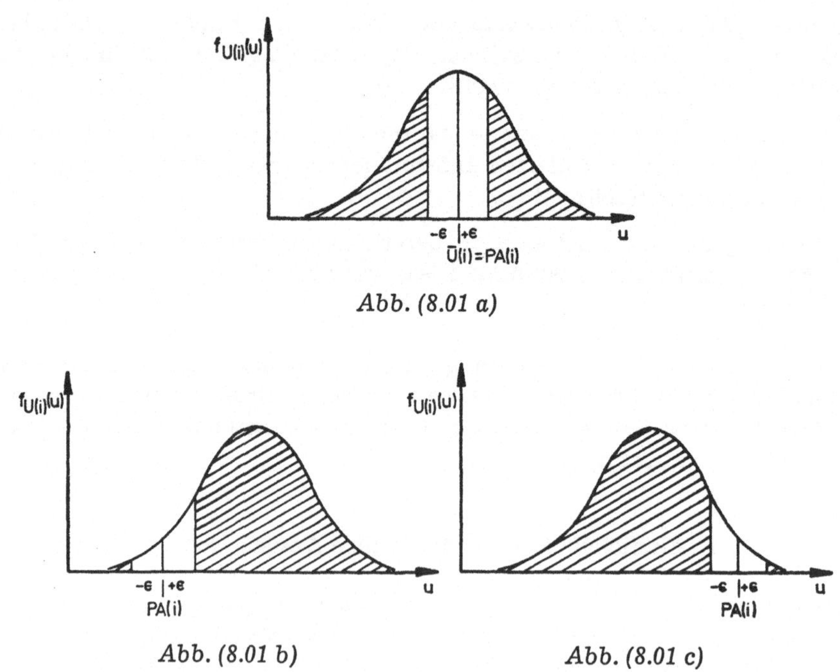

Abb. (8.01 a)

Abb. (8.01 b)   Abb. (8.01 c)

In Abb. (8.01 a) ist der starr-optimale Planwert gleich dem erwarteten frühesten Abschluß aller Vorgänger von V(i). Wenn unterstellt wird, daß in denjenigen Fällen, in denen der früheste Abschluß um mehr als $|\varepsilon|$ von PA(i) abweicht[3]), der Planwert korrigiert wird, dann gibt der schraffierte Bereich die Häufigkeit dafür an. In einer Vielzahl der Fälle wird der Planwerte nicht korrigiert, so daß die Ausgangslösung bezüglich der Dispositionskosten bereits günstig ist und sich deshalb wenig von der flexiblen Lösung unterscheiden wird.

In Abb. (8.01 b) und (8.01 c) sind dagegen zwei andere Extremfälle dargestellt. Im ersten Teil ist ein sehr niedriger Planwert starr-optimal. Um keine kurzen Projektdauern durch einen hohen Planwert zu verhindern, werden große Planüberschreitungen in Kauf genommen. Dieses ist bei einer steilen Nettoerlösfunktion und niedrigem Wartekostensatz sinnvoll.

Im zweiten Fall werden vordringlich Wartekosten vermieden; dieses ist bei einem relativ hohen Wartekostensatz starr-optimal. Wird der Planwert wiederum abgeändert, wenn er um $|\varepsilon|$ unter- oder überschritten wird, so ist das hier in der Mehrzahl der Fälle gegeben, wie die schraffierten Flächen zeigen. Hier könnte eine flexible Ausgangslösung, die sich mehr auf den Mittelwert ausrichtet, Dispositionskosten vermeiden, da sie nun nur bei den (seltenen) extrem hohen oder niedrigen U(i)-Werten verändert wird.

Dieser Sachverhalt kann verallgemeinert werden.

Eine flexibel geplante Ausgangslösung unterscheidet sich dann erheblich von einer starren, wenn eine Datensituation vorliegt, bei der eine bezüglich der unsicheren Ereignisse extreme Lösung starr-optimal ist, d. h. auf die seltenen Ereignisse ausgerichtet ist. Wenn diese Lösung einem Kontrollprozeß vorgegeben wird, so treten in der Mehrzahl der Fälle erhebliche Planabweichungen auf, so daß die ursprünglichen Planwerte korrigiert werden.

Die flexible Ausgangslösung wird weiter wesentlich von der Art der zugelassenen Korrekturmöglichkeiten bestimmt. Können zu Kontrollzeitpunkten Planwerte sowohl vorgezogen als auch hinausgeschoben werden, besteht die oben geschilderte Tendenz zu einer Lösung in der Nähe des erwarteten Abschlusses aller Vorgänger.

Können dagegen Planwerte zu Kontrollzeiten lediglich in eine Richtung verändert, also entweder nur vorgezogen oder hinausgeschoben werden, dann besteht hier eine Tendenz zu extremeren Planwerten.

Im ersten Fall wird die flexible Lösung zu höheren Planwerten führen als die starr-optimalen. Durch spätere Planwerte können weitere Warte- und Kapitalbindungskosten gespart werden; falls aber die Vorgänge wesentlich vor dem Plantermin beendet sind, kann dieser vorgezogen werden und damit noch eine kurze Projektdauer realisiert werden.

---

3) Es wird damit unterstellt, daß nur bei einer größeren Planabweichung korrigierend eingegriffen wird.

13 Scheer

Können Planwerte zu Kontrollzeitpunkten ausschließlich hinausgeschoben werden, dann werden die flexibel bestimmten Planwerte tendenziell niedriger sein als die starren. Es können dann zusätzliche Erlöse erzielt werden, weil niedrigere Projektdauern durch Planwerte nicht verhindert werden; etwaige zusätzliche Wartekosten durch das Verschieben von Planwerten vermieden werden können.

Diese Zusammenhänge sollen an einem stark vereinfachten Beispiel demonstriert werden.

Es wird der letzte Vorgang eines Projektplans betrachtet, dessen Vorgangsdauer d deterministisch ist. Der Planwert $\widetilde{PA}$ dieses Vorgangs ist zum Projektstart optimal zu bestimmen. Der Projektabschluß hängt somit nur von dem Start des Vorgangs ab. Die Verteilung $F_U(u)$ des frühesten Abschlusses aller Vorgänger ist bekannt. Der Nettoerlös des Projekts ist eine linear fallende Funktion der Projektdauer mit der negativen Steigung g. Der Wartekostensatz des Vorgangs beträgt w[GE/ZE][4]. Zu einem Kontrollzeitpunkt, der vor dem niedrigsten möglichen U-Wert U_{min} liegt, ist der Abschlußzeitpunkt aller Vorgänger bekannt. Die Planwerte werden jeweils auf den nunmehr bekannten frühest möglichen Anfangszeitpunkt des Vorgangs korrigiert.

Die Dispositionskostensätze pro ZE lauten für Hinausschieben H und für Vorziehen VZ.

Als Zahlenwerte gelten: g = 5, w = 3, H = VZ = 2.

Die Verteilungsfunktion $F_U(u)$ wird als differenzierbar vorausgesetzt. Ein möglicher Verlauf für sie ist in Abb. (8.02) angegeben.

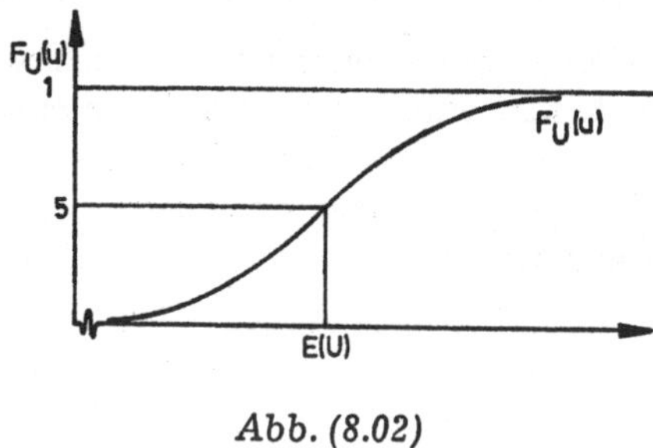

Abb. (8.02)

Die Bestimmungsgleichungen für $\widetilde{PA}$ ergeben jeweils für $F_U(\widetilde{PA})$ einen bestimmten Wert. Daraus folgt, daß $\widetilde{PA}$ um so größer ist, je größer $F_U(\widetilde{PA})$ ist. Für $F_U(\widetilde{PA}) = 0{,}5$ ist bei einer symmetrischen Verteilung $\widetilde{PA} = E(U)$; für $F_U(\widetilde{PA}) < 0{,}5$ ist $\widetilde{PA} < E(U)$; für $F_U(\widetilde{PA}) > 0{,}5$ ist $\widetilde{PA} > E(U)$.

---

[4] Kapitalbindungskosten werden nicht betrachtet.

Es werden folgende Fälle betrachtet:

(1) Starre Lösung

Da hier der Planwert zu Beginn des Projekts endgültig festgelegt wird, ergeben sich ex definitione später keine Korrekturmöglichkeiten.

Die Verlustfunktionen für die zwei Situationen $U > \widetilde{PA}$ und $U \leq \widetilde{PA}$ lauten dann[5])

$U > \widetilde{PA}$:

$$V_1 = \underbrace{(U + d) \cdot g}_{\substack{\text{entgangener} \\ \text{Nettoerlös}}} + \underbrace{(U - \widetilde{PA}) \cdot w}_{\text{Wartekosten}}$$

$U \leq \widetilde{PA}$:

$$V_2 = \underbrace{(\widetilde{PA} + d) \cdot g}_{\text{entgangener Nettoerlös}}$$

Der erwartete Verlust ist gleich

$$\overline{V} = \underbrace{\int_{\widetilde{PA}}^{\infty} [(u + d) \cdot g + (u - \widetilde{PA}) \cdot w] \cdot f_U(u)du}_{\overline{V}_1}$$

$$+ \underbrace{\int_{U_{min}}^{\widetilde{PA}} (\widetilde{PA} + d) \cdot g \cdot f_U(u)du}_{\overline{V}_2}$$

$$= (1 - F_U(\widetilde{PA})) \cdot d \cdot g - (1 - F_U(\widetilde{PA})) \cdot \widetilde{PA} \cdot w$$

$$+ \int_{\widetilde{PA}}^{\infty} u(d + w) \cdot f_U(u)du + F_U(\widetilde{PA}) \cdot (\widetilde{PA} + d) \cdot g$$

$$= d \cdot g - \widetilde{PA} \cdot w + F_U(\widetilde{PA}) \cdot (w + g) \cdot \widetilde{PA} + \int_{\widetilde{PA}}^{\infty} u(d + w) \cdot f_U(u)du$$

Die Bestimmungsgleichung für $\widetilde{PA}$ bezüglich des minimalen erwarteten Verlustes ergibt sich nach einfachen Regeln der Infinitesimalrechnung:

$$\frac{d\overline{V}}{d\widetilde{PA}} = -w + f_U(\widetilde{PA}) \cdot \widetilde{PA} \cdot (w + g) + F_U(\widetilde{PA}) \cdot (w + g)$$

$$- f_U(\widetilde{PA}) \cdot \widetilde{PA} \cdot (g + w) = 0$$

$$(8.01) \qquad F_U(\widetilde{PA}) = \frac{w}{g + w} = \frac{3}{5 + 3} = \underline{\underline{0{,}375}}$$

---

5) Als entgangener Nettoerlös wird der negative, von der Projektdauer PE abhängige Teil der Nettoerlösfunktion NE = C — g · PE angesetzt; die Größe C ist eine Konstante.

13*

(2) Flexible Lösung (nur Hinausschieben)

Zum Kontrollzeitpunkt kann ein Planwert lediglich hinausgeschoben werden. Da nach Voraussetzung der Zeitpunkt des tatsächlichen Abschlusses aller Vorgänger U zum Kontrollzeitpunkt bekannt ist, wird im Fall $U > \widetilde{PA}$ der Planwert jeweils um die Zeitspanne $U - \widetilde{PA}$ korrigiert, wobei $\widetilde{PA}$ der zum Projektstart festzulegende Planwert ist. Dafür fallen pro ZE H GE an Dispositionskosten an.

$U > \widetilde{PA}$[6]:

$$V_1 = (U + d) \cdot g + (U - \widetilde{PA}) \cdot H$$

$U \leq \widetilde{PA}$:

$$V_2 = (\widetilde{PA} + d) \cdot g$$

Die Bestimmungsgleichung für $\widetilde{PA}$ ist dann gleich

$$(8.02) \qquad F_U(\widetilde{PA}) = \frac{H}{g + H} = \frac{2}{5 + 2} = \underline{\underline{0{,}29}}$$

(3) Flexible Lösung (nur Vorziehen)

Zum Kontrollzeitpunkt kann ein Planwert lediglich vorgezogen werden. Dafür fallen pro ZE VZ GE an Dispositionskosten an.

$U > \widetilde{PA}$:

$$V_1 = (U + d) \cdot g + (U - \widetilde{PA}) \cdot w$$

$U \leq \widetilde{PA}$[7]:

$$V_2 = (U + d) \cdot g + (\widetilde{PA} - U) \cdot VZ$$

Die Bestimmungsgleichung für $\widetilde{PA}$ lautet:

$$(8.03) \qquad F_U(\widetilde{PA}) = \frac{w}{VZ + w} = \frac{3}{2 + 3} = \underline{\underline{0{,}6}}$$

(4) Flexible Lösung (Vorziehen oder Hinausschieben)

Zum Kontrollzeitpunkt kann ein Planwert sowohl vorgezogen als auch hinausgeschoben werden.

$U > \widetilde{PA}$:

$$V_1 = (U + d) \cdot g + (U - \widetilde{PA}) \cdot H$$

$U \leq \widetilde{PA}$:

$$V_2 = (U + d) \cdot g + (\widetilde{PA} - U) \cdot VZ$$

---

[6] Es wird H<w unterstellt, so daß die Plankorrektur sinnvoll ist.

[7] Es wird VZ<g unterstellt, so daß sich das Vorziehen lohnt.

Die Bestimmungsgleichung für $\widetilde{PA}$ lautet:

$$(8.04) \qquad F_U(\widetilde{PA}) = \frac{H}{VZ + H} = \frac{2}{2 + 2} = \underline{\underline{0,5}}$$

Die numerischen Ergebnisse zeigen deutlich die oben verbal begründeten Relationen zwischen den Planwertlösungen[8]).

Bei diesen Beispielen wird die Problematik diskontinuierlicher Kontrollzeitpunkte nicht beachtet.

Besteht dagegen nur zu fest vorgegebenen Zeitpunkten die Möglichkeit der Korrektur, dann können zu diesen nur noch diejenigen Planwerte korrigiert werden, die noch nicht realisiert wurden.

Weiter wird unterstellt, daß zum Korrekturzeitpunkt der wahre Wert der Vorgangsdauern mit Sicherheit bekannt ist. Damit wird ein extremes Lernmodell unterstellt.

Diese Prämissen kommen insbesondere beim letzten Modell zum Ausdruck, bei dem der Planwert allein anhand der Dispositionskosten bestimmt wird, weil Wartekosten und Erlösentgang jeweils vollständig vermieden werden können.

Bestehen dagegen lediglich in diskreten Zeitabständen Kontrollzeitpunkte und geringe Lerneffekte, dann werden die ermittelten Tendenzen abgeschwächt. Hier dominieren dann im allgemeinen nicht die Dispositionskosten, sondern die flexiblen Planwerte werden auch von den anderen Einflußgrößen beeinflußt.

Besteht z. B. eine extreme starr-optimale Lösung (also sehr niedrige oder sehr hohe Planwerte), dann bedeutet dieses, daß ein Einflußfaktor (Wartekosten oder Erlösentgang) stark dominiert. Würden nun die Planwerte gleich den erwarteten frühesten Anfangszeitpunkten gesetzt und bestünde nur ein geringer Lerneffekt bei der Vorgangsdauerschätzung, dann würden zwar evtl. Dispositionskosten eingespart, dagegen aber in denjenigen Fällen erhebliche Wartekosten bzw. ein erheblicher Erlösentgang in Kauf genommen, bei denen mögliche Plankorrekturen vom Lernmodell nicht erkannt werden.

---

8) Die Aussagen haben generelle Bedeutung für die flexible Planung und können leicht auf andere Probleme übertragen werden. Beispielsweise könnte für ein zyklisches Beschaffungssystem mit stochastischer Nachfrage eine feste Bestellmenge anhand eines üblichen Lagermodells starr bestimmt werden. Besteht dann die Möglichkeit, bei unerwartet hohem Bedarf Eilbestellungen außerhalb der üblichen Bestellpolitik vorzunehmen, und/oder bei besonders niedrigem Bedarf die nächste Bestellmenge zu senken, so liegen die gleichen Möglichkeiten zur Plankorrektur wie oben vor, und entsprechend unterscheidet sich die unter Beachtung dieser Faktoren flexibel bestimmte Bestellmenge von der starr-optimalen.

II. Störungen des Kontrollprozesses

Die Tatsache, daß bei einem konkreten realen Projektablauf zu einem Kontrollzeitpunkt entschieden wird, einen Planwert zu ändern oder nicht, und diese Entscheidung sich hinterher als ungünstig herausstellt, wird als Störung des Kontrollprozesses bezeichnet. Sie kann dazu führen, daß Dispositionskosten für unwirksame oder sogar den Projektablauf verschlechternde Plankorrekturen aufgewendet werden.

Eine solche Situation kann auf zwei Ursachen beruhen. Einmal können die zum Kontrollzeitpunkt erhobenen Informationen fehlerhaft sein, so daß sich die Informationslage gegenüber dem letzten Kontrollzeitpunkt objektiv verschlechtert hat. Dieser Effekt wird im Schätzmodell (7.07) bis 7(.13) durch den Schätzfehler R ausgedrückt. Er führt dazu, daß entweder ein zu hoher oder zu niedriger Projektgewinn erwartet wird und die Planwerte darauf ausgerichtet werden. Der Grund dieser Störung liegt damit in den fehlerhaften Informationen — nicht aber in der Arbeitsweise des Verfahrens. Dagegen kann es auch vorkommen, daß nach einer Planänderung *einzelne* Projektabläufe sich verschlechtern, obwohl der Erwartungswert des Projekterfolges durch den Algorithmus gesteigert wurde. Für diese „Störung" ist somit die Zielgröße in Form des Erwartungswertes verantwortlich, der sich auf alle für möglich erachteten Vorgangsdauern der noch ausstehenden Vorgänge bezieht, während sich ja im konkreten Fall nur *eine* Folge von Vorgangsdauern realisiert.

Zur Verdeutlichung der Störung des Kontrollprozesses wird der Netzplan aus Abb. (8.03) betrachtet. An die Vorgangspfeile sind die Schätzwerte der minimalen und maximalen Vorgangsdauern eingetragen. Die (unbekannte) tatsächliche Projektrealisation besteht aus den minimalen Vorgangsdauern. Der kritische Weg dieses Projektablaufs ist dann Vorgang V(1).

Unter Beachtung des Plananfangszeitpunktes von 70 für den Vorgang V(3) ist dieser bereits zum Zeitpunkt 100 beendet.

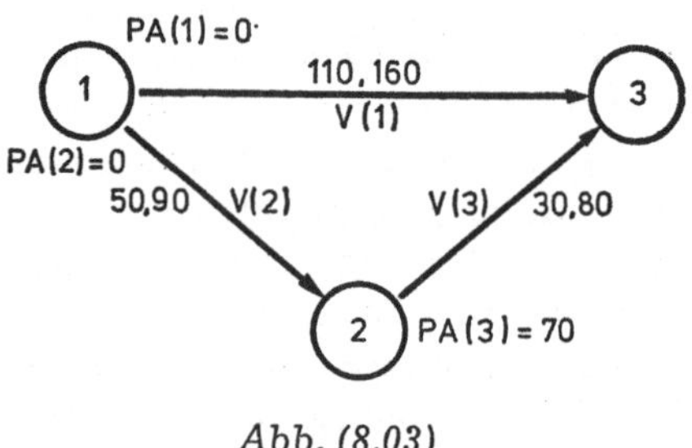

Abb. (8.03)

Werden aber alle innerhalb der Grenzwerte möglichen Vorgangsdauern betrachtet, dann bestimmt neben V(1) auch die Vorgangskette V(2), V(3) das Projektende zu einem erheblichen Prozentsatz.

Wenn nun neue Informationen eingehen, so daß die maximale Vorgangsdauer des Vorgangs V(2) nur noch auf 60 ZE geschätzt wird, dann können für den

Vorgang V(3) keine Wartezeiten mehr entstehen. Ein Vorziehen des Planwertes PA(2) würde deshalb die erwartete Projektdauer ohne Nachteile verringern. Bezüglich des erwarteten Kapitalwertes ist es somit günstig, den
Planwert vorzuziehen und dafür Dispositionskosten in Kauf zu nehmen.

Für den tatsächlichen Projektablauf ist aber diese Plankorrektur wirkungs-
los, da der kritische Weg weiterhin der Vorgang V(1) ist. Die Dispositionskosten verringern daher den Kapitalwert des konkreten Projektes gegenüber
der Ausgangslösung.

Diesen Störungen kann entgegengewirkt werden, indem zu einem Kontrollzeitpunkt nur dan die Planwerte neu bestimmt und damit auch Dispositionskosten eingesetzt werden, wenn sich die Informationen gegenüber der letzten
Korrektur erheblich verändert haben. Dadurch werden Dispositionskosten
aufgrund kleiner, mehr zufälliger Änderungen vermieden.

Auch kann vom Algorithmus abgeprüft werden, bei welchen Projektsimulationen durch die neuen Planwerte der Projekterfolg gegenüber den Projektsimulationen unter Ansatz der bestehenden Planwerte vermindert wird. Es
kann dann die Entscheidungsregel vorgegeben werden, daß ein Planwert nur
dann korrigiert wird, wenn ein bestimmter Prozentsatz ungünstigerer Projektabläufe nicht überschritten wird. Da für die Simulationsläufe jeweils die
gleichen Zufallszahlenfolgen angesetzt werden (parallele Doppelsimulation),
kann die Wirkung geänderter Planwerte direkt durch den Paarvergleich der
Projektabläufe festgestellt werden.

B. Numerische Beispiele

Die Wirkung der flexiblen Projektplanung soll anhand einiger Beispiele
demonstriert werden. Sie sollen dazu dienen, typische Eigenschaften der flexiblen Planung, wie sie oben abgeleitet wurden, numerisch zum Ausdruck zu
bringen[9]. Zunächst wird der in den Optimierungsalgorithmus der flexiblen
Projektplanung implementierte Kontrollprozeß isoliert betrachtet, dann der
Einfluß der flexiblen Ausgangslösung untersucht.

I. Kontrollprozeß

Wie dargelegt wurde, beeinflussen die Möglichkeiten des implementierten
Kontrollprozesses erheblich die Bedeutung einer flexibel geplanten Ausgangslösung. Deshalb sollen die Wirkungen unterschiedlicher Kontrollstrategien
anhand des Projekts Nr. 1 untersucht werden[10], wobei für die Erlösfunktion

---

9) Neben den angeführten Ergebnissen wurden zahlreiche weitere Rechnungen durchgeführt,
deren Ergebnisse aus Platzgründen nicht veröffentlicht werden.

10) Die Beispielrechnungen in diesem Kapitel werden ausschließlich für das Projekt Nr. 1
durchgeführt. Dadurch sind alle Ergebnisse direkt miteinander vergleichbar.

sowie Warte- und Kapitalbindungskosten die in Kapitel V angegebenen Daten beibehalten werden[11]). Die Schätzwerte für die starr-optimale Projektdauer und den Kapitalwert betrugen $\overline{PE} = 505,4$ ZE und $\overline{C} = 123\,526$ GE. Die zugehörenden Planwerte sind Ausgangslösung der betrachteten Kontrollprozesse. Die Kontrollprozesse werden an einzelnen Projektabläufen untersucht, wobei zu den Kontrollzeitpunkten jeweils erneut der starre Optimierungsalgorithmus angewendet wird[12]).

Es wird nochmals darauf hingewiesen, daß während eines *realen* Projektablaufs zu den Kontrollzeitpunkten der gesamte Algorithmus zur flexiblen Projektplanung angesetzt werden kann. Der implementierte Kontrollprozeß, der hier untersucht werden soll, bestimmt die Planwerte aber jeweils starr.

Um besonders deutliche Entwicklungen zu zeigen, werden zwei extreme Realisationen betrachtet, indem einmal die minimalen Vorgangsdauern (Projektrealisation 1) und zum anderen die maximalen Dauern (Projektrealisation 2) angesetzt werden. Obwohl die Vorgangsdauern innerhalb der Abläufe sehr stark miteinander korreliert sind, ist dieses der Projektleitung zum Beginn nicht bekannt, sondern die Vorgangsdauern werden entsprechend dem Modell (7.07) bis (7.13) geschätzt. Bei der Realisation Nr. 1 liegt der Planwert jedes Vorgangs später als der Abschlußzeitpunkt aller Vorgänger. Es fallen während des Projektablaufs also keine Wartezeiten an. Durch die Vorverlegung der Planwerte wird aber die Projektdauer verringert und damit der Erlös erhöht. Die Kapitalbindungskosten sind allerdings dann höher. Bei der Realisation Nr. 2 wird die Projektdauer von den Planwerten nicht beeinflußt. Dagegen können hier durch die zeitliche Hinausschiebung von Planwerten Warte- und Kapitalbindungskosten eingespart werden.

Einen Überblick über den maximalen Korrekturspielraum des Kontrollprozesses gibt Tabelle (8.01). In ihr sind die Kapitalwerte und Projektdauern bei Ansatz der Ausgangsplanwerte sowie der spätesten Anfangszeitpunkte eingetragen. Die individuellen spätesten Anfangszeitpunkte einer Realisation sind dabei die günstigsten Planwerte, weil hier Warte- und Kapitalkosten am niedrigsten sind und das Projektende nicht beeinflußt wird[13]). Diese Werte sind natürlich zum Projektstart nicht bekannt, sondern können erst berechnet werden, wenn die realisierten Vorgangsdauern des Netzplans bekannt sind. Die auf ihnen basierenden Kapitalwerte sind deshalb theoretische obere Grenzen, die nur zu Vergleichszwecken dienen.

---

11) Vgl. oben S. 132 ff.

12) Dabei werden hier die Funktionswerte im Rahmen des Gradientenverfahrens nach dem Verfahren 1 berechnet, da dieses exaktere Ergebnisse liefert und hier grundsätzliche Aspekte des Kontrollablaufs untersucht werden sollen. Es ist zu beachten, daß später bei der flexiblen Planung im Kontrollprozeß das Verfahren 2 angesetzt wird.

13) Für alle 40 Projektrealisationen der bei der starren Planwertoptimierung simulierten Projektabläufe beträgt die durchschnittliche maximale Korrekturmöglichkeit 12 521 GE und — 15 ZE.

Nr. Reali-sation	Kapitalwert			Projektdauer		
	Ausgangs-planwerte	spätester Anfangs-zeitpunkt	Maximale Korrektur-möglichkeit	Ausgangs-planwerte	spätester Anfangs-zeitpunkt	Maximale Korrektur-möglichkeit
1	177 655	225 279	47 624	427	230	— 197
2	15 932	51 830	35 898	690	690	0

Tabelle (8.01)

In jedem Kontrollzeitpunkt werden im Rahmen des Optimierungsalgorithmus maximal ITMAX = 3 Iterationen durchgeführt. Die Ergebnisse der starren Optimierung haben gezeigt, daß der durchschnittliche Kapitalwert bei den ersten Iterationen bereits das Optimum hinreichend genau annähert.

Für das Modell der Dispositionskosten (7.03) und (7.04) werden folgende Größen angesetzt[14]):

$$c_1 = d_1 = 1000; \quad g_1 = g_3 = 0,5; \quad g_2 = g_4 = 1; \quad c_3 = d_3 = 0;$$

Die Größen c_2 und d_2 werden von der Vorgangsdauer abhängig gemacht und lauten für die Vorgänge V(1) bis V(12):

$$8,3; \; 5,0; \; 8,3; \; 3,5; \; 10,0; \; 3,5; \; 10,5; \; 3,5; \; 10,5; \; 3,5; \; 6,6; \; 8,3.$$

Für das Lernmodell (7.07) bis (7.13) gelten die Größen $a_1 = a_2 = 1$; $c_o = c_u = 0,5$; $a_3 = a_4 = 1$; $a_5 = a_6 = 1$; $R = 0$.

Durch Ansatz von $c_o = c_u = 0,5$ für das maximale Projektlernen wird ein relativ geringer Lerneffekt angenommen.

Die Lernverläufe sind jeweils linear in bezug auf die Annäherung an den Vorgangsbeginn bzw. das Vorgangsende. Die Schätzungen werden durch keine Schätzfehler gestört.

Zur Beschreibung der Kontrollvorgänge werden folgende Durchschnittsgrößen definiert:

$\overline{C}(\mathbf{PA^*}(T))$ = Schätzwert für den Erwartungswert des Kapitalwertes, berechnet in 'T' unter Ansatz der zu T *vor* Korrektur gültigen Planwerte

$\overline{C}(\mathbf{PA}(T))$ = Schätzwert für den Erwartungswert des Kapitalwertes, berechnet in T unter Ansatz der zu T *nach* der Optimierung gültigen Planwerte

$\overline{C}(\mathbf{SA}, T)$ = Schätzwert für den Erwartungswert des Kapitalwertes, berechnet in T unter Ansatz der spätesten Anfangszeitpunkte (ohne Planwertbeeinflussung) für die zu T noch nicht begonnenen Vorgänge.

---

14) Vgl. oben S. 167 ff.

Die gleichen Größen werden auch für die konkrete Projektrealisation berechnet. Dieses ist aber nur möglich, wenn (wie hier) die Realisation bekannt ist[15]).

CREA(**PA***(T)) = Kapitalwert der Projektrealisation, berechnet in T unter Ansatz der zu T vor der Optimierung gültigen Planwerte

CREA(**PA**(T)) = Kapitalwert der Projektrealisation, berechnet in T unter Ansatz der zu T nach der Optimierung gültigen Planwerte

CREA(**SA**, T) = Kapitalwert der Projektrealisation, berechnet in T unter Ansatz der (ohne Planwertbeeinflussung) spätesten Anfangszeitpunkte für die zu T noch nicht begonnenen Vorgänge

Zur Beschreibung des Lerneffektes und des Erfolges der Planwertänderungen[16]) werden folgende Kenngrößen gebildet:

$$(8.05) \qquad \lambda1(T) \ = \ \frac{\overline{C}(\mathbf{PA}(T)) - \overline{C}(\mathbf{PA^*}(T))}{\overline{C}(\mathbf{SA}, T) - \overline{C}(\mathbf{PA^*}(T))}$$

Aussage: Optimierungserfolg bezüglich der Erwartungswerte im Kontrollzeitpunkt T

$$(8.06) \qquad \lambda2(T) \ = \ \frac{CREA(\mathbf{PA}(T)) - CREA(\mathbf{PA^*}(T))}{CREA(\mathbf{SA}, T) - CREA(\mathbf{PA^*}(T))}$$

Aussage: Optimierungserfolg bezüglich Projektrealisation im Kontrollzeitpunkt T

$$(8.07) \qquad \lambda3(T) \ = \ \frac{CREA(\mathbf{PA}(T)) - CREA(\mathbf{PA^*}(0))}{CREA(\mathbf{PA}, 0)) - CREA(\mathbf{PA^*}(0))}$$

Aussage: Ausnutzung der maximalen Korrekturmöglichkeit der Projektrealisation

a) Ein einzelner Kontrollzeitpunkt

Soll während des Projektablaufs lediglich ein einzelner Kontrollzeitpunkt gesetzt werden, dann muß seine zeitliche Lage festgelegt werden[17]).

Für eine relativ späte zeitliche Lage sprechen:

(1) Die Ausnutzung des Projektlernens (Erhöhung von co(T) bzw. cu(T)).

(2) Die Ausnutzung des Lernens bei Annäherung an den Vorgangsbeginn bei den Vorgängen mit relativ spätem geplantem Anfangszeitpunkt.

---

15) Die Größen CREA(PA*(T)), CREA(PA(T)), CREA(SA, T) haben deshalb nur theoretische Bedeutung, weil die tatsächlichen Vorgangsdauern der noch nicht beendeten Vorgänge der Projektleitung zu einem Kontrollzeitpunkt noch unbekannt sind.

16) Der Nenner in (8.05) ist wieder nur ein theoretischer Wert, da für jeden der N Netzpläne einer Simulation die **individuellen** spätesten Anfangszeitpunkte als Planwerte angesetzt werden.

17) Wenn lediglich ein Kontrollzeitpunkt besteht, so stimmt in ihm flexible und starre Optimierung überein, weil keine späteren Korrekturen möglich sind.

Für einen frühen Kontrollzeitpunkt spricht, daß zu ihm der Korrekturspielraum noch hoch ist, weil erst wenige Vorgänge begonnen sind.

Neben diesen allgemeinen Einflußfaktoren ist auch die konkrete Ist-Situation zu einem Kontrollzeitpunkt zu beachten: ob beispielsweise gerade mehrere Vorgänge beendet sind und damit eine günstige Korrektursituation für die nachfolgenden bilden oder ob gerade alle anstehenden Vorgänge begonnen worden sind.

Für die Realisation 1 (minimale Vorgangsdauern) werden 6 Projektabläufe betrachtet, wobei jeweils *ein* Kontrollzeitpunkt zu T = 50, 100, 150, 200, 250, 300 und 350 angesetzt wird.

In Abb. (8.04) ist der Verlauf der Größe $\lambda 3(T)$ (vgl. (8.04)) eingezeichnet[18]. Die Größe gibt an, wie hoch die Steigerung des Kapitalwertes gegenüber der zu Beginn des Projekts maximal möglichen Steigerung ausgenutzt wird.

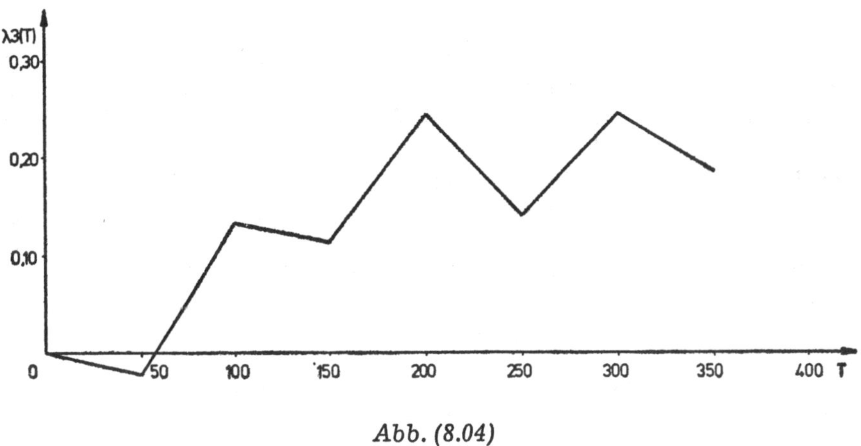

Abb. (8.04)

Die Größe $\lambda 3(T)$ zeigt keinen einheitlichen Verlauf. Zum Kontrollzeitpunkt T = 50 wird die Ausgangslösung sogar verschlechtert. Auffällig ist weiter, daß die Größe bei T = 150 und T = 250 jeweils gegenüber den Nachbarwerten abfällt.

Um zu prüfen, ob diese geringen Werte darauf zurückzuführen sind, daß zu diesen Zeitpunkten der Spielraum für eine Plankorrektur vom Optimierungsalgorithmus nicht ausgenutzt wird, werden in Abb. (8.05) die Größen $\lambda 1(T)$ und $\lambda 2(T)$ betrachtet.

---

18) Aus Gründen der Übersichtlichkeit sind die Punkte gradlinig miteinander verbunden, obwohl jeder Punkt einen eigenen Projektablauf darstellt.

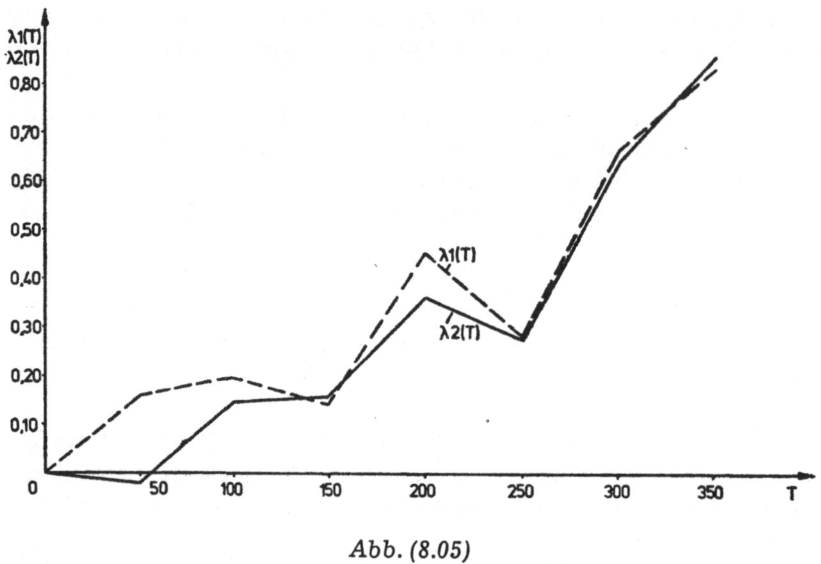

Abb. (8.05)

Zunächst ist zu sehen, daß ab T = 150 beide Polygonzüge nahezu gleich verlaufen, d. h., die vom Algorithmus erzielte Erhöhung des erwarteten Kapitalwertes wirkt sich in nahezu gleicher Höhe auch auf die tatsächliche Realisation aus. Zum Kontrollzeitpunkt T = 50 wird allerdings bei der tatsächlichen Realisation der Kapitalwert verringert, während der erwartete Kapitalwert durch die Plankorrektur erhöht wird. Hier zeigt sich die oben beschriebene Störung des Kontrollablaufs[19]). Bei den Kontrollzeitpunkten T = 150 und T = 250 fällt wie in Abb. (8.04) der Optimierungserfolg gegenüber den Nachbarwerten ab. Dieses ist auf die konkrete Projektsituation zu den Zeitpunkten zurückzuführen, wie eine nähere Analyse zeigt.

In Abb. (8.06) sind die geschätzten Spannweiten MAXD(i, T) — MIND(i, T) der Vorgangsdauern zu den Kontrollzeitpunkten eingezeichnet[20]). Die Vorgangsnummern sind an den Kurvenzügen eingetragen.

Ein Vorgang ist beendet, wenn die Spannweite gleich 0 ist. Außerdem ist angegeben, wie viele Vorgänge gerade bearbeitet werden und wieviel bereits beendet sind. Die Schätzwerte zu den einzelnen Kontrollzeitpunkten sind wieder aus Gründen der Übersichtlichkeit geradlinig miteinander verbunden.

Aus der Abb. (8.06) ist nun deutlich zu sehen, daß sich zum Kontrollzeitpunkt T = 150 die Schätzwerte kaum verändert haben, andererseits die Vorgänge V(3) und V(4) bereits lange beendet sind, so daß die diesen Vorgängen folgenden Vorgänge nicht mehr so weit vorgezogen werden können wie bei T = 100.

---

19) Vgl. oben S. 198 ff.

20) Da die betrachtete Projektrealisation die minimalen Vorgangsdauern sind, gibt die Spannweite den maximalen Schätzfehler an.

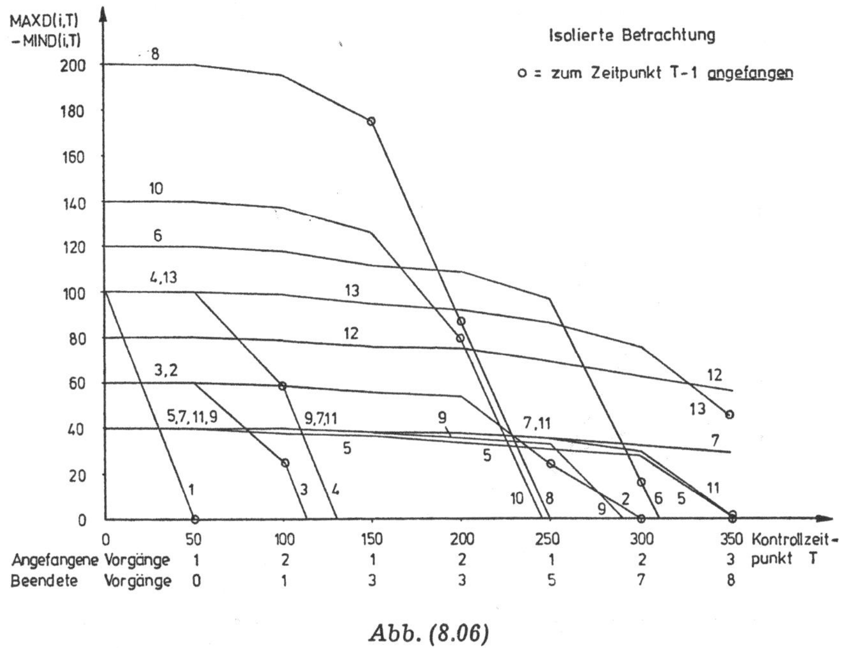

Abb. (8.06)

Dagegen verändern sich die Schätzwerte im Zeitpunkt T = 200 gegenüber T = 150 erheblich, so daß hier der höhere Kontrollerfolg aus einer verbesserten Informationslage resultiert.

Ähnliche Überlegungen gelten auch für den Kontrollzeitpunkt T = 250.

b) Periodische Kontrollzeitpunkte

Zu Beginn des Projektes wird ein festes Kontrollintervall DKT bestimmt, in dessen Abständen jeweils eine Plankorrektur durchgeführt wird. Um den Einfluß der Länge des Kontrollintervalls zu testen, werden Projektabläufe mit den Intervallen DKT = 50, 100, 150, 200, 250, 300, 350 und 400 betrachtet. In Abb. (8.07) ist die Größe $\lambda 3(T)$ für die Realisationen 1 und 2 eingezeichnet. Als T wird in $\lambda 3(T)$ jeweils der letzte Kontrollzeitpunkt angesetzt, so daß die Größe den insgesamt erzielten Kontrollerfolg des betreffenden Kontrollintervalls angibt.

Während bei hohen Kontrollintervallen der Kontrollerfolg der Realisation 2 nur wenig hinter dem der Realisation 1 zurückbleibt, ist er bei dem Intervall 50 mit 0,328 gegenüber 0,51 wesentlich geringer[21]). Dieses ist auf den geringen

---

21) Es muß beachtet werden, daß in den Kapitalwerten auch die Dispositionskosten enthalten sind, so daß der Kontrollerfolg ohne Beachtung dieser Kosten erheblich ist. Die nicht abgezinsten Dispositionskosten betragen z. B. bei einem Kontrollintervall von 50 ZE für Realisation 1 11 625 GE und für Realisation 2 6664 GE.

Lerneffekt zu Beginn des Projektes bei der Realisation 2 zurückzuführen. Wegen der langen Vorgangsdauern sind zu den ersten Kontrollzeitpunkten kaum Vorgänge abgeschlossen, so daß das Projektlernen erst sehr spät einsetzt und Korrekturmöglichkeiten zu Beginn des Projektes ausgelassen werden.

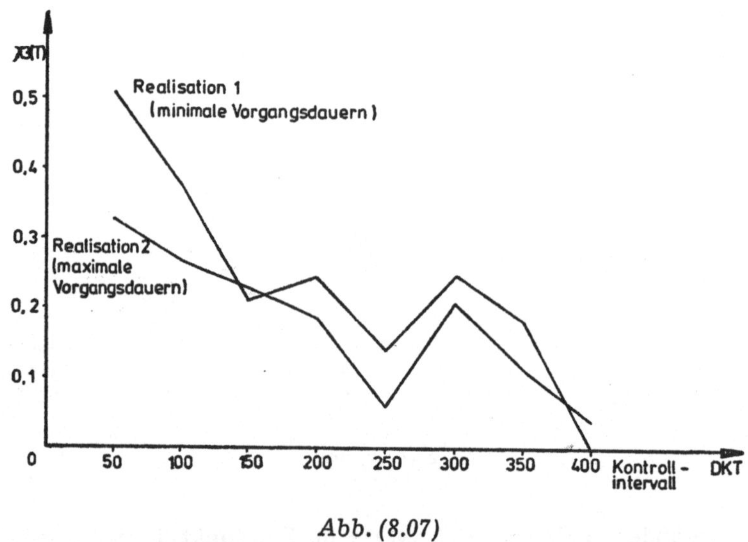

Abb. (8.07)

Dieses zeigt sich auch deutlich, wenn die Projektabläufe für das einzelne Kontrollintervall DKT = 50 im einzelnen betrachtet werden. In Abb. (8.08) ist dazu der Verlauf von $\lambda3(T)$ für die beiden Projektrealisationen eingezeichnet.

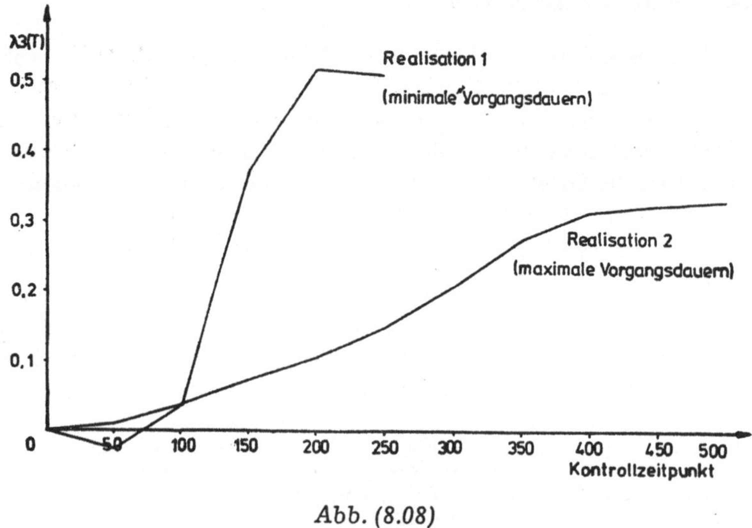

Abb. (8.08)

In den Abbildungen (8.09) und (8.10) sind die Entwicklungen der Planwerte während des Kontrollprozesses eingezeichnet.

Die abgewinkelte Gerade hat die Form PA(i, T) = T. Bei der Realisation 1 (minimale Vorgangsdauern) können alle Vorgänge zu ihrem Plananfangszeitpunkt PA(i, T) beginnen, also wenn der Planwertzug die abgewinkelte Gerade schneidet.

Dagegen können bei der Realisation 2 Wartezeiten auftreten, d. h., der Planwert PA(i, T) wird überschritten.

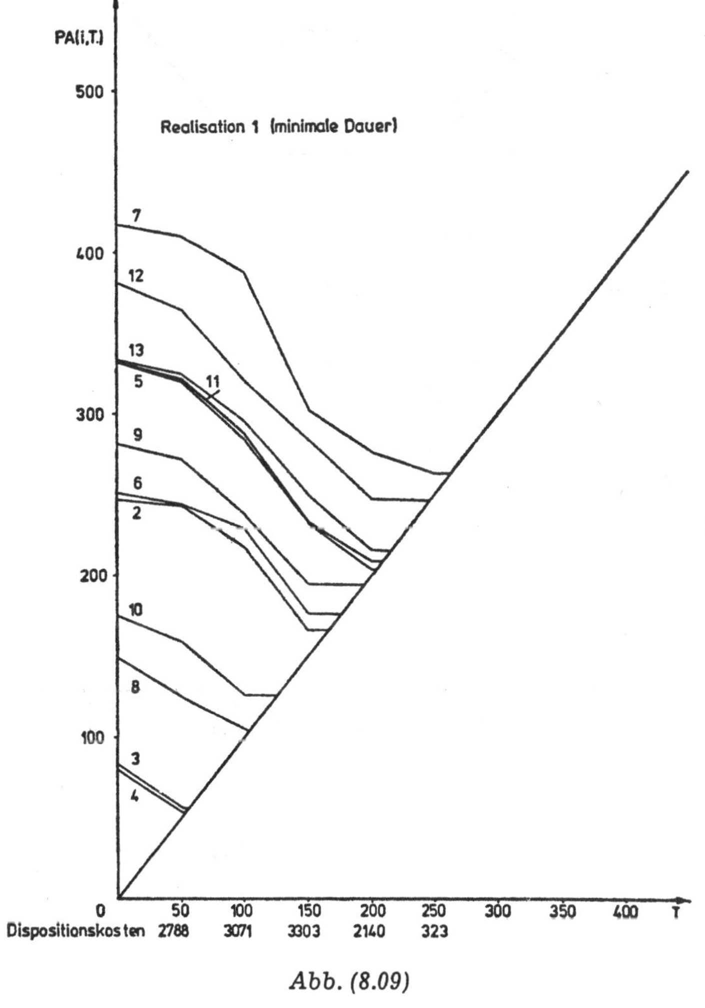

Abb. (8.09)

Die gestrichelten Linien in Abb. (8.10) zeigen die Wartezeiten der einzelnen Vorgänge an. Während für Vorgänge mit relativ niedrigen Planwerten erheb-

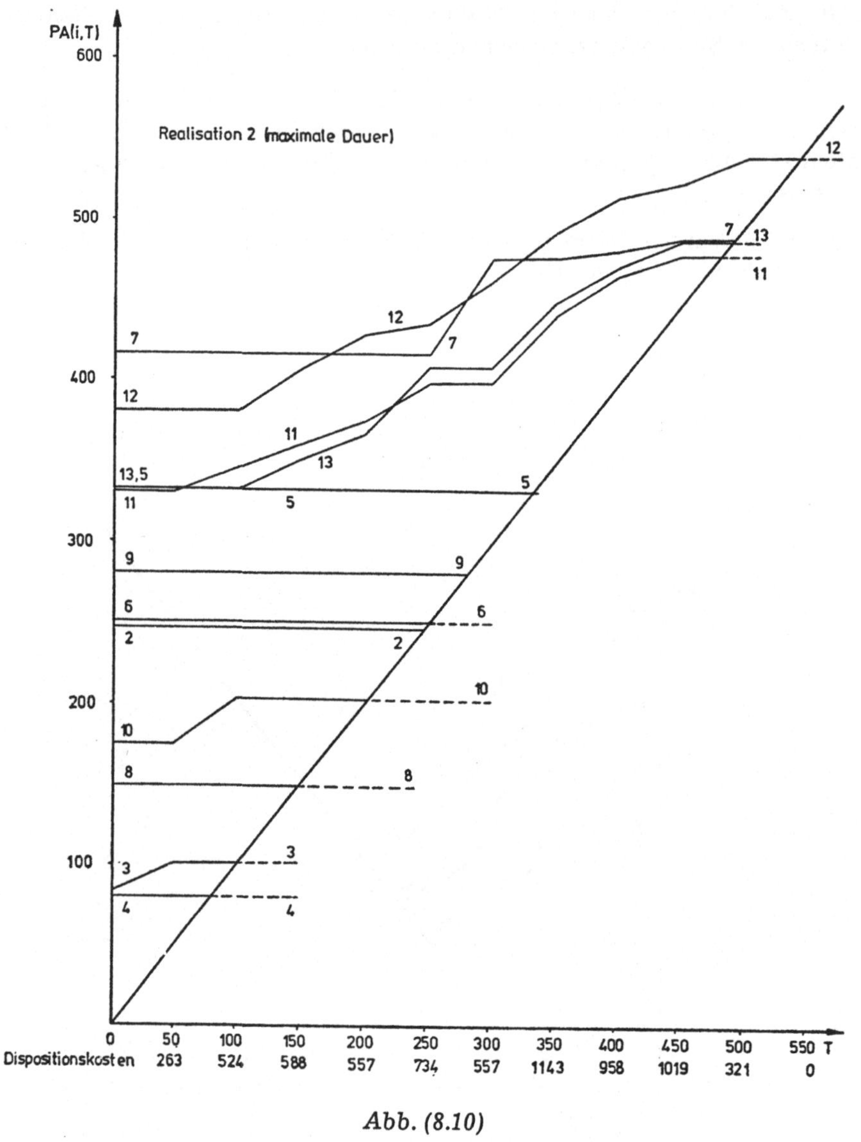

Abb. (8.10)

liche Wartezeiten anfallen, werden diese bei höheren Planwerten aufgrund der Plankorrekturen des Kontrollprozesses vermieden.

c) Der durchschnittliche Kontrollerfolg

Bisher wurde der Kontrollprozeß an zwei ausgewählten Projektrealisationen untersucht. Für das periodische Kontrollintervall DKT = 200 wird nun aus 40 Projektsimulationen der durchschnittliche Kontrollerfolg ermittelt.

Wiederum werden die starr-optimalen Planwerte aus Kapitel V als Ausgangslösung angesetzt. Wegen der höheren Rechengeschwindigkeit werden die Funktionswerte innerhalb des Optimierungsverfahrens zu den Kontrollzeitpunkten nun anhand des analytischen Näherungsverfahrens 2 berechnet. Wie in Kapitel V gezeigt wurde, nähert das Gradientenverfahren auf Basis des Verfahrens 2 die optimalen Lösungen nicht so gut an wie auf Basis des Verfahrens 1. Durch diesen Störfaktor wird hier der mögliche Kontrollerfolg unterschätzt.

Der Schätzwert für den erwarteten Kapitalwert des Projekts steigt unter Einschluß des Kontrollprozesses vom starr-optimalen Wert 123 526 GE auf 123 992 GE, also um 466 GE. Die durchschnittliche Projektdauer sinkt von 505,36 auf 502,5 ZE.

Der relativ geringe durchschnittliche Kontrollerfolg von 466 GE ist (neben der systematischen Unterschätzung) auf die Struktur der starr-optimalen Ausgangslösung zurückzuführen. Dieses geht sehr deutlich aus Abb. (8.11) hervor. In ihr sind jeweils die Differenzen der Kapitalwerte der 40 Projektsimulationen mit und ohne Kontrollprozeß eingetragen. Die Differenz der beiden Kapitalwerte einer Projektrealisation wird dabei derjenigen Projektdauer zugeordnet, wie sie sich für die Realisation ohne Planwertbeeinflussung ergibt. Dadurch wird die graphische Lage einer Projektrealisation von der gerade betrachteten Planwertlösung oder Kontrollstrategie unabhängig gemacht und die Beispielrechnungen sind leichter vergleichbar.

Die erwartete Projektdauer bei Ansatz der starr-optimalen Planwerte liegt mit 505 ZE relativ nahe dem Wert ohne Planwertbeeinflussung von 490 ZE. Die Planwerte der Ausgangslösung ermöglichen deshalb bereits relativ niedrige Projektdauern, so daß nur bei extrem kurzen Vorgangsdauern durch ein Vorziehen der Planwerte größere Kontrollerfolge auftreten. Andererseits ist der Wartekostensatz mit 35 GE so niedrig, daß nur bei extrem langen Vorgangsdauern durch die Verschiebung von Planwerten erhebliche Kontrollerfolge auftreten. Die Mehrzahl der Fälle liegt aber naturgemäß im Bereich mittlerer Projektdauern. Hier sind aber nur geringe Kontrollerfolge möglich. Außerdem lassen die Lernprozesse vor allem zum Kontrollzeitpunkt 200 noch erhebliche Störungen des Kontrollprozesses zu, so daß sich hier in mehreren Fällen der Kapitalwert (z. B. durch die Dispositionskosten) gegenüber dem starren Verlauf erheblich verringert.

Bei der betrachteten Datensituation ist der Einfluß des Kontrollprozesses auf die Erwartungswerte also gering, während, wie Abb. (8.11) zeigt, bei extremen einzelnen Projektabläufen erhebliche Kontrollerfolge auftreten können. Da Projekte immer einzelne Geschehen sind und von vornherein nicht bekannt ist, ob ein durchschnittlicher oder außergewöhnlicher Ablauf zu erwarten ist, begründet gerade die große Varianz des Kontrollerfolges die Anwendung des Kontrollprozesses.

14 Scheer

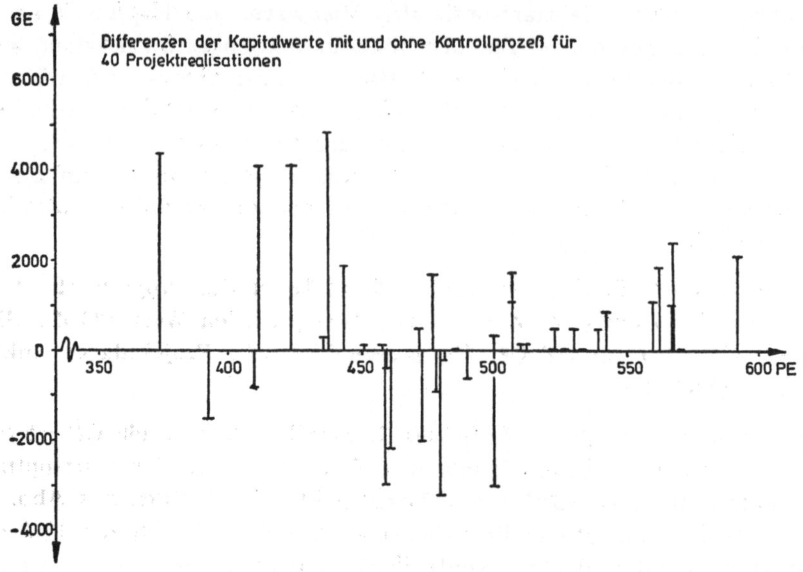

Abb. (8.11)

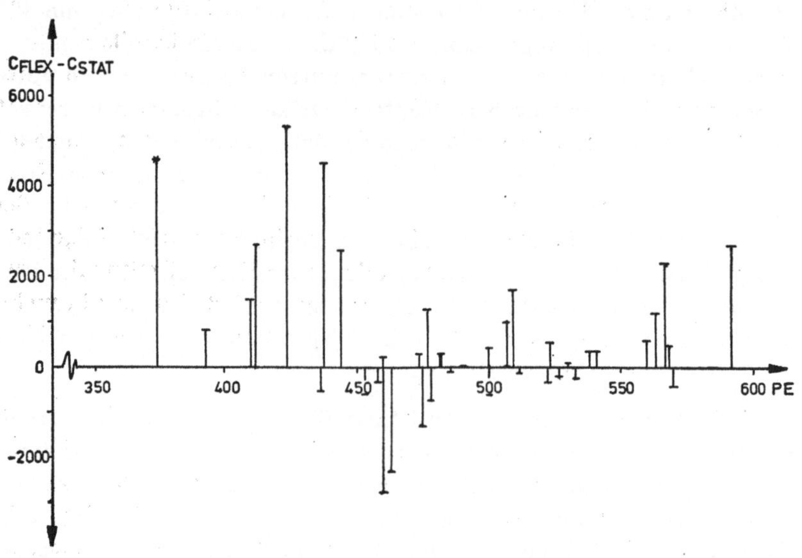

Abb. (8.12)

II. Flexibel bestimmte Ausgangslösung

Die Wirkung der flexibel bestimmten Ausgangslösung wird auf Grundlage der in Kapitel V eingeführten Datensituationen des Projektes Nr. 1 demonstriert[22]. Die Datensituationen sind mit ihren Ergebnissen der starren Planung und den maximalen Korrekturspielräumen nochmals in Tabelle (8.02) zusammengestellt. Die Zeitgrößen des Projektnetzplans sind jeweils für alle Situationen gleich (vgl. oben S. 73 f.).

	Datensituation 1	Datensituation 2	Datensituation 3
Nettoerlösfunktion	$NE(PE) = 350\,000 -$ $76 \cdot (PE - 230) -$ $0{,}331 \cdot (PE - 230)^2$	$NE(PE) = 5\,000\,000 -$ $2174 \cdot (PE - 230) -$ $2{,}36 \cdot (PE - 230)^2$	$NE(PE) = 5\,000\,000 -$ $1087 \cdot (PE - 230) -$ $9{,}45 \cdot (PE - 230)^2$
Zinssatz pro ZE	0,0005	0,001	0,001
$KF(i)$	5000 GE	50 000 GE	50 000 GE
$k(i)$	50 GE/ZE	2 000 GE/ZE	2 000 GE/ZE
$w(i)$	35 GE/ZE	2 000 GE/ZE	1 000 GE/ZE
Erwarteter Kapitalwert (Projektdauer) bei Ansatz $\overline{FA}(i)_{PERT-SIM}$ als Planwerte	121 117 (517,2)	55 609 (517,2)	9 970 (517,2)
Erwarteter Kapitalwert (Projektdauer) bei Ansatz der starr-optimalen Planwerte	123 526 (505,36)	164 390 (541,4)	49 807 (510,8)
Erwarteter Kapitalwert (Projektdauer) bei Ansatz der individuellen spätesten Startzeitpunkte	136 121 (490,5)	477 524 (490,5)	348 607 (490,5)
Maximale Korrekturspielräume für erwartete Kapitalwerte (Projektdauer)	12 595 (—15,36)	313 134 (—50,9)	298 800 (—20,3)

Tabelle (8.02)

Datensituation 1 ist durch einen geringen Korrekturspielraum charakterisiert, Datensituation 2 durch einen hohen Wartekostensatz und durch eine entsprechend hohe starr-optimale Projektdauer mit großem Korrekturspielraum, Datensituation 3 durch einen steilen Verlauf der Erlösfunktion. Bei allen Beispielrechnungen wird ein periodisches Kontrollintervall von DKT = 200 angesetzt.

Die Anzahl der Iterationen des Optimierungsverfahrens innerhalb des Kontrollprozesses beträgt 3—5[23]; für die Optimierung des flexiblen Planwert-

---

22) Vgl. Tabelle (5.03).

23) Durch Testläufe wurde diese Anzahl als hinreichend genau ermittelt.

14*

vektors **PA**(0) werden je nach Problemstellung 4 bis 6 Iterationen des Gradientenverfahrens angesetzt, wobei die starr-optimale Lösung als Anfangslösung des Verfahrens dient.

a) Datensituation 1

Für den Kontrollprozeß werden die bereits oben eingeführten Daten angesetzt[24]). Der Schätzwert für den erwarteten Kapitalwert steigt dadurch gegenüber dem im vorhergehenden Abschnitt behandelten Fall: starr-optimale Planwerte mit Kontrollprozeß um 167 GE auf 124 159 GE. Die flexibel bestimmten Planwerte verändern sich gegenüber den starr-optimalen nur geringfügig, indem die Werte von 5 Vorgängen um 2 ZE verringert werden. Dieses war bereits nach den Ergebnissen des Kontrollprozesses zu erwarten. In Abb. (8.12) sind die Kapitalwertdifferenzen der 40 Projektrealisationen zwischen flexibler Lösung und starr-optimaler ohne Kontrollprozeß eingetragen. Gegenüber Abb. (8.11) fällt auf, daß sich durch die flexiblen Planwerte die negativen Abweichungen verringert haben.

Die Ähnlichkeit zwischen den starr-optimalen und flexiblen Planwerten zeigt sich auch, wenn die Dispositionskosten gleich 0 gesetzt werden, obwohl hier der Erwartungswert des Kapitalwertes auf 126 383 GE steigt bei einer mittleren Projektdauer von 502,7 ZE. Daß der geringe Effekt der Anwendung der flexiblen Planung allein auf die gewählte Datensituation zurückzuführen ist, bei der die starr-optimale Projektdauer bereits in der Nähe der mittleren Projektdauer ohne Planwertbeeinflussung liegt, wird deutlich, wenn die Ergebnisse der Datensituationen 2 und 3 betrachtet werden.

b) Datensituationen 2 und 3

Entsprechend den theoretischen Ausführungen zur flexiblen Planung[25]) werden für die Datensituationen 2 und 3 unterschiedliche Korrekturen während des Kontrollprozesses zugelassen:

1. Modell:

Nur Vorziehen der Planwerte ist zum Dispositionskostensatz von 150 GE/ZE möglich.

2. Modell:

Nur Hinausschieben der Planwerte ist zu einem Dispositionskostensatz von 150 GE/ZE möglich.

3. Modell:

Vorziehen und Hinausschieben der Planwerte ist zu einem Dispositionskostensatz von jeweils 150 GE/ZE möglich.

---

24) Vgl. S. 201.

25) Vgl. oben S. 191 ff.

Um die Lösungen leichter durchschaubar zu machen, wird das Dispositions-
kostenmodell durch den konstanten Kostensatz stark vereinfacht. Für das
Lernmodell werden folgende Größen eingesetzt: $a1 = a2 = 0,5$; $co = cu = 1$;
$a3 = a4 = 1$; $a5 = a6 = 1$; $R = 0$.

Das Projektlernen wird damit gegenüber dem bei der Datensituation 1 angesetzten Modell verstärkt.

Der Einfluß der flexiblen Ausgangslösung wird anhand der Differenzen zu
der starr-optimalen Politik unter Einschluß des Kontrollprozesses demonstriert.

In den Abb. (8.13) bis (8.15) sind die Änderungen der optimalen flexiblen
Planwerte gegenüber den starr-optimalen eingezeichnet.

Als Abszissenwerte werden dabei die starr-optimalen Planwerte gewählt.
Die zugehörenden Vorgänge werden durch ihre Nummern gekennzeichnet.

Da bei Modell 1 zu den Kontrollzeitpunkten lediglich Planwerte vorgezogen
werden können, sind die flexiblen Ausgangswerte in der Regel höher als die
starren. Dadurch werden bei extrem langen Vorgangsdauern Wartekosten
vermieden, ohne daß die hohen Planwerte bei kurzen Vorgangsdauern die
Projektdauer verlängern müssen.

Entsprechend werden die Planwerte bei Modell 2 tendenziell vorgezogen. Hier
sind nun auch kürzere Projektrealisationen möglich und bei langen Vorgangsdauern werden die Planwerte zu den Kontrollzeitpunkten angepaßt. Bei Modell 3 werden die Planwerte ebenfalls tendenziell verringert. Dieses war zu
erwarten, weil die starr-optimalen Werte aufgrund des hohen Wartekostensatzes relativ spät liegen und niedrigere Planwerte generell günstigere Ausgangswerte für den Kontrollprozeß bilden.

Es ist zu beachten, daß der Algorithmus die Planwerte durchaus differenziert
verändert. Hierdurch kommen die komplizierten Kosten- und Erlösbeziehungen zum Ausdruck. Gleichzeitig werden aber die Planwerte seriell verbun-
dener Vorgänge annähernd im Gleichschritt verändert.

Auffällig ist, daß die Planwerte, die vor dem ersten Kontrollzeitpunkt liegen,
bci allcn Modellen nur wenig verändert werden. Weiter fällt auf, daß die
Planwerte bei Modell 3 gegenüber den beiden anderen Modellen weniger verändert werden. Die Erklärung für diesen Effekt liegt im unterschiedlichen
Einfluß der flexiblen Ausgangslösung gegenüber dem Kontrollprozeß.

Dieses wird anhand der Tabelle (8.03) deutlich.

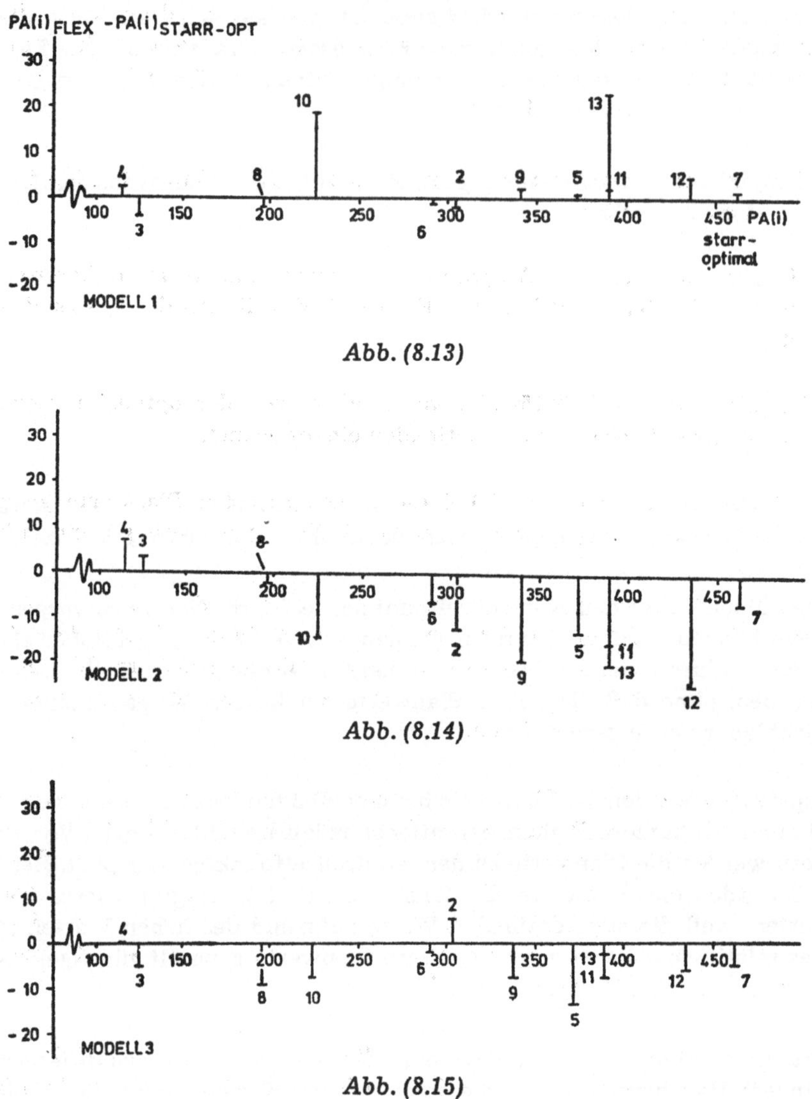

Abb. (8.13)

Abb. (8.14)

Abb. (8.15)

In Tabelle (8.03) sind zu den einzelnen Lösungen die Schätzwerte für den erwarteten Kapitalwert, die erwartete Projektdauer und die durchschnittlichen Dispositionskosten der Kontrollzeitpunkte T = 200 und T = 400 eingetragen. Die starren Planwerte sind Grundlage zweier Simulationen: einmal bleiben sie während der Projektrealisationen unverändert (d. h., es wird kein Kontrollprozeß implementiert) und zum anderen sind sie Grundlage eines Kontrollprozesses[26].

---

26) Der letzte Fall kann als rollierende starre Planung bezeichnet werden.

Lösung			Zeile	Modell 1 (Nur Vorziehen)	Modell 2 (Nur Hinausschieben)	Modell 3 (Vorziehen **und** Hinausschieben)
starr- optimale Planwerte	ohne Kontrollprozeß	Kapitalwert[1]	1	164 390,0	164 390,0	164 390,0
		Projektdauer[1]	2	541,4	541,4	541,4
	mit Kontrollprozeß	Kapitalwert	3	190 423,0	218 760,0	237 147,0
		Projektdauer	4	535,8	541,5	536,4
		Dispositions- kosten[1] T = 200	5	1 882,5	4 800,0	5 325,0
		T = 400		341,25	4 597,5	4 185,0
Erfolg des Kontrollprozesses			6	26 033	54 370	72 757
flexibel- optimale Planwerte	mit Kontrollprozeß	Kapitalwert	7	207 794,0	234 856,0	246 503,0
		Projektdauer	8	535,5	534,3	530,7
		Dispositionskosten T = 200	9	5 820,0	9 851,25	6 600,0
		T = 400		506,25	5 077,5	4 511,0
Erfolg der flexiblen Ausgangslösung			10	17 371	16 096	9 356
Entscheidung über die Nullhypothese, daß die Ausgangsplanwerte nur zu zufälligen Projektabweichungen führen; $\alpha = 0,05$				Ablehnung	Ablehnung	Ablehnung

1) Kapitalwert, Projektdauer und Dispositionskosten stehen jeweils als Abkürzung für „durchschnittliche …".

Tabelle (8.03)

Dabei geben die Differenzen (vgl. Zeile 6) der Lösungen (Zeile 3 abzüglich Zeile 1) den Erfolg des Kontrollprozesses an. Die Differenzen der Kapitalwerte der Simulationen „mit Kontrollprozeß" (Zeile 7 abzüglich Zeile 3) zeigen den Erfolg der flexibel bestimmten Ausgangslösung (also der flexiblen Steuerung) gegenüber der starren. Dieser Planungserfolg ist ebenfalls in Tabelle (8.03) in Zeile 10 angegeben. Der Erfolg der flexibel bestimmten Ausgangslösung (also der flexiblen Planung, wie sie hier verstanden wird) ist bei den Modellen 1 und 2 wesentlich höher als bei Modell 3. Darin kommt die oben verbal abgeleitete Aussage zum Ausdruck, daß die Wirkung einer (flexibel bestimmten) Ausgangslösung abnimmt, je mehr Korrekturmöglichkeiten für sie bestehen. Dieser Effekt erklärt auch die relativ geringe Änderung der Planwerte in Abb. (8.15).

Bei der Beurteilung der absoluten Höhe des flexiblen Planungserfolges muß, wie bereits mehrfach betont wurde, beachtet werden, daß bei einem realen Projektablauf das Verfahren auch zu den Kontrollzeitpunkten angewendet werden kann, während hier innerhalb des antizipierten Kontrollprozesses jeweils starr geplant wird. Aus diesem Grund kann sich der gesamte Erfolg des flexiblen Planungsprinzips erheblich erhöhen.

In den Abbildungen (8.16) bis (8.21) werden die Kapitalwerte der einzelnen simulierten Projektabläufe betrachtet. In (8.16) bis (8.18) sind die isolierten Wirkungen des Kontrollprozesses dargestellt, ausgedrückt durch die Differenz der einzelnen Kapitalwerte bei Ansatz der starr-optimalen Lösung mit und ohne Kontrollprozeß[27].

Der durchschnittliche Erfolg des Kontrollprozesses ist in Zeile 6 der Tabelle (8.03) angegeben. Der Kontrollprozeß wirkt sich wegen der größeren Reaktionsmöglichkeiten am stärksten bei Modell 3 aus und erhöht hier den erwarteten Kapitalwert um 72 757 GE (vgl. Tabelle (8.03)).

Entsprechend den unterschiedlichen Korrekturmöglichkeiten verhalten sich die Größen bei den Modellen 1 und 2, wobei auch hier die Kapitalwerte erheblich steigen.

Bei den einzelnen Projektabläufen der Abb. (8.16) bis (8.18) wird der Kontrollprozeß kaum gestört.

In den Abb. (8.19) bis (8.21) wird der eigentliche Erfolg der flexiblen Ausgangslösung dargestellt. Hier sind die Abweichungen der Kapitalwerte bei Ansatz der optimalen flexiblen und der starren Planwerte als Ausgangslösung des Kontrollprozesses eingezeichnet. Es wird deutlich, daß der Erfolg der flexiblen Planung umgekehrt zum isolierten Erfolg des Kontrollprozesses verläuft. Er ist bei Modell 1 am größten und bei Modell 3 am geringsten. Dies ist darin begründet, daß bei Modell 3 die flexiblen Planwerte zwar

---

27) Die Kapitalwertdifferenzen werden dabei auf der Abszisse den frühestmöglichen Projektdauern ohne Planwertbeeinflussung der einzelnen Simulationen zugeordnet.

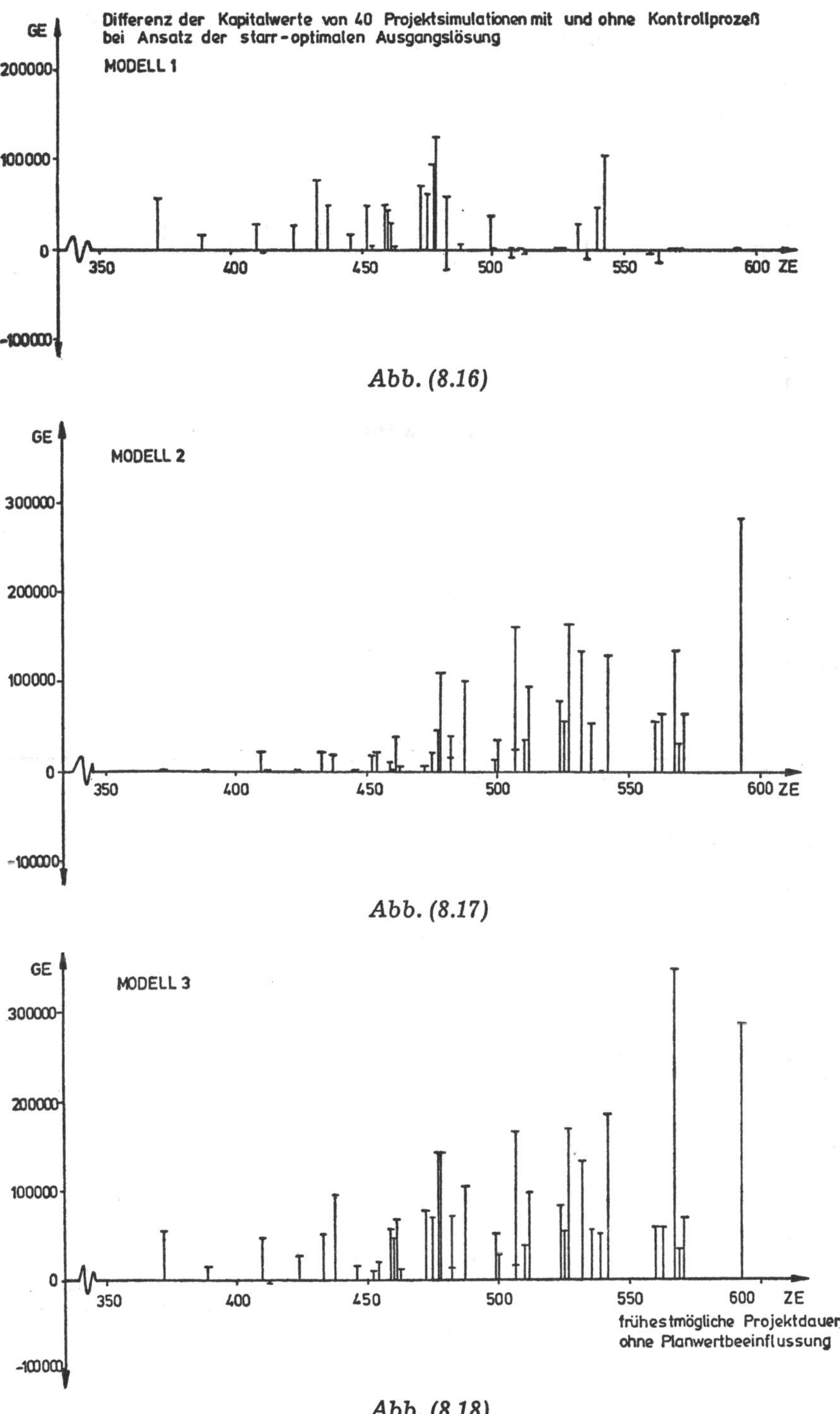

Abb. (8.16)

Abb. (8.17)

Abb. (8.18)

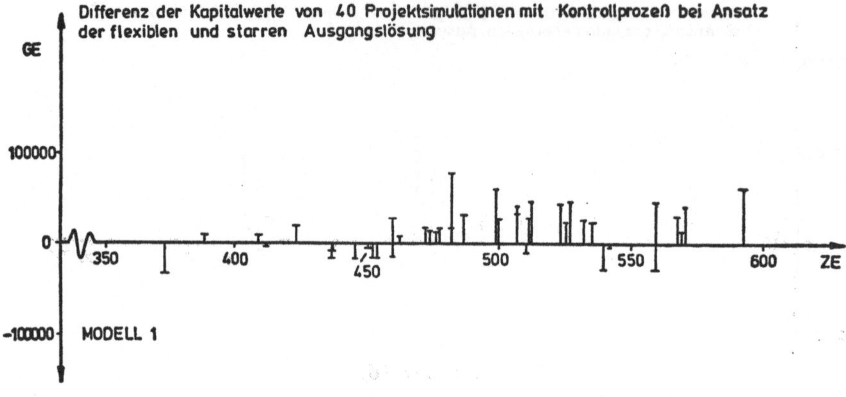

Abb. (8.19)

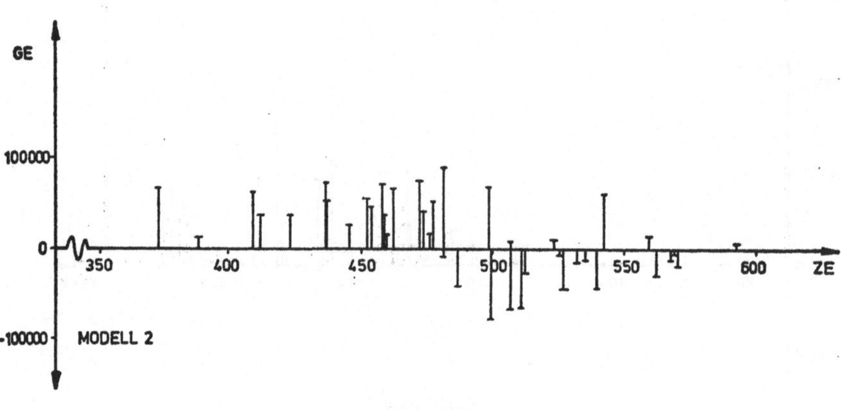

Abb. (8.20)

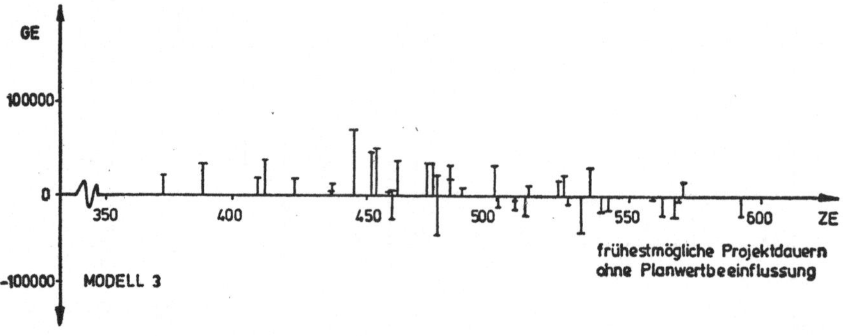

Abb. (8.21)

Vorteile besitzen bezüglich geringerer Dispositionskosten, verbesserter Informationen usw., aber unabhängig von der Ausgangslösung wegen der breiten Korrekturmöglichkeiten vom Kontrollprozeß weitgehend die gleichen Projektabläufe realisiert werden können. Dagegen werden bei den anderen beiden Modellen durch die flexiblen Planwerte erst bestimmte kurze Projektdauern (Modell 1) oder geringe Planwertüberschreitungen (Modell 2) ermöglicht, die durch die starren Ausgangsplanwerte grundsätzlich verhindert wurden.

Die letzte Zeile in Tabelle (8.03) gibt für die Irrtumswahrscheinlichkeit 0.05 die Entscheidung über die Nullhypothese an, daß die Abweichungen der Kapitalwerte bei Ansatz der starren und flexiblen Planwerte zufällig sind.

Für alle drei Modelle muß die Hypothese, daß die Kapitalwertdifferenzen zufällig sind, d. h. die starren und die flexiblen Planwerte nur zu zufällig voneinander abweichenden Projektverläufen führen, abgelehnt werden[28].

Für die Datensituation 3 der Tabelle (8.02) wurden die gleichen Berechnungen durchgeführt. Die Ergebnisse sind in Tabelle (8.04) und in den Abbildungen (8.22) bis (8.27) dargestellt. Sie bestätigen die für die Datensituation 2 gemachten Aussagen, insbesondere wird der Erfolg der flexibel bestimmten Ausgangslösung deutlich.

Lösung			Zeile	Modell 1 (Nur vorziehen)	Modell 2 (Nur Hinausschieben)	Modell 3 (Vorziehen und Hinausschieben)
starr-optimale Planwerte	ohne Kontrollprozeß	Kapitalwert[1])	1	49 806,7	49 806,7	49 806,7
		Projektdauer[1])	2	510,8	510,8	510,8
	mit Kontrollprozeß	Kapitalwert	3	61 729,0	100 562,4	118 619,1
		Projektdauer	4	507,5	510,8	507,5
		Dispostionskosten[1]) T = 200 T = 400	5	3 360,0 0,0	8 223,8 2 632,5	10 563,8 4 458,8
	Erfolg des Kontrollprozesses		6	11 922,3	50 755,7	68 812,4
Flexibel-optimale Planwerte	mit Kontrollprozeß	Kapitalwert	7	72 998,2	116 134,6	133 466,9
		Projektdauer	8	506,7	506,4	504,1
		Dispositionskosten T = 200 T = 400	9	3 360,0 0,0	13 065,0 3 573,8	15 783,8 4 608,8
	Erfolg der flexiblen Ausgangslösung		10	11 269,2	15 572,2	14 047,0

1) Kapitalwert, Projektdauer und Dispositionskosten stehen jeweils als Abkürzung für „durchschnittliche ...".

Tabelle (8.04)

---

28) Zum angewendeten Signifikanztest vgl. oben S. 143.

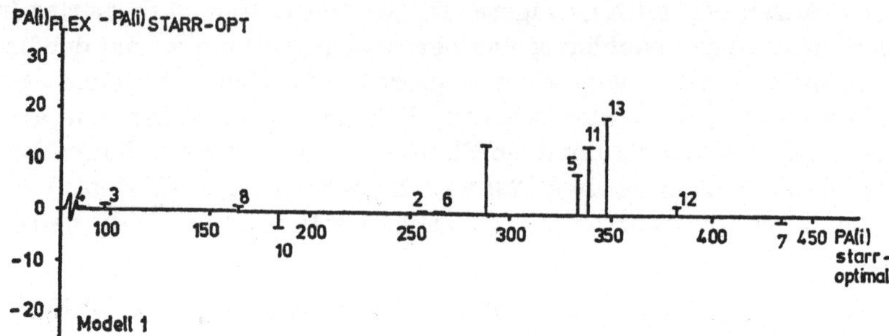

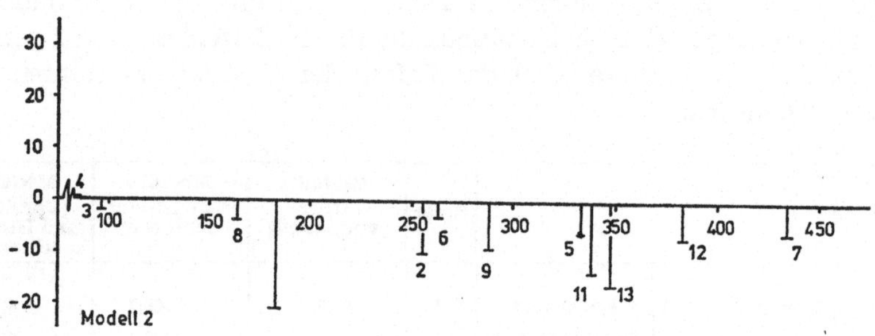

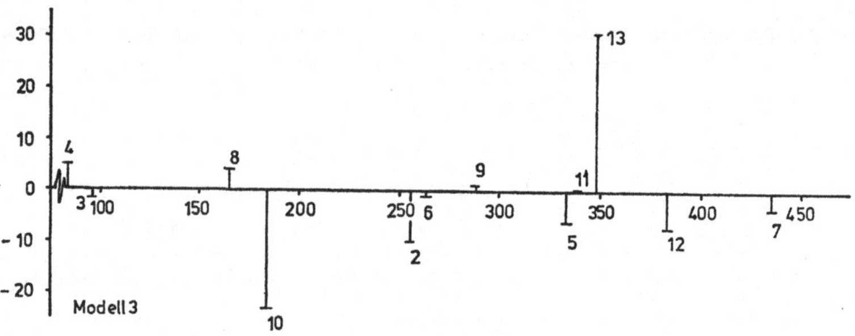

Abb. (8.22)

Abb. (8.23)

Abb. (8.24)

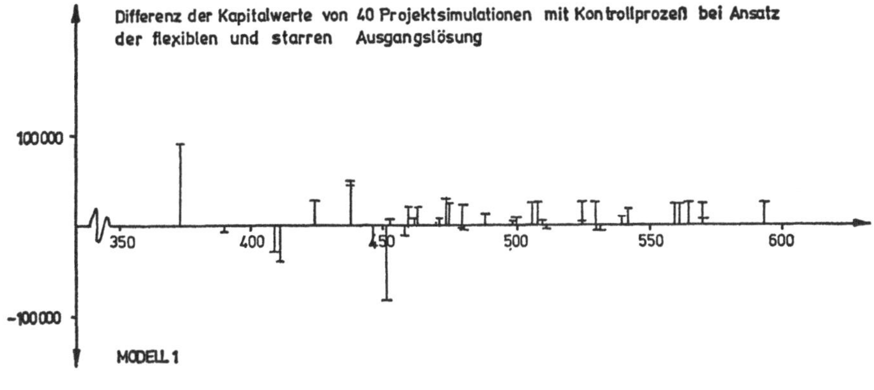

Abb. (8.25)

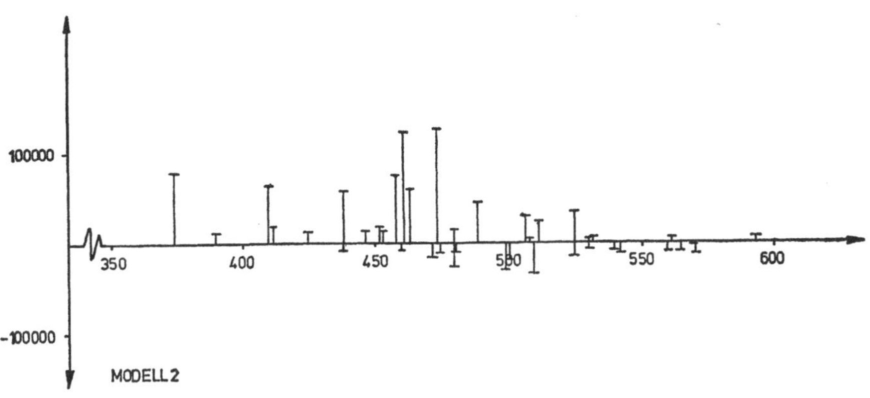

Abb. (8.26)

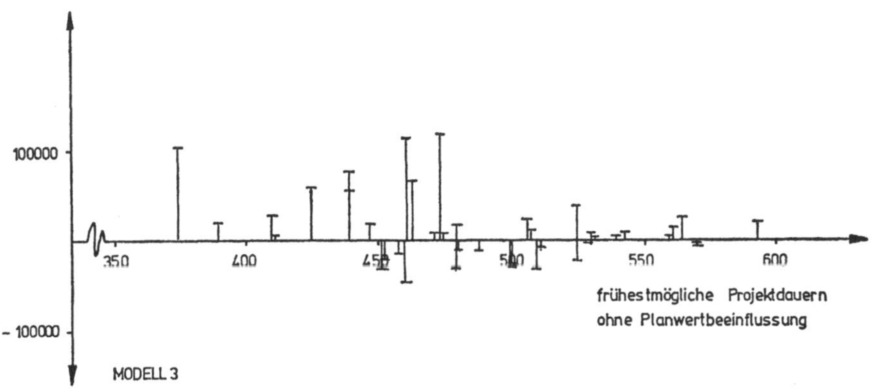

Abb. (8.27)

Anhang

Vgg. Nr. i	MIND(i)	MAXD(i)	STAB(i) Verteilungstyp	
			Gleichvert.	Normalvert.
Projekt Nr. 1				
1	50	150	29,2	16,7
2	30	90	17,6	10,0
3	30	90	17,6	10,0
4	50	150	19,2	16,7
5	20	60	11,8	6,7
6	60	180	34,9	10,0
7	10	50	11,8	6,7
8	100	300	58,0	33,3
9	10	50	11,8	6,7
10	70	210	40,7	23,3
11	20	60	11,8	6,7
12	40	120	23,4	13,3
13	50	150	29,2	16,7
Projekt Nr. 2				
1	100	138	11,3	6,3
2	40	80	11,8	6,7
3	40	78	11,3	6,3
4	50	108	17,0	9,7
5	40	76	10,7	6,0
6	90	148	17,0	9,7
7	60	116	16,5	9,3
8	45	75	8,9	5,0
9	50	106	16,5	9,3
10	75	141	19,3	11,0
11	60	80	6,1	3,3
12	20	40	6,1	3,3
13	45	75	8,9	5,0
14	18	38	6,1	3,3
15	30	52	6,6	3,7
16	65	109	13,0	7,3
17	40	68	8,4	4,7
18	70	130	17,6	10,0
Projekt Nr. 3				
1	150	270	34,9	20,0
2	100	180	23,4	13,3
3	120	160	11,8	6,7
4	10	70	17,6	10,0
5	180	380	58,0	33,3
6	40	120	23,4	13,3
7	20	40	6,1	3,3

Vgg. Nr. i	MIND(i)	MAXD(i)	STAB(i) Verteilungstyp	
			Gleichvert.	Normalvert.
Projekt Nr. 3				
8	50	110	17,6	10,0
9	70	130	17,6	10,0
10	170	250	23,4	13,3
11	3	17	4,3	2,3
12	140	280	40,7	23,3
13	100	180	23,4	13,3
14	120	160	11,8	6,7
15	10	70	17,6	10,0
16	60	100	11,8	6,7
17	30	50	6,1	3,3
18	40	120	23,4	13,3
19	600	1000	115,8	66,7
20	600	1200	173,5	100,0
21	100	180	23,4	13,3
22	10	10	0	0,0
23	30	110	23,4	13,3
24	200	500	86,9	50,0
25	20	80	17,6	10,0
26	5	15	3,2	1,7
27	15	45	8,9	5,0
28	30	130	29,2	16,7
29	140	280	40,7	23,3
30	15	25	3,2	1,7
31	100	180	23,4	13,3
Projekt Nr. 4				
1	20	60	11,8	6,7
2	20	40	6,1	3,3
3	30	90	17,6	10,0
4	10	70	17,6	10,0
5	10	30	6,1	3,3
6	20	40	6,1	3,3
7	20	60	11,8	6,7
8	10	110	29,2	16,7
9	100	200	29,2	16,7
10	10	50	11,8	6,7
11	15	45	8,9	5,0
12	30	90	17,6	10,0
13	80	220	40,7	23,3
14	120	180	17,6	10,0
15	5	15	3,2	1,7
16	30	50	6,1	3,3
17	60	140	23,4	13,3

Vgg. Nr. i	MIND(i)	MAXD(i)	STAB(i) Verteilungstyp	
			Gleichvert.	Normalvert.
Projekt Nr. 4				
18	18	42	7,2	4,0
19	17	23	2,0	1,0
20	70	130	17,6	10,0
21	45	75	8,9	5,0
22	200	320	34,9	20,0
23	180	340	46,5	26,7
24	190	330	40,7	23,3
25	70	170	29,2	16,7
26	10	30	6,1	3,3
27	5	15	3,2	1,7
28	40	120	23,4	13,3
29	90	210	34,9	20,0
30	0	0	0	0,0
31	5	15	3,2	1,7
32	0	0	0	0,0
33	8	32	7,2	4,0
34	10	30	6,1	3,3
35	7	13	2,0	1,0
36	8	12	1,4	0,7
37	6	14	2,6	1,3
38	15	45	8,9	5,0
39	25	35	3,2	1,7
40	15	25	3,2	1,7
41	30	70	11,8	6,7
42	2	18	4,9	2,7
43	4	16	3,7	2,0
Projekt Nr. 5				
1	20	60	11,8	6,7
2	20	40	6,1	3,3
3	30	70	11,8	6,7
4	0	0	0	0,0
5	0	0	0	0,0
6	100	200	29,2	16,7
7	200	600	115,8	66,7
8	20	80	17,6	10,0
9	10	50	11,8	6,7
10	50	150	29,2	16,7
11	0	0	0	0,0
12	200	500	86,9	50,0
13	30	70	11,8	6,7
14	10	50	11,8	6,7
15	150	450	86,9	50,0

Vgg. Nr. i	MIND(i)	MAXD(i)	STAB(i) Verteilungstyp	
			Gleichvert.	Normalvert.
Projekt Nr. 5				
16	40	100	17,6	10,0
17	20	40	6,1	3,3
18	40	80	11,8	6,7
19	70	130	17,6	10,0
20	200	600	115,8	66,7
21	150	450	86,9	50,0
22	150	350	58,0	33,3
23	200	500	86,9	50,0
24	250	550	86,9	50,0
25	50	150	29,2	16,7
26	170	270	29,2	16,7
27	30	90	17,6	10,0
28	80	220	40,7	23,3
29	0	0	0	0,0
30	60	140	23,4	13,3
31	200	300	29,2	16,7
32	80	120	11,8	6,7
33	120	280	46,5	26,7
34	120	280	46,5	26,7
35	170	330	46,5	26,7
36	20	60	11,8	6,7
37	60	200	40,7	23,3
38	40	100	17,6	10,0
39	50	150	29,2	16,7
40	200	340	40,7	23,3
41	90	210	34,9	10,0
42	120	280	46,5	26,7
43	120	180	17,6	10,0
44	100	300	58,0	33,3
45	60	140	23,4	13,3
46	100	400	86,9	50,0
47	90	210	34,9	20,0
48	80	220	40,7	23,3
49	60	140	23,4	13,3
50	60	80	11,8	6,7
51	220	300	46,5	26,7
52	110	150	23,4	13,3
53	90	120	17,6	10,0
54	110	150	23,4	13,3
55	150	300	86,9	50,0
56	20	30	6,1	3,3

Vgg. Nr. i	MIND(i)	MAXD(i)	STAB(i) Verteilungstyp	
			Gleichvert.	Normalvert.
Projekt Nr. 6				
1	20	100	23,4	13,3
2	10	90	23,4	13,3
3	30	90	17,6	10,0
4	10	30	6,1	3,3
5	100	220	34,9	20,0
6	60	260	58,0	33,3
7	20	60	11,8	6,7
8	100	300	58,0	33,3
9	90	150	17,6	10,0
10	50	110	17,6	10,0
11	20	60	11,8	6,7
12	90	150	17,6	10,0
13	500	1300	231,2	133,3
14	30	130	29,2	16,7
15	10	30	6,1	3,3
16	20	60	11,8	6,7
17	120	200	23,4	13,3
18	90	230	40,7	23,3
19	200	320	34,9	20,0
20	140	180	11,8	6,7
21	40	280	69,6	40,0
22	70	110	11,8	6,7
23	60	120	17,6	10,0
24	60	100	11,8	6,7
25	50	110	17,6	10,0
26	80	160	23,4	13,3
27	70	90	6,1	3,3
28	90	150	17,6	10,0
29	10	30	6,1	3,3
30	50	110	17,6	10,0
31	90	150	17,6	10,0
32	80	160	23,4	13,3
33	30	50	6,1	3,3
34	60	100	11,8	6,7
35	20	60	11,8	6,7
36	20	40	6,1	3,3
37	150	250	29,2	16,7
38	30	130	29,2	16,7
39	50	110	17,6	10,0
40	90	150	17,6	10,0
41	110	210	29,2	16,7
42	200	300	29,2	16,7
43	80	160	23,4	13,3
44	70	90	6,1	3,3

Vgg. Nr. i	MIND(i)	MAXD(i)	STAB(i) Verteilungstyp	
			Gleichvert.	Normalvert.
Projekt Nr. 6				
45	40	80	11,8	6,7
46	120	280	46,5	26,7
47	180	320	40,7	23,3
48	110	190	23,4	13,3
49	0	0	0	0
50	90	230	40,7	23,3
51	50	110	17,6	10,0
52	220	280	17,6	10,0
53	230	570	98,4	56,7
54	40	80	11,8	6,7
55	30	90	17,6	10,0
56	30	50	6,1	3,3
57	20	40	6,1	3,3
58	30	70	11,8	6,7
59	20	60	11,8	6,7

Projekt Nr. 1
Erläuterungen:
Fiktiver Endkonten
= Projektende
(a = 1000)
Übrige Konten
(a < 1000)
a = Vorgangsnummer
b = Erwartungswert der Vorgangsdauer
c = Index der Kritizität
d = FA-PERT-klassisch
e = SA-PERT-klassisch
f = FA-PERT-Sim
g = SA-PERT-Sim
h = erwartete Projektdauer PERT-klassisch
i = Standardabweichung PERT-klassisch
j = erwartete Projektdauer PERT-Sim
k = Standardabweichung PERT-Sim
a b
h i
j k
a b c
d e
f g

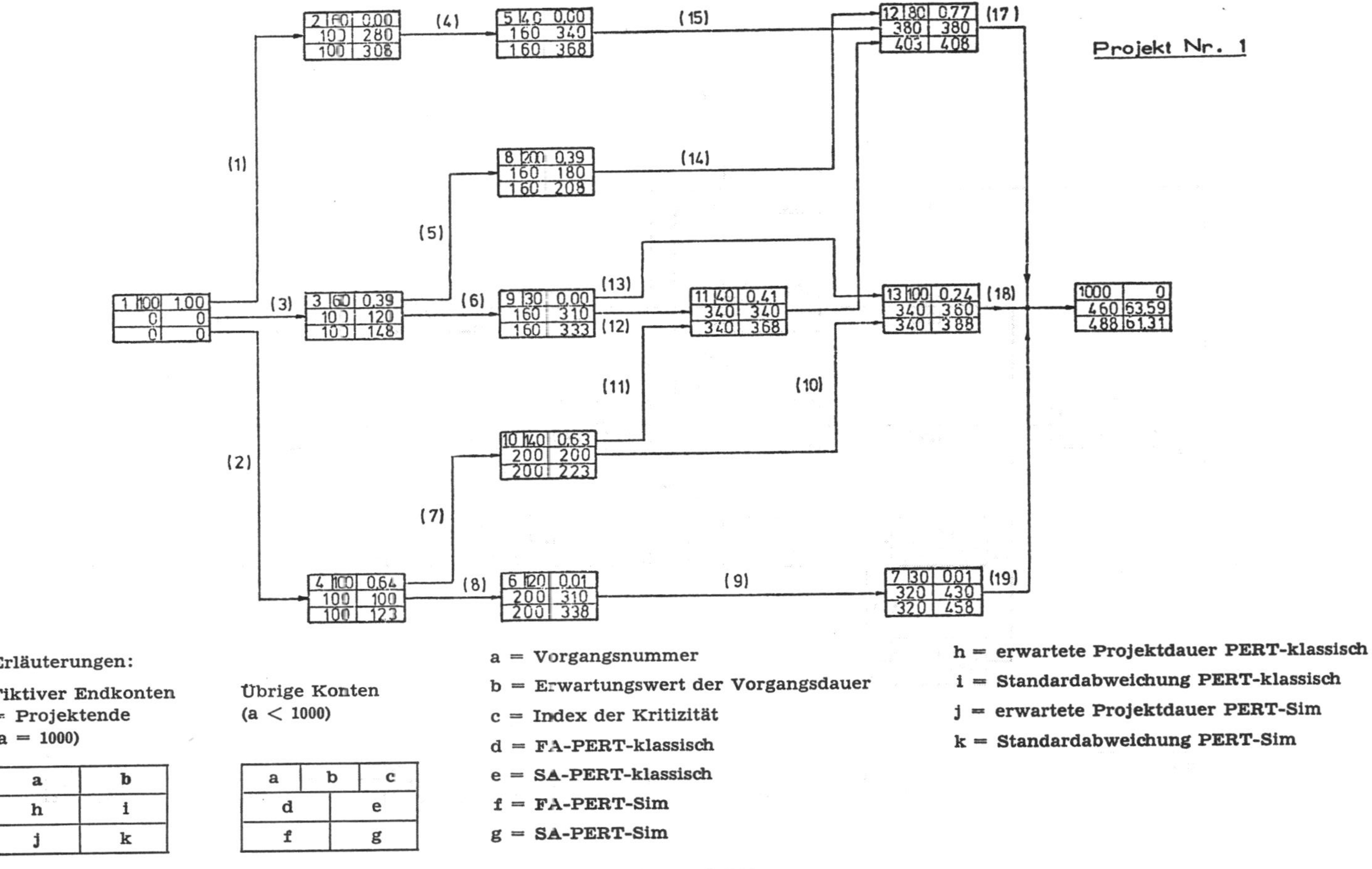

Abb. (A.00)

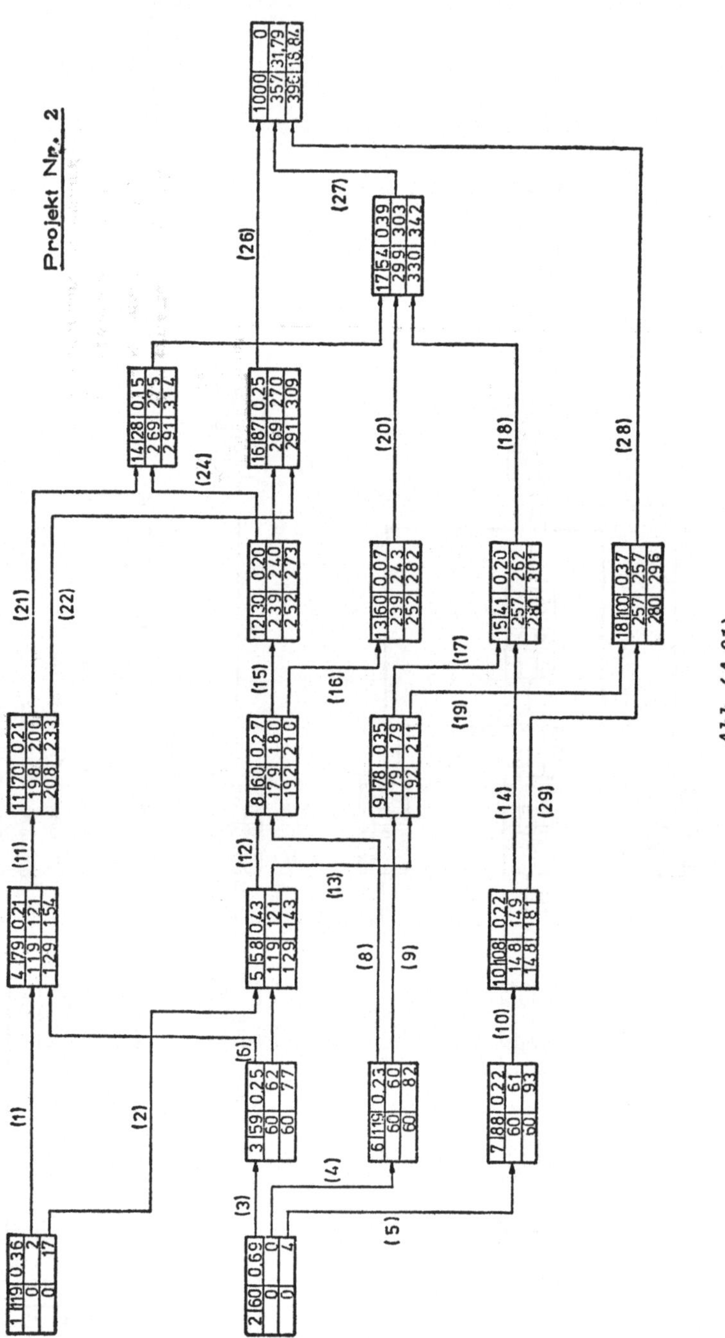

Projekt Nr. 2
Abb. (A.01)

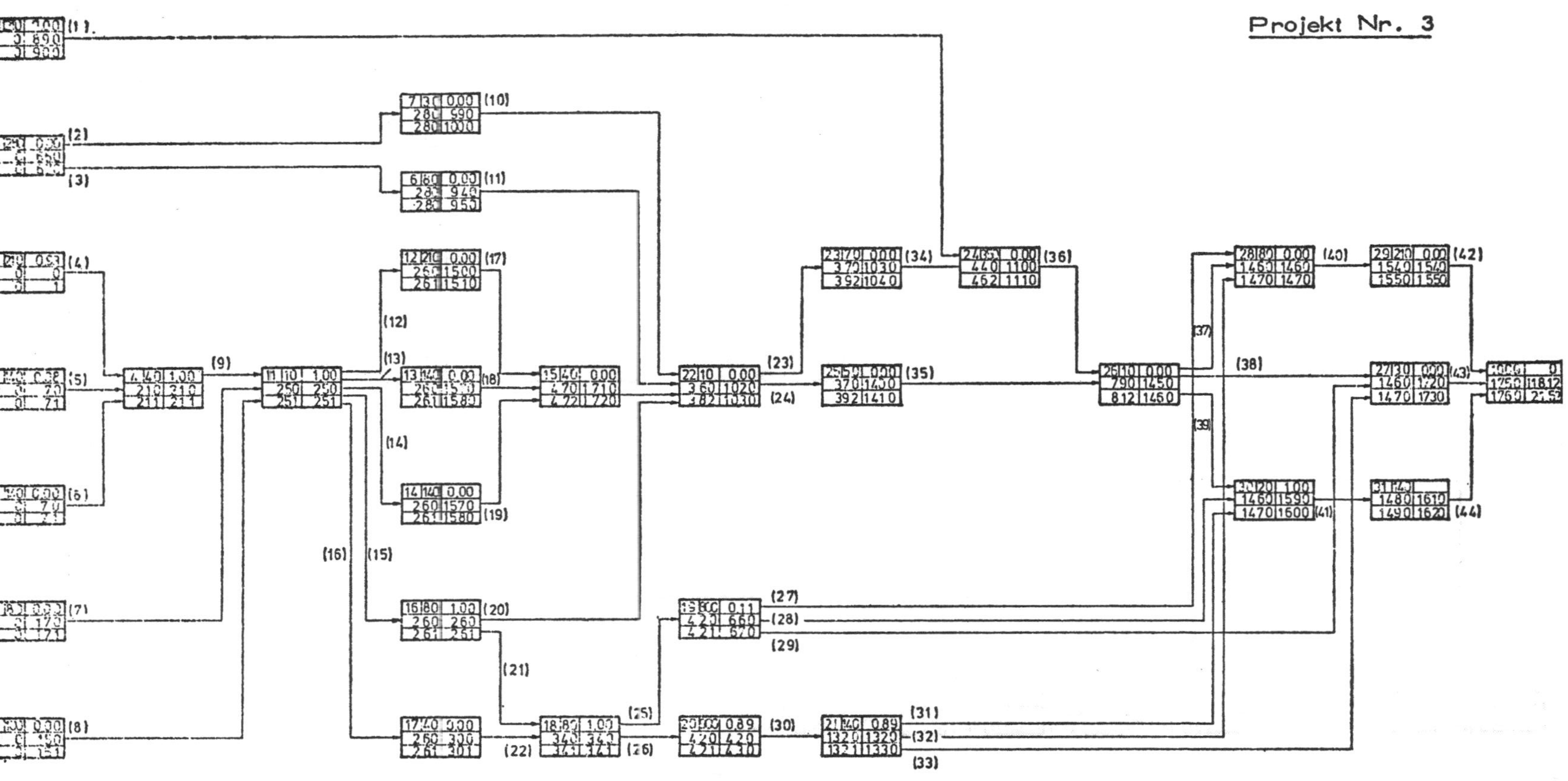

Projekt Nr. 3
Abb. (A.02)

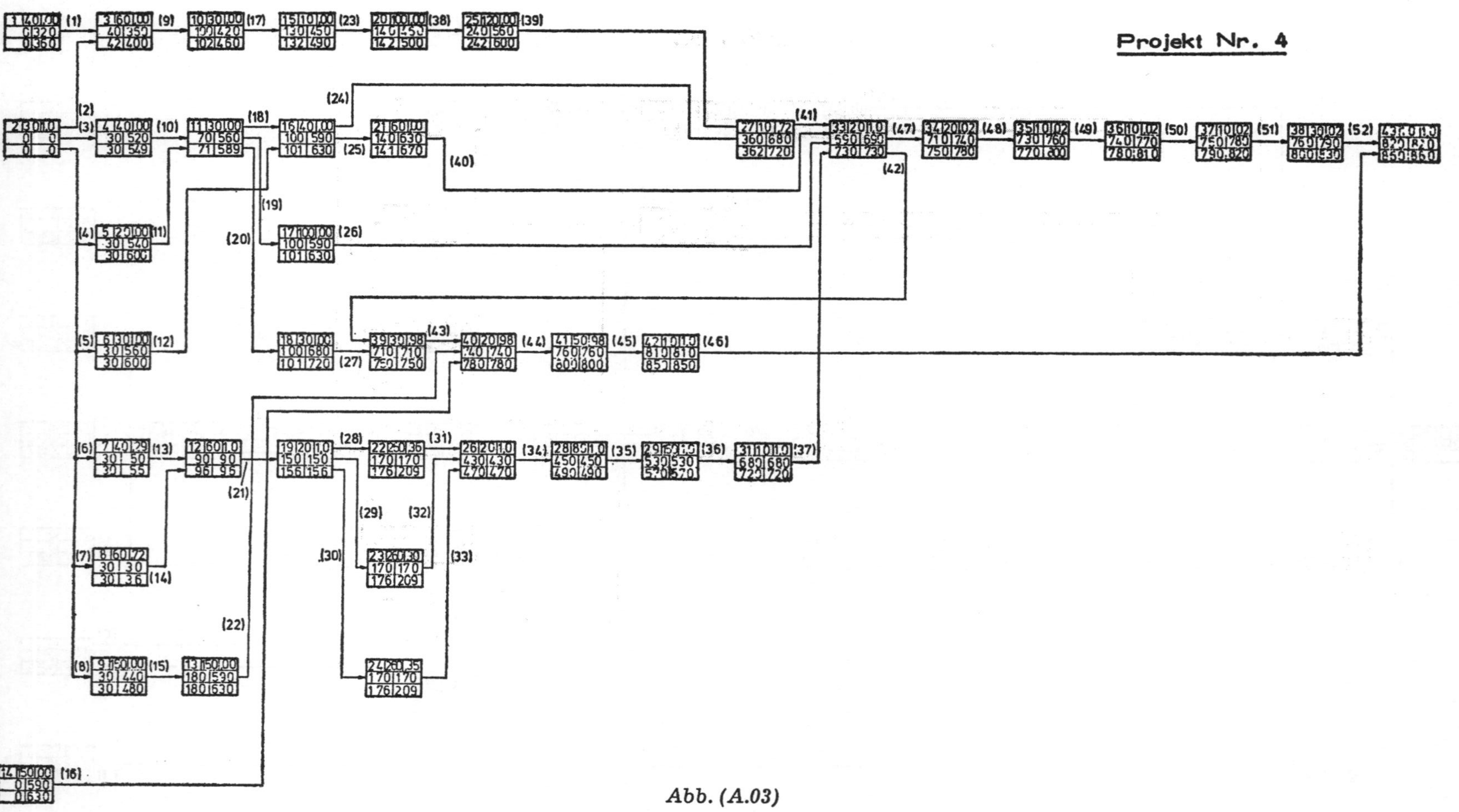

Projekt Nr. 4
Abb. (A.03)

Projekt Nr. 5

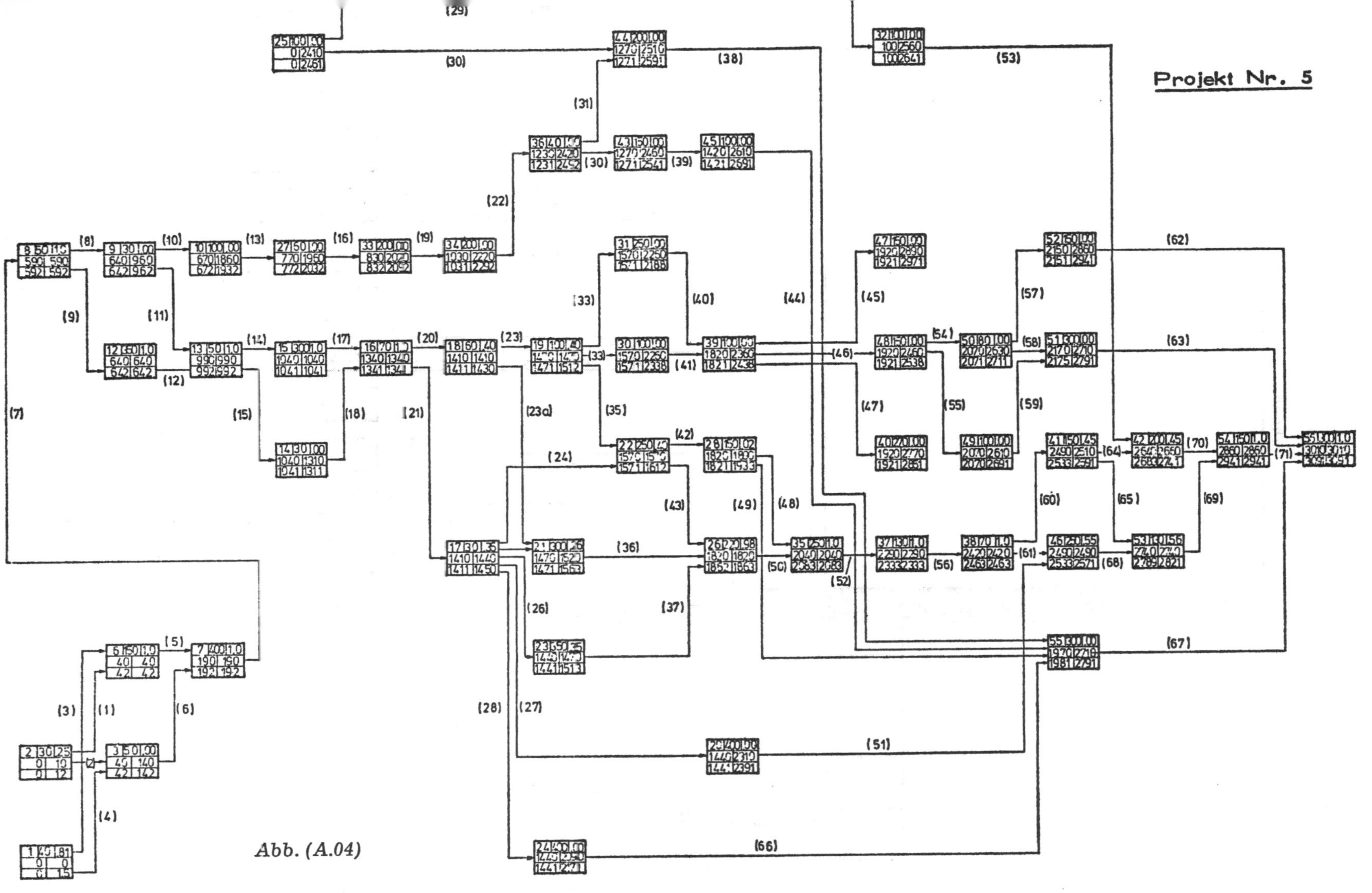

Abb. (A.04)

Projekt Nr. 6

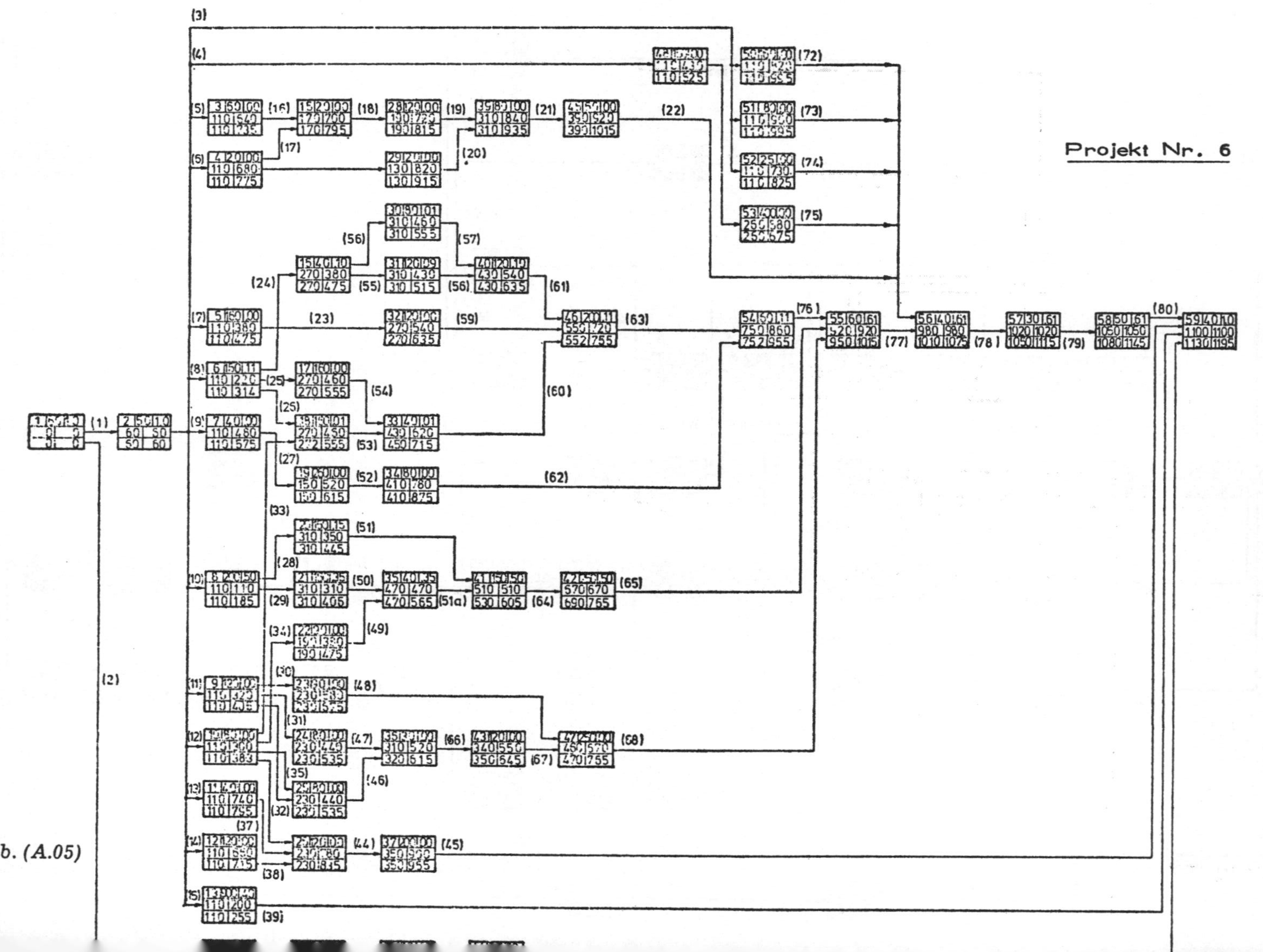

Abb. (A.05)

t[ZE]
Ausgangslösung:
FA(ii) der PERT-SIMULATION
Projekt Nr. 2
Ausgangslösung:
Planwertmindestlösung
t[ZE]

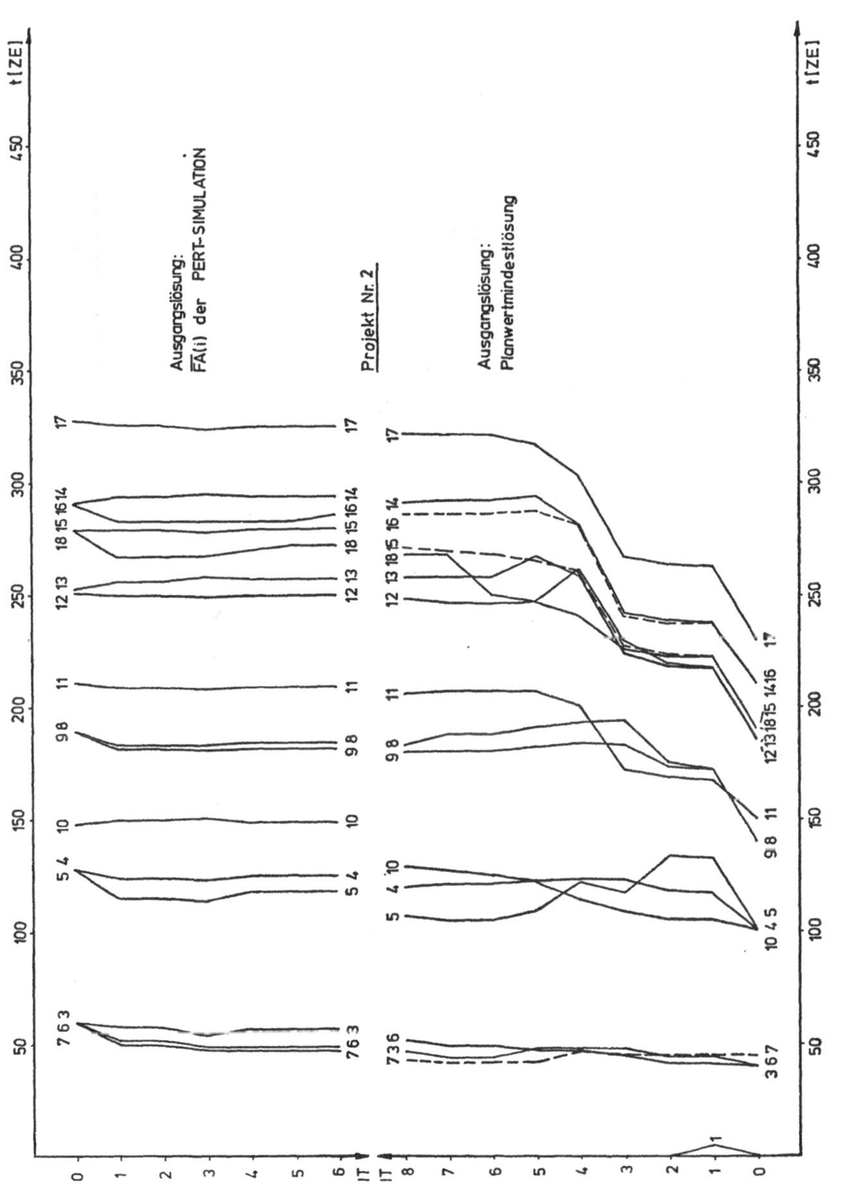

Abb. (A.06)

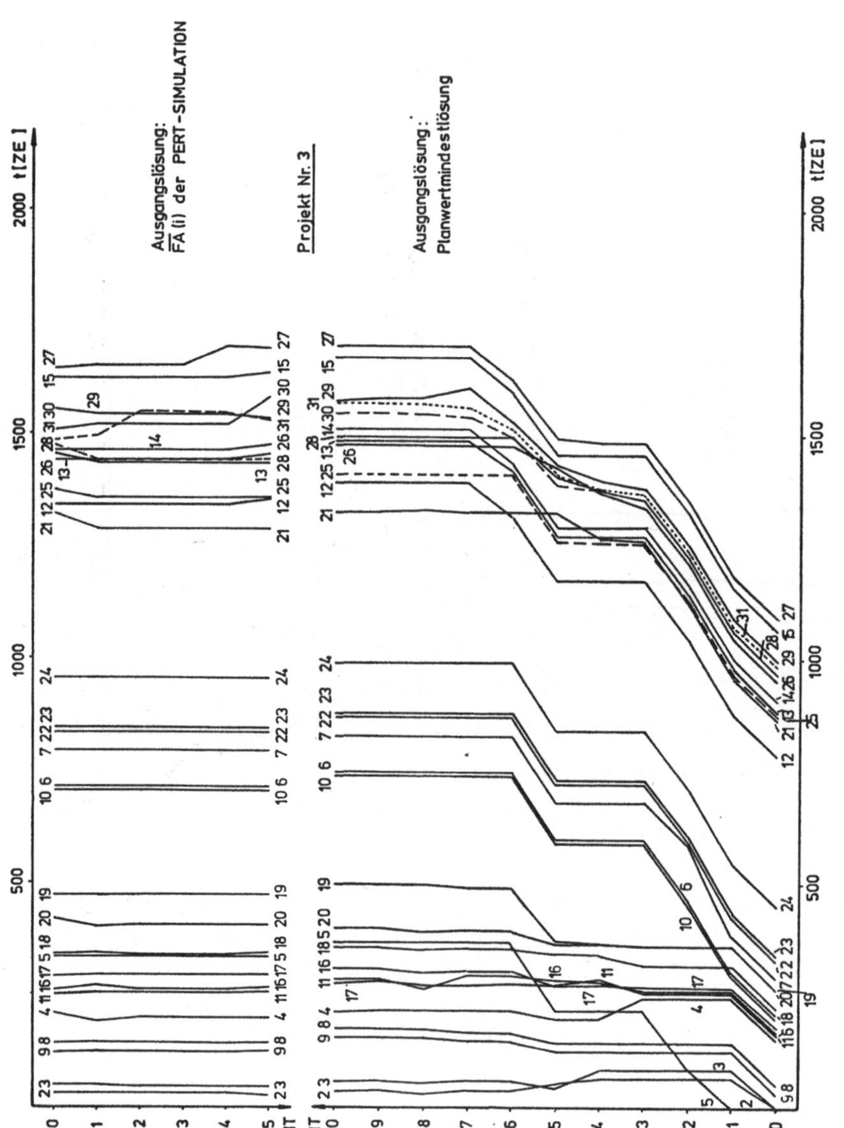

2000 t[ZE]
Ausgangslösung:
FÃ(i) der PERT-SIMULATION
Projekt Nr. 3
Ausgangslösung :
Planwertmindestlösung
2000 t[ZE]
Abb. (A.07)

Literaturverzeichnis

Abernathy, W. J., Subjective Estimates and Scheduling Decisions, in: MS, Vol. 18 (1971) Serie B, S. 80—88

Abernathy, W. J. und Demski, J. S., Simplification Activities in a Network Scheduling Context, in: MS, Vol. 19 (1973), S. 1052—1062

AKOR (Hrsg.), Netzplantechnik, AKOR-Schrift Nr. 2, Berlin - Köln - Frankfurt 1970

Autorenkollektiv, Handbuch der Netzplantechnik, Opladen 1971

Bauknecht, K. und Nef, W., Digitale Simulation, Berlin - Heidelberg - New York 1971

Becker, A. M., Handbuch der Dynamischen Netzplantechnik, Winterthur 1969

Behn, R., Der Hamburger Fernmeldeturm, in: Anwendung der Netzplantechnik im Betrieb, SzU, Band 9, Wiesbaden 1969, S. 115—124

Benz, D., Schelle, H. und Schilinsky, A., SINETIK 4004, Einsatz der Netzplantechnik bei großen Entwicklungsprojekten, Siemens-Schriftenreihe data praxis, o. Jg.

Brandenberger, J. und Konrad, R., Netzplantechnik, 5. erweiterte Aufl., Zürich 1970

Brankamp, K., Ein Terminplanungssystem für Unternehmen der Einzel- und Serienfertigung, Würzburg - Wien 1968

Brooks, S. H., A Comparison of Maximum-Seeking Methods, in: OR, Vol. 7 (1959), S. 430—457

Der Bundesminister für Verteidigung (Hrsg.), Netzplantechnik — PPS-System — Ein Mittel zur Planung, Steuerung und Überwachung von Projekten, überarbeitete Fassung, Köln - Frankfurt 1972

Burt, J. M. und Garman, M. B., Conditional Monte Carlo: A Simulation Technique for Stochastic Network Analysis, in: MS, Vol. 18 (1971), S. 207—217

Burt, J. M., Gaver, D. P. und Perlas, M., Simple Stochastic Networks: Some Problems and Procedures, in: NRLQ (1970), S. 439—459

Buttler, G., Finanzwirtschaftliche Anwendungsmöglichkeiten der Netzplantechnik, in: ZfB, Jg. 40 (1970), S. 183—202

Buttler, G., Netzwerkplanung, Würzburg - Wien 1968

Charnes, A., Cooper, W. W. und Thompson, G. L., Critical Path-Analysis via Chance Constrained and Stochastic Programming, in: OR, Vol. 12 (1964), S. 460 ff.

Clark, C. E., The PERT-Model for the Distribution of an Activity Time, in: OR, Vol. 10 (1962), S. 405 ff.

Clark, C. E., The Greatest of a Finite Set of Random Variables, in: OR, Vol. 9 (1961), S. 145—162

Cleland, D. I., Organizational Dynamics of Project Management, in: IEEE Transactions on Engineering Management, Vol. EM-13, Nr. 4, 1966, S. 201—205, abgedruckt in: Grochla, E. (Hrsg.), Unternehmensorganisation (Reader + Abstracts), Hamburg 1972, S. 278—282

Cleland, D. I. und King, W. R., System Analysis and Project Management, New York 1968

Clingen, C. T., A Modification of Fulkersons PERT Algorithm, in: OR, Vol. 12 (1964), S. 629 ff.

Davis, E. W. und Heidorn, G. E., An Algorithm for Optimal Project Scheduling under Multiple Resource Constraints, in: MS, Vol. 17, S. B-803 — B-816

Doetsch, G., Anleitung zum praktischen Gebrauch der Laplace-Transformation und der Z-Transformation, 3. Aufl., München - Wien 1967

Domschke, W., Kürzeste Wege in Graphen: Algorithmen, Verfahrensvergleiche, Meisenheim am Glan 1972

Donaldson, W. A., Estimation of the Mean and Variance of a PERT-activity Time, in: OR, Vol. 13 (1965), S. 382—385

Drukarczyk, J., Zum Problem der Bestimmung des Wertes von Informationen, in: ZfB, Jg. 44 (1974), S. 1—18

Elmaghraby, S. E., On Generalized Activity Networks, in: The Journal of Industrial Engineering, Vol. 17 (1966), S. 621 ff.

Elmaghraby, S. E., On the Expected Duration of PERT Type Networks, in: MS, Vol. 13 (1967), S. 299—306

Fishman, G. S., Estimating Sample Size in Computing Simulation Experiments, in: MS, Vol. 18 (1971), S. 21—38

Fisz, M., Wahrscheinlichkeitsrechnung und mathematische Statistik, 5. erweiterte Aufl., Berlin 1976

Forschungsgesellschaft für das Straßenwesen (Hrsg.), Leitfaden zur Anwendung der Netzplantechnik im Bauwesen, Köln 1972

Freund, J. E., Mathematical Statistics, New York 1962

Fulkerson, D. R., Expected Critical Path Lenght in PERT Networks, in: OR, Vol. 10 (1962), S. 808 ff.

Garman, M. B., More on Conditioned Sampling in the Simulation of Stochastic Networks, in: MS, Vol. 19 (1972), S. 90—95

Gewald, K., Kasper, K. und Schelle, H., Netzplantechnik, Bd. 2: Kapazitätsoptimierung, München - Wien 1972

Golenko, D. J., Statistische Methoden der Netzplantechnik, Stuttgart 1972

Gordon, G., Systemsimulation, München - Wien 1972

Griese, J., Adaptive Verfahren im betrieblichen Entscheidungsprozeß, Würzburg - Wien 1972

Grinold, R. C., The Payment Scheduling Problem, in: NRLQ (1972), S. 123—136

Grochla, E., Unternehmensorganisation, Reinbek b. Hamburg 1972

Grubbs, F. E., Attempts to validate certain PERT-Statistics or "Picking on PERT", in: OR, Vol. 10 (1962), S. 912 ff.

Häger, W. und Waschek, G., Einheitliche Bezeichnungen in der Netzplantechnik, in: ZOR, Bd. 16 (1972), S. B-1—B-6

Hammersley, J. M. und Handscomb, D. C., Monte Carlo Methods, London 1967

Hartley, H. O. und Wortham, A. W., A Statistical Theory for PERT Critical Path Analysis, in: MS, Vol. 12 (1966), S. B-469 — B-481

Hax, H., Investitionstheorie, Würzburg - Wien 1970

Hax, H. und Laux, H., Flexible Planung — Verfahrensregeln und Entscheidungsmodelle für die Planung bei Ungewißheit, in: ZfbF, Jg. 24 (1972), S. 318—340

Helber, C., Einführung neuer Produkte mit GERT, Heft 8 der Veröffentlichungen des Lehrstuhls für Betriebswirtschaftslehre, insbesondere Wirtschaftsinformatik der Universität des Saarlandes, Saarbrücken 1976

Henn, R. und Künzi, H. P., Einführung in die Unternehmensforschung, Bd. II, Berlin - Heidelberg - New York 1968

Himmelblau, D. M., Applied Nonlinear Programming, New York 1972

Horn, R. L. van, Validation of Simulation Results, in: MS, Vol. 17 (1971), S. 247—258

Ignall, E. J., On Experimental Designs for Computer Simulation Experiments, in: MS, Vol. 18 (1971), S. 384—388

Jacob, H. (Hrsg.), Anwendung der Netzplantechnik im Betrieb, SzU Bd. 9, Wiesbaden 1969

Jacob, H., Flexibilitätsüberlegungen in der Investitionsrechnung, in: ZfB, Jg. 37 (1967), S. 1 ff.

Jacob, H., Neuere Entwicklungen in der Investitionsrechnung, in: ZfB, Jg. 34 (1964), S. 1 ff.

Jacob, H., Unsicherheit und Flexibilität. Zur Theorie der Planung bei Unsicherheit, in: ZfB, Jg. 44 (1974), S. 299—326, 403—448, 505—526

Jacob, H., Zum Problem der Unsicherheit bei Investitionsentscheidungen, in: ZfB, Jg. 37 (1967), S. 153 ff.

Jewell, W. S., Risk Taking in Critical Path Analysis, in: MS, Vol. 11 (1965), S. 438 —443

Jöhnk, M. D., Naeve, P. und Nunner, O., Drei Arbeiten zur Beta-Gammaverteilung, Logarithmischen Normalverteilung und Verteilung des Spearmanschen Rangkorrelationskoeffizienten, Würzburg 1968

Kelley, E. J., Critical Path Planning and Scheduling. Mathematical Basis, in: OR, Vol. 9 (1961), S. 296 ff.

Kern, N., Netzplantechnik, Wiesbaden 1969

Kidd, J. B. und Morgan, J. R., The Use of Subjective Probability Estimates in Assessing Project Completion Times, in: MS, Vol. 16 (1969), S. 266—269

King, W. R. und Lukas, P. A., An Experimental Analysis of Network Planning, in: MS, Vol. 19 (1973), S. 1423—1432

King, W. R. und Wilson, T. A., Subjective Time Estimates in Critical Path Planning — A Preliminary Analysis, in: MS, Vol. 13 (1967), S. 307—320

King, W. R., Wittevrongel, D. M. und Hezel, K. D., On the Analysis of Critical Path Time Estimating Behavior, in: MS, Vol. 14 (1968), S. 79—84

Klingel, A. R., Bias in PERT Project Completion Time Calculations for a Real Network, in: MS Vol. (1967), S. B-194 — B-201

Knödel, W., Graphentheoretische Methoden und ihre Anwendung, Berlin - Heidelberg - New York 1969

Koch, H., Grundlagen der Wirtschaftlichkeitsrechnung, Wiesbaden 1970

Köcher, D., Matt, G., Oertel, C. und Schneeweiß, H., Einführung in die Simulationstechnik, DGOR- Schrift Nr. 5, Frankfurt 1972

Kriz, J., Statistik in den Sozialwissenschaften, Reinbek bei Hamburg 1973

Küpper, W., Lüder, K. und Streitferdt, L., Netzplantechnik, Würzburg - Wien 1975

Laux, H., Flexible Investitionsplanung, Opladen 1971

Levin, R. I. und Kirkpatrick, Ch. A., Planning and Control with PERT/CPM, New York 1966

Lüttgen, H., Reduktion und Dekomposition von PERT-Netzen, in: APF, Bd. 7 (1966) und 8 (1967), S. 370—379

Lüttgen, H., Reduktion und Dekomposition von Planungsnetzen, in: APF, Bd. 7 (1966), S. 92—104

Mac Crimmon, K. R. und Ryavec, C. A., An Analytical Study of the PERT-Assumptions, in: OR, Vol. 12 (1964), S. 16 ff.

MacCrimmon, K. R. und Ryavec, C. A., An Analytical Study of the PERT-Assumptions, in: Rand Corporation Memorandum RM - 3408 - PR, 1962

Malcolm, D. G. Roseboom, J. H., Clark, G. E. und Fazar, W., Application of a Technique for Research and Development Program Evaluation, in: OR, Vol. 7 (1959), S. 646 ff.

Martin, J. J., Distribution of the Time through a Directed Acyclic Network, in: OR, Vol. 13 (1965), S. 46 ff.

Mason, A. T. und Moodie, C. L., A Branch and Bound Algorithm for Minimizing Cost in Project Scheduling, in: MS, Vol. 18 (1971), S. B-158 — B-173

McArthur, D. S., Increasing the Efficiency of Empirical Research, Esso Research and Engineering Company, Rep. No. RL 34 M 61, 1961

Mellwig, W., Anpassungsfähigkeit und Ungewißheitstheorie, Tübingen 1972

Meyer, H., Stochastische Netzwerke vom Typ GERT, in: Operations Research Verfahren, Hrsg.: Henn, R., Künzi, H. P. und Schubert, H., Bd. XVII, Meisenheim am Glan, S. 265 ff.

Miller, R. W., Zeit-Planung und Kosten-Kontrolle durch PERT, 2. Aufl., Hamburg - Berlin o. Jg.

Moder, J. J. und Rodgers, E. G., Judgement Estimates of the Moments of PERT Type Distributions, in: MS, Vol. 15 (1968), S. B-76 — B-83

Müller-Merbach, H., Die Behandlung von Kapazitätsrestriktionen in der Netzplantechnik, in: Anwendung der Netzplantechnik im Betrieb, SzU, Bd. 9, S. 41—52, Wiesbaden 1969

Neumann, K., Die Problematik der Verwendung der PERT-Methode in der Netzplantechnik, in: Operations Research Verfahren VII, Hrsg.: Henn, R., Meisenheim am Glan 1970, S. 150—160

Petrović, R., Optimization of Resource Allocation in Project Planning, in: OR, Vol. 16 (1968), S. 559—568

Pocock, J. W., PERT as an Analytical Aid for Program Planning — Its Payoff and Problems, in: OR, Vol. 10 (1962), S. 893 ff.

Pressmar, D. B., Anwendung der Netzplantechnik beim Umbau eines Schiffes, in: Anwendung der Netzplantechnik im Betrieb, SzU, Bd. 9, Wiesbaden 1969, S. 93—100

Pritsker, A. A. B., GERT: Graphical Evaluation and Review Technique, RAND-Memorandum, RM - 4973 - NASA 1966

Pritsker. A. A. B., Watters, L. J. und Wolfe, P. M., Multiproject Scheduling with Limited Resources: A Zero-one Programming Approach, in: MS, Vol. 16 (1969), S. 93—108

Rényi, A., Wahrscheinlichkeitsrechnung, 2. Aufl., Berlin 1966

Riester, W. F. und Schwinn, R., Projektplanungsmodelle, Würzburg - Wien 1970

Ringer, L. J., Numerical Operators for Statistical PERT Critical Path Analysis, in: MS, Vol. 16 (1969), S. B-136—B-143

Ringer, L. J., A Statistical Theory for PERT in which Completion Times of Activities are Inter-Dependent, in: MS, Vol. 17 (1971), S. 717—723

Rosenkranz, F., Netzwerktechnik und wirtschaftliche Anwendung, Meisenheim am Glan 1968

Rüsberg, K.-H., Die Praxis des Project Management, München 1971

Russel, A. H., Cash Flows in Networks, in: MS, Vol. 16 (1970), S. 1969—1970

Scheer, A.-W., Flexible Projektsteuerung, in: ZfB, Jg. 47 (1977), S. 567—592

Scheer, A.-W., Die industrielle Investitionsentscheidung, Wiesbaden 1969

Scheer, A.-W., Instandhaltungspolitik, Wiesbaden 1974

Scheer, A. W., Plantermine zur optimalen Projektsteuerung, Habilitationsschrift Hamburg 1974

Scheer, A. W., Produktionsplanung auf der Grundlage einer Datenbank des Fertigungsbereichs, München - Wien 1976

Scheuch, F., Zur Verwendung lerntheoretischer Grundlagen in der Betriebswirtschaftslehre, in: ZfB, Jg. 41 (1971), S. 541 ff.

Schneeweiß, H., Entscheidungskriterien bei Risiko, Heidelberg - New York 1967

Schneider, D., Anpassungsfähigkeit und Entscheidungsregel unter Ungewißheit, in: ZfbF, Jg. 24 (1972), S. 745—757

Schrade, L., Solving Resource-Constrained Network Problems by Implicit Enumeration-Nonpreemptive Case, in: OR, Vol. 18 (1970), S. 263—278

Schreiber, D., Stempel, D. und Frotscher, J., Kritischer Weg und PERT, Berlin 1967

Schwarz, J., Strukturmodelle der Netzplantechnik, in: ZfbF, Jg. 22 (1970), S. 699 ff.

Slyke, R. M. van, Monte Carlo Methods and the PERT-Problem, in: OR, Vol. 11 (1963), S. 839 ff.

Smith, E. D., An Empirical Investigation of Optimum Seeking in the Computer Simulation Situation, in: OR, Vol. 21 (1973), S. 475—497

Stone, L. D., Theory of Optimal Search, New York - San Francisco - London 1975

Strobel, W. und Sturm, G., Die Bestimmung eines Konfidenzbereichs bei der stichprobenanalytischen Schätzung von Anteilswerten für Kontrollzwecke, in: ZfB, Jg. 26 (1974), S. 27—46.

Suchowsitzki, S. I. und Radtschik, I. A., Mathematische Methoden der Netzplantechnik, 2. Aufl., Leipzig 1969

Südwestfunk, WDR/Westdeutsches Fernsehen, Verein Deutscher Ingenieure VDI-Bildungswerk (Hrsg.), Netzplantechnik, 2. neubearbeitete und erweiterte Aufl., 1972

Telefunken Computer (Hrsg.), TR 440 Programmbibliothek, ALGOL Arithmetik und Hilfsprogramm

Thonley, G. (Hrsg.), Critical Path Analysis in Practice, London 1968

Thumb, N., Grundlagen und Praxis der Netzplantechnik, 2. Aufl., München 1969

Todt, H., Die Verteilung der Pufferzeiten bei Netzplänen, in: APF, Bd. 5/6 (1964, 1965), S. 430—434

Todt, H., The Effect of the Distribution — Type on the Statistical Calculation of Networks, in: Project Planning by Network Analysis, Proceedings of the Second International Congress, Amsterdam 1969, S. 192—196

Todt, H., Verfahren zur Berechnung von Wahrscheinlichkeiten in Netzplänen, in: Industrielle Organisation, Jg. 37 (1968), S. 56 ff.

Trávnik, J., A Simulation Technique for Estimation of the Length of the Control Interval, in: Project Planning by Network Analysis, Proceedings of the Second International Congress Amsterdam 1969, Amsterdam 1969, S. 216—219

Völzgen, H., Stochastische Netzwerkverfahren und deren Anwendungen, Berlin - New York 1971

Waschek, G., Management von EDV-Projekten, DGOR-Schrift Nr. 7, Berlin - Köln - Frankfurt 1973

Waschek, G., Einheitliche Bezeichnungen in der Netzplantechnik, in: APF, Jg. 11 (1970), S. 205—213

Waschek, G., Vorgangsknoten-Netzpläne, AKOR-Schrift Nr. 1, Berlin - Köln - Frankfurt 1970

Waschek, G. und Weckerle, E., Die Praxis der Netzplantechnik, Baden-Baden 1967

Weber, H. H., Zur Berechnung von μ und σ^2 bei PERT, in: ZfB, Jg. 41 (1971), S. 623—626

Weber, K., Planung mit CPM und PERT-Verfeinerungen und Weiterentwicklungen, in: Industrielle Organisation Bd. 33 (1964), S. 231—243

Wehrli, M., Zur Stichprobenreduktion bei Monte Carlo Simulationen, in: Unternehmensforschung, Bd. 14 (1970), S. 97—108

Weinberg, F., Grundlagen der Wahrscheinlichkeitsrechnung und Statistik sowie Anwendungen im Operations Research, Berlin - Heidelberg - New York 1968

Whitehouse, G. E., Systems Analysis and Design using Network Techniques, Englewood Cliffs, N. J. 1973

Wiest, J. D., Some Properties of Schedules for Large Projects with Limited Resources, in: OR, Vol. 12 (1964), S. 395—418

Wille, H., Gewald, K. und Weber, H. D., Netzplantechnik, Bd. 1: Zeitplanung, 3. verbesserte Aufl., München - Wien 1972

Wittmann, W., Unternehmung und unvollkommene Information, Köln - Opladen 1959

Stichwortverzeichnis

Abstand 24, 25
Anordnungsbeziehung 22 ff., 30, 35, 71

Betaverteilung 42, 45, 46

Conditional Monte Carlo 59
CPM 23, 32, 41, 42, 85

Dispositionskosten 37, 38, 59, 151 ff.,
    166 ff., 188, 192, 194
Dynamische Programmierung 152, 155

Entscheidungsregel 162
—, starre 161
Ereignispufferzeit 86
—, Verteilung 47 ff., 51, 55
Eventualplan 150 f., 159

Faltung 52, 128

GAN 23
GERT 23, 26, 28, 38, 187 f.
Gleichverteilung 73, 79, 93, 128, 132
Gradientenverfahren 38, 111 ff., 115 ff.,
    120, 134 ff., 145, 162, 164, 200 ff.

Hinrechnung 26, 42, 122

Index der Kritizität 50, 109, 137
Information 149, 150, 152
Informationserhebung 155, 176
Informationsverarbeitung 155
Informationssystem 38, 151 ff., 161,
    176 ff.
Intervallschätzung 25, 173
Investitionsplanung 166
Irrtumswahrscheinlichkeit 143; siehe
    auch Sicherheitswahrscheinlichkeit

Kalkulationszinsfuß 31, 106, 240
Kapazität 29, 33 ff., 48, 100, 166, 189 ff.
Kapazitätsnivellierung 33, 35
Kapitalbindung 29, 30, 32, 35, 59, 61, 99,
    102 ff., 109, 123, 125, 127, 129, 193

Kapitalwert 31 f., 66, 99, 103, 107 ff.,
    120 f., 138 f., 143 ff., 161, 210, 217 ff.
Kontrollerfolg 208 ff.
Kontrollintervall 178 ff., 201 ff.
Kontrollzeitpunkt 38, 150 ff., 157, 160 ff.,
    169, 178, 191, 194, 197, 201 ff.
Konventionalstrafe 104

Lebenskurve 105
Leerzeiten 75, 100
Lernmodell zur Vorgangsdauerschätzung
    168 ff., 175, 186, 197, 201 ff.

Meilenstein 29, 30, 35, 109 f.
MPM 25

Nettoerlös 113 ff., 129, 133
Netzplan 21, 24, 59, 62 f., 71 ff., 85, 108,
    109 f., 200
Netzplanrealisation 63, 64, 65, 77, 93, 97,
    124, 138
Netzplantechnik 22, 24, 28, 57, 83, 121,
    149, 178
Normalverteilung 43, 64, 73, 79

Optimierungsverfahren 62, 108, 110 ff.,
    132, 137
Optimierungszeitpunkt 158 f., 163

Parallele Doppelsimulation 68 f., 93, 123
Partielle Maximierung 111 ff.
PDM 25
PERT 25, 38, 41 ff., 71, 75, 77, 78, 92, 94,
    95 f., 101, 126 f., 129, 132, 139, 143, 173
Plan, siehe Planwert
Planabweichung 38
Planendtermin 100
Planrevision 37
Plantermin 25, 32, 40, 60, 78, 82 ff., 87
Planung, flexible 39, 150, 159, 164
Planwert 37 f., 44, 57 ff., 71, 77, 83 ff.,
    97 ff., 108, 111, 124, 129, 134, 137,
    153 ff., 157, 193
—, Änderung 31, 123, 126, 144, 168
—, Mindestlösung 125, 132, 139

Problemhierarchie 123
Produktions- und Absatzplanung 156
Projekt 73 ff., 77, 78, 104, 105, 106
Projektdauer 49, 51, 54, 57 f., 62, 66 f.,
    77 f., 83, 86 ff., 98, 105, 106, 125, 129,
    134, 138, 152
—, Verteilung 106, 125, 129
Projekterlös 155
Projektleitung 25, 28, 30, 45, 84, 99, 100,
    153, 171, 176
Projektlernen 169, 173
Projektplanung 21, 59, 71, 80
—, flexible 150, 151, 166, 191
—, starre 80, 163
Projektrealisation 50, 62, 121, 123, 143,
    162, 200, 213
Projektsteuerung 38, 51, 71, 80, 154
—, flexible 83, 147 ff., 156 f., 160, 178,
    211 ff.
—, starre 159
Projektstruktur 71
Projektzustand 153, 156, 157, 158, 160,
    167
Pufferzeit 27, 32, 33, 43 ff., 57, 83 ff.,
    87 ff., 93 f., 126

Random Search 111 ff.
Rechenaufwand 110, 112, 162
Rückrechnung 26, 42, 49, 122

Schätzfehler 138, 169, 172
Schätzverhalten 170 ff.
Sicherheitswahrscheinlichkeit 66 f.;
    siehe auch Irrtumswahrscheinlichkeit
Simulation 38 f., 51, 62 ff., 72, 75, 77, 83,
    95 ff., 111, 113, 120 ff., 123, 124, 127,
    132 ff., 139, 143, 162 f., 181 ff.
Sollwerte 169
Stochastische Abhängigkeit 127, 187
Störung des Kontrollprozesses 198 f.

Straight-forward-Simulation 63
Strukturdichte 71
Suchverfahren 113, 165

Übergangswahrscheinlichkeit 159

Varianzreduktion 64 ff.
Verdichtung des Projektplans 108 ff.
Verkürzungskosten 58
Vorgang, kritischer 44, 50, 92
Vorgangsdauer 25 f., 41, 45, 47, 52, 59 ff.,
    65, 78, 83, 85, 99, 103, 126, 168, 173,
    194
—, häufigste 41, 47
—, korrelierte 185 f.
—, optimistische 41
—, pessimistische 41
—, Schätzung 41, 155, 168 ff., 176
—, Verteilung 57, 107, 109
Vorgangsknotennetzplan 21, 25, 72
Vorgangslernen 169, 170, 173
Vorgangspfeilnetzplan 21, 23, 41, 85
Vorziehzeit 25
Vorziehkosten 167

Wartekosten 36 f., 59, 61, 99 ff., 109, 121,
    123, 127, 129, 134, 143 f., 155, 193, 200,
    213
Wartezeit 25, 36, 92, 93, 96, 98, 125, 137
Wheatstone-Brücke 53 ff., 58

Zeitplanung 21
Zeitrechnung 24, 83 f., 93, 101, 121, 150
Zeitschätzwerte 21, 24, 25
Zentraler Grenzwert 43, 48
Zielfunktion 59
Z-Transformation 52
Zufallszahlen 65 ff., 93, 123, 124, 161, 185
—, antithetische 64 ff., 75, 77, 123

Betriebswirtschaftliche Forschungsergebnisse

Bis Band 8: Schriftenreihe des Instituts für Unternehmensforschung
und des Industrieseminars der Universität Hamburg

Herausgegeben von Prof. Dr. Herbert Jacob, Hamburg

Band 1

Produktionsplanung bei Sortenfertigung
Ein Beitrag zur Theorie der Mehrproduktunternehmung
Von Prof. Dr. Dietrich Adam   176 Seiten

Band 2

Die industrielle Investitionsentscheidung
Eine theoretische und empirische Untersuchung zum Investitionsverhalten in Industrieunternehmungen
Von Prof. Dr. August-Wilhelm Scheer   166 Seiten

Band 3

Kosten- und Leistungsanalyse im Industriebetrieb
Von Prof. Dr. Dieter B. Pressmar   298 Seiten

Band 4

Statische und dynamische Oligopolmodelle
Ein Beitrag zur Entscheidungstheorie in Oligopolsituationen
Von Dr. Wolfgang Hilke   228 Seiten

Band 5

Marketing auf neuen Wegen
Absatzpolitik auf der Grundlage nachfrageorientierter Marktmodelle
Von Dr. Horst Hollstein   (vergriffen)

Band 6

Die Grenzplankostenrechnung
Von der theoretischen Grundlegung zur praktischen EDV-Lösung
Von Dr. Volker Kube   180 Seiten

Band 7

Entscheidungsmodelle zur Standortplanung der Industrieunternehmen
Von Dr. Karl-Werner Hansmann   178 Seiten

Band 8

Instandhaltungspolitik
Von Prof. Dr. August-Wilhelm Scheer   257 Seiten

Band 9

Projektsteuerung
Von Prof. Dr. August-Wilhelm Scheer   246 Seiten

Die Reihe wird fortgesetzt.

GABLER